海南热带植物园植物名录

HAINAN REDAI ZHIWUYUAN
ZHIWU MINGLU

王清隆　主编

中国农业出版社
北　京

海南热带植物园植物名录

编 委 会

主　　编 王清隆

副 主 编 汤　欢

顾　　问 王家保　徐　立　李　琼

编写人员（按姓氏拼音排序）

陈金花　黄明忠　李欣勇　李志英

濮文辉　秦晓威　苏　凡　汤　欢

王清隆　王祝年　徐世松　郇恒福

杨虎彪　虞道耿　袁浪兴　周兆禧

前言

海南热带植物园位于海南省儋州市宝岛新村，成立于1958年，是我国最早建成的热带植物园之一，直属农业农村部。海南热带植物园的前身是“热带经济植物引种标本园”，为响应国家战略而生，于1985年更名为“海南热带植物园”。自1958年建园以来，经过几代人的努力，现已发展成集旅游观光、科研、教学、科普为一体的植物园，被授予“国家生态环境科普基地”“国家现代农业科技示范展示基地”“全国青少年科技教育基地”“全国科普教育基地”“海南省青少年科技教育基地”等50多个荣誉称号，为国家3A级旅游景区。建园时的宗旨是重点引进热带经济植物，建成既具园林风貌，又具热带特色的丰富科学内涵的植物园。

海南热带植物园目前已成为我国重要热带作物种质资源库和热带珍稀林木种质基因库，开展植物资源引种驯化、植物分类学、园艺学、遗传育种学、生态学、农业科学、保护生物多样性等基础和应用学科的研究，取得一系列原创性成果：培育新品种300余个，开发各类产品500余款。支撑我国热带作物产业“从无到有，从小到大，从分散到规模，从引进来到走出去”的发展格局。海南热带植物园突出植物功能性、趣味性和生态性，将历史文化、植物景观、人工建筑与自然风貌有机融合，创建了“资源保护、科技创新、科普示范”三位一体的新模式，为生物多样性的保护与利用相结合探索出一条可持续发展的新路径。

海南热带植物园立足海南，广泛收集全球热带代表性植物，重点收集热带岛屿植物、珍稀濒危和特有植物、重要农作物近缘种等。已建成国家热带植物种质资源库、国家种质资源热带作物中期保存库、国家木薯种质资源圃、国家芒果种质资源圃等21个国家和省部级热带作物种质资源圃/库，构建了相对完善的热带植物种质资源安全保存体系。通过迁地保护和引进收集，目前已荟萃来自世界50余个国家和地区的热带植物，保存了独具特色的热带果树、热带药用植物、热带香辛饮料植物、热带花卉、热带牧草、珍稀经济林木等热带植物资源6 000多种3.8万份，其中国家级保护植物325种，珍稀濒危植物734种。海南热带植物园已成为我国保存热带植物种质资源最有特色的植物园。

本名录共收录维管植物262科2 084属6 003种（包括变种、亚种）。其中，蕨类植物30科77属220种，裸子植物9科21属60种，被子植物223科1 986属5 723种。本名录中各科的排列方式为，石松类和蕨类植物按PPG Ⅰ系统，裸子植物按多识裸子植物系统，被子植物按APG Ⅳ系统，科下的属、种排列按物种拉丁名字母顺序排列。

本书承蒙“国家热带植物种质资源库”项目支持，在此表示衷心感谢。

目录

一、蕨类植物门
Pteridophyta

1. 石松科 Lycopodiaceae

石杉属 *Huperzia*

蛇足石杉 *Huperzia serrata* (Thunb. ex Murray) Trevis.

藤石松属 *Lycopodiastrum*

藤石松 *Lycopodiastrum casuarinoides* (Spring) Holub ex R. D. Dixit

石松属 *Lycopodium*

石松 *Lycopodium japonicum* Thunb.

垂穗石松属 *Palhinhaea*

垂穗石松 *Palhinhaea cernua* (L.) Vasc. & Franco

马尾杉属 *Phlegmariurus*

华南马尾杉 *Phlegmariurus austrosinicus* (Ching) L. B. Zhang

广东马尾杉 *Phlegmariurus guangdongensis* Ching

马尾杉 *Phlegmariurus phlegmaria* (L.) Holub

2. 卷柏科 Selaginellaceae

卷柏属 *Selaginella*

布朗卷柏 *Selaginella braunii* Baker

薄叶卷柏 *Selaginella delicatula* (Desv.) Alston

深绿卷柏 *Selaginella doederleinii* Hieron.

琼海卷柏 *Selaginella hainanensis* X. C. Zhang & Nooteboom

兖州卷柏 *Selaginella involvens* (Sw.) Spring

彩虹卷柏 *Selaginella iridescens* X. C. Zhang & Y. R. Wang

江南卷柏 *Selaginella moellendorffii* Hieron.

单子卷柏 *Selaginella monospora* Spring

黑顶卷柏 *Selaginella picta* A. Braun ex Baker

垫状卷柏 *Selaginella pulvinata* (Hook. & Grev.) Maxim

海南卷柏 *Selaginella rolandi-principis* Alston

糙叶卷柏 *Selaginella scabrifolia* Ching & Chu H. Wang

卷柏 *Selaginella tamariscina* (P. Beauv.) Spring

翠云草 *Selaginella uncinata* (Desv.) Spring

3. 木贼科 Equisetaceae

木贼属 *Equisetum*

披散问荆 *Equisetum diffusum* D. Don

木贼 *Equisetum hyemale* L.

节节草 *Equisetum ramosissimum* Desf.

笔管草 *Equisetum ramosissimum* subsp. *debile* (Roxb. ex Vaucher) Hauke

4. 松叶蕨科 Psilotaceae

松叶蕨属 *Psilotum*

松叶蕨 *Psilotum nudum* (L.) P. Beauv.

5. 瓶尔小草科 Ophioglossaceae

小阴地蕨属 *Botrychium*

多裂阴地蕨 *Botrychium multifidum* (Gmel.) Rupr.

蕨萁属 *Botrypus*

蕨萁 *Botrypus virginianus* (L.) Michx.

七指蕨属 *Helminthostachys*

七指蕨 *Helminthostachys zeylanica* (L.) Hook.

绒毛阴地蕨属 *Japanobotrychum*

绒毛阴地蕨 *Japanobotrychum lanuginosum* (Wall. ex Hook. & Grev.) M. Nishida ex Tagawa

带状瓶尔小草属 *Ophioderma*

带状瓶尔小草 *Ophioderma pendulum* (L.) C. Presl

瓶尔小草属 *Ophioglossum*

心叶瓶尔小草 *Ophioglossum reticulatum* L.

瓶尔小草 *Ophioglossum vulgatum* L.

阴地蕨属 *Sceptridium*

薄叶阴地蕨 *Sceptridium daucifolium* (Wall. ex Hook. & Grev.) Y. X. Lin

华东阴地蕨 *Sceptridium japonicum* (Prantl) Y. X. Lin

粗壮阴地蕨 *Sceptridium robustum* (Rupr. ex Milde) Lyon

阴地蕨 *Sceptridium ternatum* (Thunb.) Lyon

6. 合囊蕨科 Marattiaceae

观音座莲属 *Angiopteris*

福建观音座莲 *Angiopteris fokiensis* Hieron.

尖叶原始观音座莲 *Angiopteris tonkinensis* (Hayata) J. M. Camus

7. 紫萁科 Osmundaceae

紫萁属 *Osmunda*

宽叶紫萁 *Osmunda javanica* Bl.

羽节紫萁属 *Plenasium*

狭叶羽节紫萁 *Plenasium angustifolium* (Ching) A. E. Bobrov

华南羽节紫萁 *Plenasium vachellii* (Hook.) C. Presl

8. 膜蕨科 Hymenophyllaceae

假脉蕨属 *Crepidomanes*

南洋假脉蕨 *Crepidomanes bipunctatum* (Poir.) Cop.

团扇蕨 *Crepidomanes minutum* (Blume) K. Iwatsuki

9. 双扇蕨科 Dipteridaceae

双扇蕨属 *Dipteris*

喜马拉雅双扇蕨 *Dipteris wallichii* (R. Br.) T. Moore

10. 里白科 Gleicheniaceae

芒萁属 *Dicranopteris*

乔芒萁 *Dicranopteris curranii* Copel.

铁芒萁 *Dicranopteris linearis* (Burm. f.) Underw.

芒萁 *Dicranopteris pedata* (Houttuyn) Nakaike

里白属 *Diplopterygium*

阔片里白 *Diplopterygium blotianum* (C. Christensen) Nakai

大里白 *Diplopterygium giganteum* (Wall. ex Hook.) Nakai

光里白 *Diplopterygium laevissimum* (Christ) Nakai

假芒萁属 *Sticherus*

假芒萁 *Sticherus truncatus* (Willd.) Nakai

11. 海金沙科 Lygodiaceae

海金沙属 *Lygodium*

海南海金沙 *Lygodium circinnatum* (N. L. Burman) Swartz

曲轴海金沙 *Lygodium flexuosum* (L.) Sw.

海金沙 *Lygodium japonicum* (Thunb.) Sw.

掌叶海金沙　*Lygodium longifolium* (Willdenow) Swartz
网脉海金沙　*Lygodium merrillii* Copeland
小叶海金沙　*Lygodium microphyllum* (Cavanilles) R. Brown
羽裂海金沙　*Lygodium polystachyum* Wall.
云南海金沙　*Lygodium yunnanense* Ching

12. 莎草蕨科　Schizaeaceae

莎草蕨属　*Actinostachys*
莎草蕨　*Actinostachys digitata* Wall.

13. 槐叶苹科　Salviniaceae

槐叶苹属　*Salvinia*
美洲槐叶苹　*Salvinia auriculata* Aubl.
槐叶苹　*Salvinia natans* (L.) All.

14. 苹科　Marsileaceae

苹属　*Marsilea*
苹　*Marsilea quadrifolia* L.

15. 金毛狗科　Cibotiaceae

金毛狗属　*Cibotium*
金毛狗　*Cibotium barometz* (L.) J. Sm.

16. 桫椤科　Cyatheaceae

桫椤属　*Alsophila*
大叶黑桫椤　*Alsophila gigantea* Wall. ex Hook.
桫椤　*Alsophila spinulosa* (Wall. ex Hook.) R. M. Tryon
黑桫椤属　*Gymnosphaera*
黑桫椤　*Gymnosphaera podophylla* (Hook.) Copel.
白桫椤属　*Sphaeropteris*
白桫椤　*Sphaeropteris brunoniana* (Hook.) R. M. Tryon

17. 鳞始蕨科 Lindsaeaceae

鳞始蕨属 *Lindsaea*

鳞始蕨 *Lindsaea cultrata* (Willd.) Sw.

异叶双唇蕨 *Lindsaea heterophylla* Dryand.

团叶鳞始蕨 *Lindsaea orbiculata* (Lam.) Mett. ex Kuhn

乌蕨属 *Odontosoria*

乌蕨 *Odontosoria chinensis* J. Sm.

香鳞始蕨属 *Osmolindsaea*

香鳞始蕨 *Osmolindsaea odorata* (Roxburgh) Lehtonen & Christenhusz

18. 凤尾蕨科 Pteridaceae

卤蕨属 *Acrostichum*

卤蕨 *Acrostichum aureum* L.

铁线蕨属 *Adiantum*

团羽铁线蕨 *Adiantum capillus-junonis* Rupr.

铁线蕨 *Adiantum capillus-veneris* L.

鞭叶铁线蕨 *Adiantum caudatum* L.

长尾铁线蕨 *Adiantum diaphanum* Bl.

扇叶铁线蕨 *Adiantum flabellulatum* L.

圆柄铁线蕨 *Adiantum induratum* Christ

半月形铁线蕨 *Adiantum philippense* L.

车前蕨属 *Antrophyum*

美叶车前蕨 *Antrophyum callifolium* Bl.

车前蕨 *Antrophyum henryi* Hieron.

水蕨属 *Ceratopteris*

粗梗水蕨 *Ceratopteris chingii* Y. H. Yan & Jun H. Yu

南美粗梗水蕨 *Ceratopteris pteridoides* (Hook.) Hieron.

邢氏水蕨 *Ceratopteris shingii* Y. H. Yan & Rui Zhang

水蕨 *Ceratopteris thalictroides* (L.) Brongn.

黑心蕨属 *Doryopteris*

黑心蕨 *Doryopteris concolor* (Langsd. & Fisch.) Kuhn

书带蕨属 *Haplopteris*

剑叶书带蕨 *Haplopteris amboinensis* (Fée) X. C. Zhang

唇边书带蕨 *Haplopteris elongata* (Swartz) E. H. Crane

书带蕨 *Haplopteris flexuosa* (Fée) E. H. Crane

海南书带蕨 *Haplopteris hainanensis* (C. Christensen ex Ching) E. H. Crane

泽泻蕨属 *Mickelopteris*

泽泻蕨 *Mickelopteris cordata*（Hook. & Grev.）Fraser-Jenk.

一条线蕨属 *Monogramma*

针叶蕨 *Monogramma trichoidea*（Fée）Hook.

金粉蕨属 *Onychium*

金粉蕨 *Onychium siliculosum*（Desv.）C. Chr.

旱蕨属 *Pellaea*

圆叶旱蕨 *Pellaea rotundifolia*（G. Forst.）Hook.

凤尾蕨属 *Pteris*

红秆凤尾蕨 *Pteris amoena* Bl.

狭眼凤尾蕨 *Pteris biaurita* L.

海南凤尾蕨 *Pteris cadieri* var. *hainanensis*（Ching）S. H. Wu

欧洲凤尾蕨 *Pteris cretica* L.

刺齿半边旗 *Pteris dispar* Kunze

剑叶凤尾蕨 *Pteris ensiformis* Burm. f.

白羽凤尾蕨 *Pteris ensiformis* var. *victoriae* Bak.

傅氏凤尾蕨 *Pteris fauriei* Hieron.

疏裂凤尾蕨 *Pteris finotii* Christ

林下凤尾蕨 *Pteris grevilleana* Wall. ex J. Agardh

全缘凤尾蕨 *Pteris insignis* Mett. ex Kuhn

线形凤尾蕨 *Pteris linearis* Wall.

井栏边草 *Pteris multifida* Poir.

栗柄凤尾蕨 *Pteris plumbea* Christ

半边旗 *Pteris semipinnata* L.

蜈蚣凤尾蕨 *Pteris vittata* L.

竹叶蕨属 *Taenitis*

竹叶蕨 *Taenitis blechnoides*（Willd.）Sw.

19. 碗蕨科 Dennstaedtiaceae

鳞盖蕨属 *Microlepia*

边缘鳞盖蕨 *Microlepia marginata*（Houtt.）C. Chr.

20. 铁角蕨科 Aspleniaceae

铁角蕨属 *Asplenium*

狭翅巢蕨 *Asplenium antrophyoides* Christ

华南铁角蕨 *Asplenium austrochinense* Ching

南方铁角蕨　*Asplenium belangeri*（Bory）Kze.
毛轴铁角蕨　*Asplenium crinicaule* Hance
水鳖蕨　*Asplenium delavayi* Copel.
南海铁角蕨　*Asplenium formosae* Christ
厚叶铁角蕨　*Asplenium griffithianum* Hook.
海南铁角蕨　*Asplenium hainanense* Ching
江南铁角蕨　*Asplenium holosorum* Christ
扁柄巢蕨　*Asplenium humbertii* Tardieu
巢蕨　*Asplenium nidus* L.
长叶巢蕨　*Asplenium phyllitidis* D. Don
镰叶铁角蕨　*Asplenium polyodon* G. Forster
长叶铁角蕨　*Asplenium prolongatum* Hook.
假大羽铁角蕨　*Asplenium pseudolaserpitiifolium* Ching
骨碎补铁角蕨　*Asplenium ritoense* Hayata
石生铁角蕨　*Asplenium saxicola* Rosenst.
叉叶铁角蕨　*Asplenium septentrionale*（L.）Hoffm.
铁角蕨　*Asplenium trichomanes* L.
半边铁角蕨　*Asplenium unilaterale* Lam.
膜叶铁角蕨属　*Hymenasplenium*
细辛蕨　*Hymenasplenium cardiophyllum*（Hance）Nakaike
齿果膜叶铁角蕨　*Hymenasplenium cheilosorum* Tagawa
切边膜叶铁角蕨　*Hymenasplenium excisum*（C. Presl）S. Lindsay

21. 乌毛蕨科　Blechnaceae

乌毛蕨属　*Blechnopsis*
乌毛蕨　*Blechnopsis orientalis*（L.）C. Presl
泽丘蕨属　*Blechnum*
疣茎乌毛蕨　*Blechnum gibbum*（Lab.）Mett.
苏铁蕨属　*Brainea*
苏铁蕨　*Brainea insignis*（Hook.）J. Sm.
狗脊属　*Woodwardia*
崇澍蕨　*Woodwardia harlandii* Hook.
珠芽狗脊　*Woodwardia prolifera* Hook. & Arn.

22. 蹄盖蕨科　Athyriaceae

对囊蕨属　*Deparia*
假蹄盖蕨　*Deparia japonica*（Thunberg）M. Kato

单叶双盖蕨　*Deparia lancea* Fraser-Jenk.

双盖蕨属　*Diplazium*

毛柄短肠蕨　*Diplazium dilatatum* Blume

双盖蕨　*Diplazium donianum*（Mett.）Tardieu

菜蕨　*Diplazium esculentum*（Retz.）Sm.

淡绿短肠蕨　*Diplazium virescens* Kunze

深绿短肠蕨　*Diplazium viridissimum* Christ

23. 金星蕨科　Thelypteridaceae

毛蕨属　*Cyclosorus*

渐尖毛蕨　*Cyclosorus acuminatus*（Houtt.）Nakai

毛蕨　*Cyclosorus interruptus*（Willd.）H. Ito

华南毛蕨　*Cyclosorus parasiticus*（L.）Farw.

金星蕨属　*Parathelypteris*

金星蕨　*Parathelypteris glanduligera*（Kze.）Ching

新月蕨属　*Pronephrium*

新月蕨　*Pronephrium gymnopteridifrons*（Hay.）Holtt.

单叶新月蕨　*Pronephrium simplex*（Hook.）Holtt.

三羽新月蕨　*Pronephrium triphyllum*（Sw.）Holtt.

假毛蕨属　*Pseudocyclosorus*

溪边假毛蕨　*Pseudocyclosorus ciliatus*（Wall. ex Benth.）Ching

24. 鳞毛蕨科　Dryopteridaceae

复叶耳蕨属　*Arachniodes*

中华复叶耳蕨　*Arachniodes chinensis*（Rosenst.）Ching

实蕨属　*Bolbitis*

刺蕨　*Bolbitis appendiculata*（Willdenow）K. Iwatsuki

长叶实蕨　*Bolbitis heteroclita*（C. Presl）Ching

华南实蕨　*Bolbitis subcordata*（Copel.）Ching

贯众属　*Cyrtomium*

贯众　*Cyrtomium fortunei* J. Sm.

单叶贯众　*Cyrtomium hemionitis* Christ

鳞毛蕨属　*Dryopteris*

羽裂鳞毛蕨　*Dryopteris integriloba* C. Chr.

蓝色鳞毛蕨　*Dryopteris polita* Rosenst.

25. 肾蕨科 Nephrolepidaceae

肾蕨属 *Nephrolepis*

长叶肾蕨 *Nephrolepis biserrata* (Sw.) Schott

耳叶肾蕨 *Nephrolepis biserrata* var. *auriculata* Ching

毛叶肾蕨 *Nephrolepis brownii* (Desvaux) Hovenkamp & Miyamoto

肾蕨 *Nephrolepis cordifolia* (L.) C. Presl

圆叶肾蕨 *Nephrolepis duffii* T. Moore

高大肾蕨 *Nephrolepis exaltata* (L.) Schott

波士顿蕨 *Nephrolepis exaltata* 'Bostoniensis'

镰叶肾蕨 *Nephrolepis falciformis* J. Smith

26. 藤蕨科 Lomariopsidaceae

拟贯众属 *Cyclopeltis*

拟贯众 *Cyclopeltis crenata* (Fée) C. Chr.

藤蕨属 *Lomariopsis*

藤蕨 *Lomariopsis cochinchinensis* Fée

27. 三叉蕨科 Tectariaceae

叉蕨属 *Tectaria*

下延三叉蕨 *Tectaria decurrens* (C. Presl) Copel.

毛叶轴脉蕨 *Tectaria devexa* Copel.

芽胞三叉蕨 *Tectaria fauriei* Tagawa

沙皮蕨 *Tectaria harlandii* (Hooker) C. M. Kuo

疣状三叉蕨 *Tectaria impressa* (Fée) Holttum

条裂三叉蕨 *Tectaria phaeocaulis* (Ros.) C. Chr.

燕尾三叉蕨 *Tectaria simonsii* (Baker) Ching

三叉蕨 *Tectaria subtriphylla* (Hook. & Arn.) Copel.

地耳蕨 *Tectaria zeilanica* (Houtt.) Sledge

28. 蓧蕨科 Oleandraceae

蓧蕨属 *Oleandra*

华南蓧蕨 *Oleandra cumingii* J. Sm.

29. 骨碎补科 Davalliaceae

骨碎补属 *Davallia*

长叶阴石蕨 *Davallia assamica* (Bedd.) Baker

假脉骨碎补 *Davallia denticulata* (Burm. f.) Mett. ex Kuhn

大叶骨碎补 *Davallia divaricata* Blume

阴石蕨 *Davallia repens* (L. f.) Kuhn

中国骨碎补 *Davallia sinensis* (Christ) Ching

阔叶骨碎补 *Davallia solida* (G. Forst.) Sw.

骨碎补 *Davallia trichomanoides* Blume

30. 水龙骨科 Polypodiaceae

槲蕨属 *Drynaria*

团叶槲蕨 *Drynaria bonii* Christ

崖姜 *Drynaria coronans* J. Sm.

栎叶槲蕨 *Drynaria quercifolia* (L.) J. Sm.

硬叶槲蕨 *Drynaria rigidula* (Sw.) Bedd.

槲蕨 *Drynaria roosii* Nakaike

伏石蕨属 *Lemmaphyllum*

伏石蕨 *Lemmaphyllum microphyllum* C. Presl

瓦韦属 *Lepisorus*

江南星蕨 *Lepisorus fortunei* (T. Moore) C. M. Kuo

尖嘴蕨 *Lepisorus mucronatus* (Fée) Li Wang

骨牌蕨 *Lepisorus rostratus* (Bedd.) C. F. Zhao

瓦韦 *Lepisorus thunbergianus* (Kaulf.) Ching

薄唇蕨属 *Leptochilus*

薄唇蕨 *Leptochilus axillaris* (Cav.) Kaulf.

心叶薄唇蕨 *Leptochilus cantoniensis* (Baker) Ching

掌叶线蕨 *Leptochilus digitatus* (Baker.) Noot.

线蕨 *Leptochilus ellipticus* (Thunb.) Noot.

断线蕨 *Leptochilus hemionitideus* (Wall ex Mett.) Noot.

星蕨属 *Microsorum*

有翅星蕨 *Microsorum pteropus* (Blume) Copel.

星蕨 *Microsorum punctatum* (L.) Copel.

瘤蕨 *Microsorum scolopendria* (Burm.) Copel.

鹿角蕨属 *Platycerium*

二歧鹿角蕨 *Platycerium bifurcatum* (Cav.) C. Chr.

鹿角蕨 *Platycerium wallichii* Hook.

石韦属 *Pyrrosia*

贴生石韦 *Pyrrosia adnascens* (Sw.) Ching

光石韦 *Pyrrosia calvata* (Baker) Ching

下延石韦 *Pyrrosia costata* (C. Presl) Tagawa & K. Iwats.

石韦 *Pyrrosia lingua* (Thunb.) Farwell

南洋石韦 *Pyrrosia longifolia* (Burm. f.) Morton

抱树莲 *Pyrrosia piloselloides* (L.) M. G. Price

修蕨属 *Selliguea*

三指假瘤蕨 *Selliguea trilobus* (Houttuyn) M. G. Price

二、裸子植物门
Gymnospermae

1. 苏铁科 Cycadaceae

苏铁属 *Cycas*

叉叶苏铁 *Cycas bifida* (Dyer) K. D. Hill

越南叉叶苏铁 *Cycas micholitzii* Dyer

多歧苏铁 *Cycas multipinnata* C. J. Chen & S. Y. Yang

攀枝花苏铁 *Cycas panzhihuaensis* L. Zhou & S. Y. Yang

篦齿苏铁 *Cycas pectinata* Griff.

苏铁 *Cycas revoluta* Thunb.

华南苏铁 *Cycas rumphii* Miq.

大洋苏铁 *Cycas seemannii* A. Braun

石山苏铁 *Cycas sexseminifera* F. N. Wei

仙湖苏铁 *Cycas szechuanensis* W. C. Cheng & L. K. Fu

闽粤苏铁 *Cycas taiwaniana* Carruth.

2. 泽米铁科 Zamiaceae

泽米铁属 *Zamia*

鳞秕泽米铁 *Zamia furfuracea* Ait.

3. 银杏科 Ginkgoaceae

银杏属 *Ginkgo*

银杏 *Ginkgo biloba* L.

4. 南洋杉科 Araucariaceae

贝壳杉属 *Agathis*

贝壳杉 *Agathis dammara* (Lamb.) Rich. & A. Rich.

斐济贝壳杉 *Agathis macrophylla* (Lindl.) Mast.

南洋杉属 *Araucaria*

巴拉那松 *Araucaria angustifolia* (Bertol.) O. Kuntze

大叶南洋杉 *Araucaria bidwillii* Hook.

柱状南洋杉 *Araucaria columnaris* (G. Forst.) Hook.

南洋杉 *Araucaria cunninghamii* Mudie

异叶南洋杉 *Araucaria heterophylla* (Salisb.) Franco

5. 罗汉松科 Podocarpaceae

鸡毛松属 *Dacrycarpus*

鸡毛松 *Dacrycarpus imbricatus* (Blume) de Laubenfels

陆均松属 *Dacrydium*

陆均松 *Dacrydium pectinatum* de Laubenfels

竹柏属 *Nageia*

长叶竹柏 *Nageia fleuryi* (Hickel) de Laub.

竹柏 *Nageia nagi* (Thunberg) Kuntze

肉托竹柏 *Nageia wallichiana* (C. Presl) Kuntze

罗汉松属 *Podocarpus*

海南罗汉松 *Podocarpus annamiensis* N. E. Gray

短叶罗汉松 *Podocarpus chinensis* Wall. ex J. Forbes

罗汉松 *Podocarpus macrophyllus* (Thunb.) Sweet

百日青 *Podocarpus neriifolius* D. Don

小叶罗汉松 *Podocarpus pilgeri* Foxw.

6. 柏科 Cupressaceae

杉木属 *Cunninghamia*

杉木 *Cunninghamia lanceolata* (Lamb.) Hook.

柏木属 *Cupressus*

柏木 *Cupressus funebris* Endl.

美洲柏木属 *Hesperocyparis*

美洲柏木 *Hesperocyparis arizonica* (Greene) Bartel

墨西哥柏木 *Hesperocyparis lusitanica* (Mill.) Bartel

刺柏属 *Juniperus*

圆柏 *Juniperus chinensis* Roxb.

铺地柏 *Juniperus procumbens* Sargent

高山柏 *Juniperus squamata* Buch.-Ham. ex D. Don

北美圆柏 *Juniperus virginiana* L.

侧柏属 *Platycladus*

侧柏 *Platycladus orientalis* (L.) Franco

落羽杉属 *Taxodium*

落羽杉 *Taxodium distichum* (L.) Rich.

池杉 *Taxodium distichum* var. *imbricatum* (Nuttall) Croom

7. 红豆杉科 Taxaceae

三尖杉属 *Cephalotaxus*

三尖杉 *Cephalotaxus fortunei* Hooker

海南粗榧 *Cephalotaxus hainanensis* H. L. Li

粗榧 *Cephalotaxus sinensis* (Rehder & E. H. Wilson) H. L. Li

红豆杉属 *Taxus*

南方红豆杉 *Taxus wallichiana* var. *mairei* (Lemée & H. Lév.) L. K. Fu & N. Li

西藏红豆杉 *Taxus wallichiana* Zucc.

8. 松科 Pinaceae

冷杉属 *Abies*

日本冷杉 *Abies firma* Siebold & Zuccarini

油杉属 *Keteleeria*

云南油杉 *Keteleeria evelyniana* Mast.

海南油杉 *Keteleeria hainanensis* Chun & Tsiang

松属 *Pinus*

不丹松 *Pinus bhutanica* Grierson, D. G. Long & C. N. Page

加勒比松 *Pinus caribaea* Morelet

湿地松 *Pinus elliottii* Engelmann

海南五针松 *Pinus fenzeliana* Hand.-Mazz.

南亚松 *Pinus latteri* Mason

马尾松 *Pinus massoniana* Lamb.

卵果松 *Pinus oocarpa* Schiede ex Schltdl.

9. 买麻藤科 Gnetaceae

买麻藤属 *Gnetum*

罗浮买麻藤 *Gnetum luofuense* C. Y. Cheng

买麻藤 *Gnetum montanum* Markgr.

小叶买麻藤 *Gnetum parvifolium* (Warb.) C. Y. Cheng ex Chun

垂子买麻藤 *Gnetum pendulum* C. Y. Cheng

三、被子植物门

Angiospermae

1. 睡莲科 Nymphaeaceae

萍蓬草属 *Nuphar*

欧亚萍蓬草 *Nuphar lutea* (L.) Sm.

睡莲属 *Nymphaea*

白睡莲 *Nymphaea alba* L.

变色睡莲 *Nymphaea atrans* S. W. L. Jacobs

齿叶睡莲 *Nymphaea lotus* L.

黄睡莲 *Nymphaea mexicana* Zucc.

小花睡莲 *Nymphaea micrantha* Guill. & Perr.

延药睡莲 *Nymphaea nouchali* Burm. f.

蓝睡莲 *Nymphaea nouchali* var. *caerulea* (Savigny) Verdc.

印度红睡莲 *Nymphaea rubra* Roxb. ex Andrews

睡莲 *Nymphaea tetragona* Georgi

王莲属 *Victoria*

王莲 *Victoria amazonica* (Poepp.) Sowerby

克鲁兹王莲 *Victoria cruziana* Orb.

长木王莲 *Victoria* 'Longwood Hybrid'

2. 五味子科 Schisandraceae

八角属 *Illicium*

大屿八角 *Illicium angustisepalum* A. C. Smith

八角 *Illicium verum* Hook. f.

南五味子属 *Kadsura*

黑老虎 *Kadsura coccinea* (Lem.) A. C. Sm.

南五味子 *Kadsura longipedunculata* Finet & Gagnep.

冷饭藤 *Kadsura oblongifolia* Merr.

五味子属 *Schisandra*

五味子 *Schisandra chinensis* (Turcz.) Baill.

3. 三白草科 Saururaceae

蕺菜属 *Houttuynia*

蕺菜 *Houttuynia cordata* Thunb.

三白草属 *Saururus*

三白草 *Saururus chinensis* (Lour.) Baill.

4. 胡椒科 Piperaceae

草胡椒属 *Peperomia*

西瓜皮椒草 *Peperomia argyreia* (Miq.) É. Morren

石蝉草 *Peperomia blanda* (Jacquin) Kunth

硬毛草胡椒 *Peperomia cavaleriei* C. DC.

椒草 *Peperomia japonica* Makino

圆叶椒草 *Peperomia obtusifolia* (L.) A. Dietr.

草胡椒 *Peperomia pellucida* (L.) Kunth

垂椒草 *Peperomia serpens* (Sw.) Loud.

白脉椒草 *Peperomia tetragona* Ruiz & Pav.

豆瓣绿 *Peperomia tetraphylla* (G. Forst.) Hooker & Arnott

胡椒属 *Piper*

树胡椒 *Piper aduncum* L.

兰屿胡椒 *Piper arborescens* Roxburgh

卵叶胡椒 *Piper attenuatum* Buch.-Ham. ex Miq.

长耳胡椒 *Piper auritum* Kunth

华南胡椒 *Piper austrosinense* Y. Q. Tseng

竹叶胡椒 *Piper bambusifolium* Y. Q. Tseng

蒌叶 *Piper betle* L.

苎叶蒟 *Piper boehmeriifolium* (Miq.) Wall. ex C. DC.

光茎胡椒 *Piper boehmeriifolium* var. *glabricaule* (C. DC.) M. G. Gilbert & N. H. Xia

复毛胡椒 *Piper bonii* C. DC.

大叶复毛胡椒 *Piper bonii* var. *macrophyllum* Y. Q. Tseng

净椒木 *Piper callosum* Ruiz & Pav.

犬胡椒 *Piper caninum* Blume

华山蒌 *Piper cathayanum* M. G. Gilbert & N. H. Xia

勐海胡椒 *Piper chaudocanum* C. DC.

中华胡椒 *Piper chinense* Miq.

大苗山胡椒 *Piper damiaoshanense* Y. Q. Tseng

长穗胡椒 *Piper dolichostachyum* M. G. Gilbert & N. H. Xia

黄花胡椒 *Piper flaviflorum* C. DC.

海南蒟 *Piper hainanense* Hemsl.

山蒟 *Piper hancei* Maxim.

河池胡椒 *Piper hochiense* Y. Q. Tseng

毛蒟 *Piper hongkongense* C. DC.

嵌果胡椒 *Piper infossibaccatum* A. Huang

沉果胡椒 *Piper infossum* Y. Q. Tseng

疏果胡椒 *Piper interruptum* Opiz

尖峰岭胡椒 *Piper jianfenglingense* C. Y. Hao & Y. H. Tan
风藤 *Piper kadsura* (Choisy) Ohwi
恒春胡椒 *Piper kawakamii* Hayata
绿岛胡椒 *Piper kwashoense* Hayata
大叶蒟 *Piper laetispicum* C. DC.
陵水胡椒 *Piper lingshuiense* Y. Q. Tseng
荜拔 *Piper longum* L.
粗梗胡椒 *Piper macropodum* C. DC.
麻根 *Piper magen* B. Q. Cheng ex C. L. Long & Jun Yang
醉椒木 *Piper methysticum* G. Forst.
柄果胡椒 *Piper mischocarpum* Y. Q. Tseng
墨脱胡椒 *Piper motuoense* X. W. Qin, F. Su & C. Y. Hao
短蒟 *Piper mullesua* Buch.-Ham. ex D. Don
变叶胡椒 *Piper mutabile* C. DC.
胡椒 *Piper nigrum* L.
裸果胡椒 *Piper nudibaccatum* Y. Q. Tseng
角果胡椒 *Piper pedicellatum* C. DC.
盾状胡椒 *Piper peltatum* L.
台东胡椒 *Piper philippinum* Miq.
屏边胡椒 *Piper pingbienense* Y. Q. Tseng
线梗胡椒 *Piper pleiocarpum* C. C. Chang ex Y. Q. Tseng
樟叶胡椒 *Piper polysyphonum* C. DC.
肉轴胡椒 *Piper ponesheense* C. DC.
印尼树胡椒 *Piper pseudofuligineum* C. DC.
毛叶胡椒 *Piper puberulilimbum* C. DC.
岩椒 *Piper pubicatulum* C. DC.
假荜拔 *Piper retrofractum* Vahl
皱果胡椒 *Piper rhytidocarpum* Hook. f.
红果胡椒 *Piper rubrum* C. DC.
假蒟 *Piper sarmentosum* Roxb.
缘毛胡椒 *Piper semiimmersum* C. DC.
水晶胡椒 *Piper semi-transparens* C. Y. Hao & Y. H. Tan
斜叶蒟 *Piper senporeiense* Yamam.
小叶爬崖香 *Piper sintenense* Hatusima
短柄胡椒 *Piper stipitiforme* C. C. Chang ex Y. Q. Tseng
多脉胡椒 *Piper submultinerve* C. DC.
滇西胡椒 *Piper suipigua* Buch.-Ham. ex D. Don
长柄胡椒 *Piper sylvaticum* Roxb.
台湾胡椒 *Piper taiwanense* T. T. Lin & S. Y. Lu

球穗胡椒 *Piper thomsonii* (C. DC.) Hook. f.
三色胡椒 *Piper tricolor* Y. Q. Tseng
粗穗胡椒 *Piper tsangyuanense* P. S. Chen & P. C. Zhu
瑞丽胡椒 *Piper tsengianum* M. G. Gilbert & N. H. Xia
大胡椒 *Piper umbellatum* L.
石南藤 *Piper wallichii* (Miq.) Hand.-Mazz.
景洪胡椒 *Piper wangii* M. G. Gilbert & N. H. Xia
盈江胡椒 *Piper yinkiangense* Y. Q. Tseng
椭圆叶胡椒 *Piper yui* M. G. Gilbert & N. H. Xia
蒟子 *Piper yunnanense* Y. Q. Tseng

齐头绒属 *Zippelia*

齐头绒 *Zippelia begoniifolia* Blume ex Schult. & Schult. f.

5. 马兜铃科 Aristolochiaceae

马兜铃属 *Aristolochia*

马兜铃 *Aristolochia debilis* Sieb. & Zucc.
通城虎 *Aristolochia fordiana* Hemsl.
烟斗马兜铃 *Aristolochia gibertii* Hook.
巨花马兜铃 *Aristolochia gigantea* Mart. & Zucc.
大花马兜铃 *Aristolochia grandiflora* Sw.
美丽马兜铃 *Aristolochia littoralis* D. Parodi
弄岗马兜铃 *Aristolochia longgangensis* C. F. Liang
多型马兜铃 *Aristolochia polymorpha* S. M. Hwang
麻雀花 *Aristolochia ringens* Vahl
耳叶马兜铃 *Aristolochia tagala* Champ.
管花马兜铃 *Aristolochia tubiflora* Dunn

细辛属 *Asarum*

尾花细辛 *Asarum caudigerum* Hance
双叶细辛 *Asarum caulescens* Maxim.
台湾细辛 *Asarum epigynum* Hayata
细辛 *Asarum heterotropoides* F. Schmidt
金耳环 *Asarum insigne* Diels
青城细辛 *Asarum splendens* (F. Maek.) C. Y. Cheng & C. S. Yang

关木通属 *Isotrema*

海南关木通 *Isotrema hainanense* (Merr.) X. X. Zhu, S. Liao & J. S. Ma
南粤关木通 *Isotrema howii* (Merr. & Chun) X. X. Zhu, S. Liao & J. S. Ma
广西关木通 *Isotrema kwangsiense* (Chun & F. C. How) X. X. Zhu, S. Liao & J. S. Ma

线果兜铃属 *Thottea*

海南线果兜铃 *Thottea hainanensis* (Merr. & Chun) D. Hou

6. 肉豆蔻科 Myristicaceae

内毛楠属 *Endocomia*

云南内毛楠 *Endocomia macrocoma* subsp. *prainii* (King) W. J. de Wilde

风吹楠属 *Horsfieldia*

风吹楠 *Horsfieldia amygdalina* (Wall. ex Hook. f. & Thomson) Warb.

海南风吹楠 *Horsfieldia hainanensis* Merr.

肉豆蔻属 *Myristica*

肉豆蔻 *Myristica fragrans* Houtt.

云南肉豆蔻 *Myristica yunnanensis* Y. H. Li

7. 木兰科 Magnoliaceae

长喙木兰属 *Lirianthe*

香港木兰 *Lirianthe championii* (Bentham) N. H. Xia & C. Y. Wu

夜香木兰 *Lirianthe coco* (Lour.) N. H. Xia & C. Y. Wu

大叶木兰 *Lirianthe henryi* (Dunn) N. H. Xia & C. Y. Wu

北美木兰属 *Magnolia*

荷花木兰 *Magnolia grandiflora* L.

木莲属 *Manglietia*

桂南木莲 *Manglietia conifera* Dandy

木莲 *Manglietia fordiana* Oliv.

海南木莲 *Manglietia fordiana* var. *hainanensis* (Dandy) N. H. Xia

灰木莲 *Manglietia glauca* Blume

含笑属 *Michelia*

白兰 *Michelia* × *alba* DC.

合果木 *Michelia baillonii* (Pierre) Finet & Gagnepain

苦梓含笑 *Michelia balansae* (A. DC.) Dandy

黄缅桂 *Michelia champaca* L.

含笑花 *Michelia figo* (Lour.) Spreng.

多花含笑 *Michelia floribunda* Finet & Gagnep.

香子含笑 *Michelia gioii* (A. Chev.) Sima & H. Yu

醉香含笑 *Michelia macclurei* Dandy

深山含笑 *Michelia maudiae* Dunn

白花含笑 *Michelia mediocris* Dandy

观光木　*Michelia odora* (Chun) Nooteboom & B. L. Chen
凹叶含笑　*Michelia retusa* Qing L. Wang Y. H. Tong & N. H. Xia
石碌含笑　*Michelia shiluensis* Chun & Y. F. Wu
诗琳通含笑　*Michelia sirindhorniae* (Noot. & Chalermglin) N. H. Xia & X. H. Zhang
球花含笑　*Michelia sphaerantha* C. Y. Wu ex Z. S. Yue
厚壁木属　*Pachylarnax*
华盖木　*Pachylarnax sinica* (Y. W. Law) N. H. Xia & C. Y. Wu
拟单性木兰属　*Parakmeria*
乐东拟单性木兰　*Parakmeria lotungensis* (Chun & C. H. Tsoong) Y. W. Law
玉兰属　*Yulania*
玉兰　*Yulania denudata* (Desr.) D. L. Fu

8. 番荔枝科　Annonaceae

藤春属　*Alphonsea*
海南藤春　*Alphonsea hainanensis* Merr. & Chun
藤春　*Alphonsea monogyna* Merr. & Chun
蒙蒿子属　*Anaxagorea*
蒙蒿子　*Anaxagorea luzonensis* A. Gray
番荔枝属　*Annona*
释迦凤梨　*Annona* × *atemoya* Mabb.
毛叶番荔枝　*Annona cherimola* Mill.
圆滑番荔枝　*Annona glabra* L.
山刺番荔枝　*Annona montana* Macfad.
米糕霹雳果　*Annona mucosa* Jacq.
刺果番荔枝　*Annona muricata* L.
紫花番荔枝　*Annona purpurea* Moc. & Sessé ex Dunal
牛心番荔枝　*Annona reticulata* L.
番荔枝　*Annona squamosa* L.
鹰爪花属　*Artabotrys*
鹰爪花　*Artabotrys hexapetalus* (L. f.) Bhandari
厚瓣鹰爪花　*Artabotrys pachypetalus* B. Xue & Jun H. Chen
毛叶鹰爪花　*Artabotrys pilosus* Merr. & Chun
依兰属　*Cananga*
依兰　*Cananga odorata* (Lamk.) Hook. f. & Thoms.
小依兰　*Cananga odorata* var. *fruticosa* (Craib) J. Sincl.
蕉木属　*Chieniodendron*
蕉木　*Chieniodendron hainanense* (Merr.) Tsiang & P. T. Li

皂帽花属 *Dasymaschalon*

喙果皂帽花 *Dasymaschalon rostratum* Merr. & Chun

皂帽花 *Dasymaschalon trichophorum* Merr.

假鹰爪属 *Desmos*

假鹰爪 *Desmos chinensis* Lour.

瓜馥木属 *Fissistigma*

毛瓜馥木 *Fissistigma maclurei* Merr.

瓜馥木 *Fissistigma oldhamii*（Hemsl.）Merr.

黑风藤 *Fissistigma polyanthum*（Hook. f. & Thoms.）Merr.

哥纳香属 *Goniothalamus*

大花哥纳香 *Goniothalamus calvicarpus* Craib

哥纳香 *Goniothalamus chinensis* Merr. & Chun

长叶哥纳香 *Goniothalamus gardneri* Hook. f. & Thoms.

海南哥纳香 *Goniothalamus howii* Merr. & Chun

细基丸属 *Huberantha*

细基丸 *Huberantha cerasoides*（Roxb.）Chaowasku

香花细基丸 *Huberantha rumphii*（Blume ex Hensch.）Chaowasku

弯瓣木属 *Marsypopetalum*

海滨弯瓣木 *Marsypopetalum littorale*（Blume）B. Xue & R. M. K. Saunders

野独活属 *Miliusa*

囊瓣木 *Miliusa horsfieldii*（Bennett）Pierre

银钩花属 *Mitrephora*

山蕉 *Mitrephora macclurei* Weerasooriya & R. M. K. Saunders

银钩花 *Mitrephora tomentosa* J. D. Hooker & Thomson

单籽暗罗属 *Monoon*

海南单籽暗罗 *Monoon laui*（Merr.）B. Xue & R. M. K. Saunders

长叶单籽暗罗 *Monoon longifolium*（Sonn.）B. Xue & R. M. K. Saunders

腺叶单籽暗罗 *Monoon simiarum*（Buch.-Ham. ex Hook. f. & Thomson）B. Xue & R. M. K. Saunders

澄广花属 *Orophea*

毛澄广花 *Orophea hirsuta* King

暗罗属 *Polyalthia*

沙煲暗罗 *Polyalthia obliqua* J. D. Hooker & Thomson

暗罗 *Polyalthia suberosa*（Roxb.）Thw.

嘉陵花属 *Popowia*

嘉陵花 *Popowia pisocarpa*（Bl.）Endl.

金钩花属 *Pseuduvaria*

金钩花 *Pseuduvaria trimera*（Craib）Y. C. F. Su & R. M. K. Saunders

嘉宝榄属　*Stelechocarpus*

嘉宝榄　*Stelechocarpus burahol* (Blume) Hook. f. & Thomson

海岛木属　*Trivalvaria*

海岛木　*Trivalvaria costata* (Hook. f. & Thomson) I. M. Turner

紫玉盘属　*Uvaria*

光叶紫玉盘　*Uvaria boniana* Finet & Gagnep.

刺果紫玉盘　*Uvaria calamistrata* Hance

大花紫玉盘　*Uvaria grandiflora* Roxb.

海滨紫玉盘　*Uvaria littoralis* Blume

三亚紫玉盘　*Uvaria sanyaensis* F. W. Xing

东京紫玉盘　*Uvaria tonkinensis* Finet & Gagnep.

9. 蜡梅科　Calycanthaceae

蜡梅属　*Chimonanthus*

蜡梅　*Chimonanthus praecox* (L.) Link

10. 莲叶桐科　Hernandiaceae

莲叶桐属　*Hernandia*

莲叶桐　*Hernandia nymphaeifolia* (C. Presl) Kubitzki

青藤属　*Illigera*

宽药青藤　*Illigera celebica* Miq.

小花青藤　*Illigera parviflora* Dunn

红花青藤　*Illigera rhodantha* Hance

11. 樟科　Lauraceae

黄肉楠属　*Actinodaphne*

白背黄肉楠　*Actinodaphne glaucina* Allen

广东黄肉楠　*Actinodaphne koshepangii* Chun ex H. T. Chang

毛黄肉楠　*Actinodaphne pilosa* (Lour.) Merr.

黄肉楠　*Actinodaphne reticulata* Meisn.

毛果黄肉楠　*Actinodaphne trichocarpa* C. K. Allen

北油丹属　*Alseodaphnopsis*

北油丹　*Alseodaphnopsis hainanensis* (Merr.) H. W. Li & J. Li

长柄北油丹　*Alseodaphnopsis petiolaris* (Meisn.) H. W. Li & J. Li

皱皮北油丹　*Alseodaphnopsis rugosa* (Merr. & Chun) H. W. Li & J. Li

琼楠属 *Beilschmiedia*

琼楠 *Beilschmiedia intermedia* C. K. Allen

樟属 *Camphora*

云南樟 *Camphora glandulifera*（Wall.）Nees

樟 *Camphora officinarum* Nees

黄樟 *Camphora parthenoxylon*（Jack）Nees

无根藤属 *Cassytha*

无根藤 *Cassytha filiformis* L.

桂属 *Cinnamomum*

华南桂 *Cinnamomum austrosinense* H. T. Chang

钝叶桂 *Cinnamomum bejolghota*（Buch. -Ham.）Sweet

阴香 *Cinnamomum burmanni*（Nees & T. Nees）Blume

芳樟 *Cinnamomum camphora* var. *linaloolifera* Fujita

肉桂 *Cinnamomum cassia*（L.）J. Presl

大叶桂 *Cinnamomum iners* Reinw. ex Bl.

爪哇肉桂 *Cinnamomum javanicum* Blume

兰屿肉桂 *Cinnamomum kotoense* Kanehira & Sasaki

清化桂 *Cinnamomum loureiroi* Nees & Lecomte

少花桂 *Cinnamomum pauciflorum* Chun ex H. T. Chang

屏边桂 *Cinnamomum pingbienense* H. W. Li

香桂 *Cinnamomum subavenium* Miq.

粗脉桂 *Cinnamomum validinerve* Hance

锡兰肉桂 *Cinnamomum verum* J. Presl

厚壳桂属 *Cryptocarya*

硬壳桂 *Cryptocarya chingii* W. C. Cheng

海南厚壳桂 *Cryptocarya hainanensis* Merr.

山胡椒属 *Lindera*

乌药 *Lindera aggregata*（Sims）Kosterm.

鼎湖钓樟 *Lindera chunii* Merr.

香叶树 *Lindera communis* Hemsl.

山胡椒 *Lindera glauca*（Sieb. & Zucc.）Bl.

木姜子属 *Litsea*

大萼木姜子 *Litsea baviensis* Lec.

朝鲜木姜子 *Litsea coreana* H. Lév.

豹皮樟 *Litsea coreana* var. *sinensis*（Allen）Yang & P. H. Huang

山鸡椒 *Litsea cubeba*（Lour.）Pers.

黄丹木姜子 *Litsea elongata*（Wall. ex Nees）Benth. & Hook. f.

潺槁木姜子 *Litsea glutinosa*（Lour.）C. B. Rob.

红河木姜子 *Litsea honghoensis* Liou
广东木姜子 *Litsea kwangtungensis* H. T. Chang
海南木姜子 *Litsea litseifolia* (C. K. Allen) Yen C. Yang & P. H. Huang
假柿木姜子 *Litsea monopetala* (Roxb.) Pers.
木姜子 *Litsea pungens* Hemsl.
黄椿木姜子 *Litsea variabilis* Hemsl.
轮叶木姜子 *Litsea verticillata* Hance

润楠属 *Machilus*

华润楠 *Machilus chinensis* (Champ. ex Benth.) Hemsl.
黄毛润楠 *Machilus chrysotricha* H. W. Li
黄心树 *Machilus gamblei* King ex J. D. Hooker
黄绒润楠 *Machilus grijsii* Hance
润楠 *Machilus nanmu* (Oliv.) Hemsl.
扁果润楠 *Machilus platycarpa* Chun
梨润楠 *Machilus pomifera* (Kosterm.) S. K. Lee
柳叶润楠 *Machilus salicina* Hance
滇润楠 *Machilus yunnanensis* Lec.

鳄梨属 *Persea*

鳄梨 *Persea americana* Mill.

楠属 *Phoebe*

红毛山楠 *Phoebe hungmoensis* S. K. Lee
乌心楠 *Phoebe tavoyana* (Meissn.) Hook. f.
楠木 *Phoebe zhennan* S. K. Lee & F. N. Wei

油果樟属 *Syndiclis*

油果樟 *Syndiclis chinensis* C. K. Allen
乐东油果樟 *Syndiclis lotungensis* S. K. Lee

12. 金粟兰科 Chloranthaceae

金粟兰属 *Chloranthus*

鱼子兰 *Chloranthus erectus* (Buch.-Ham.) Verdc.
及己 *Chloranthus serratus* (Thunb.) Roem. & Schult.
金粟兰 *Chloranthus spicatus* (Thunb.) Makino

雪香兰属 *Hedyosmum*

雪香兰 *Hedyosmum orientale* Merr. & Chun

草珊瑚属 *Sarcandra*

草珊瑚 *Sarcandra glabra* (Thunb.) Nakai
海南草珊瑚 *Sarcandra glabra* subsp. *brachystachys* (Blume) Verdcourt

13. 菖蒲科 Acoraceae

菖蒲属 *Acorus*

菖蒲 *Acorus calamus* L.

金钱蒲 *Acorus gramineus* Soland.

14. 天南星科 Araceae

广东万年青属 *Aglaonema*

斜纹粗肋草 *Aglaonema commutatum* Schott

白柄粗肋草 *Aglaonema commutatum* ‘White Rajah’

心叶亮丝草 *Aglaonema costatum* N. E. Br.

粉柄粗肋草 *Aglaonema coutatum* ‘Tricolor’

银河粗肋草 *Aglaonema crispum* (Pitcher & Manda) Nicolson

吉祥粗肋草 *Aglaonema* ‘Lady Valentine’

广东万年青 *Aglaonema modestum* Schott ex Engl.

银王亮丝草 *Aglaonema* ‘Silver King’

海芋属 *Alocasia*

越境海芋 *Alocasia acuminata* Schott

尖尾芋 *Alocasia cucullata* (Lour.) Schott

尖叶海芋 *Alocasia longiloba* Miq.

海芋 *Alocasia odora* (Roxburgh) K. Koch

魔芋属 *Amorphophallus*

南蛇棒 *Amorphophallus dunnii* Tutcher

魔芋 *Amorphophallus konjac* K. Koch

疣柄魔芋 *Amorphophallus paeoniifolius* (Dennst.) Nicolson

雷公连属 *Amydrium*

雷公连 *Amydrium sinense* (Engl.) H. Li

上树南星属 *Anadendrum*

上树南星 *Anadendrum montanum* (Blume) Schott

花烛属 *Anthurium*

涧生花烛 *Anthurium amnicola* Dressler

绿箭花烛 *Anthurium andicola* Liebm.

花烛 *Anthurium andraeanum* Linden

狭叶花烛 *Anthurium bakeri* Hook. f.

宽叶花烛 *Anthurium bonplandii* G. S. Bunting

绫边花烛 *Anthurium brownii* Mast.

明脉花烛 *Anthurium clarinervium* Matuda

棒柄花烛　*Anthurium clavigerum* Poepp.
克罗地亚花烛　*Anthurium croatiana*
水晶花烛　*Anthurium crystallinum* Linden & André
波叶花烛　*Anthurium hookeri* Kunth
巨巢花烛　*Anthurium jenmanii* Engl.
观叶花烛　*Anthurium* 'Jungle King'
王中王花烛　*Anthurium* 'King of Kings'
华丽花烛　*Anthurium luxurians* Croat & R. N. Cirino
绒叶花烛　*Anthurium magnificum* Linden
卵叶花烛　*Anthurium ovatifolium* Engl.
乳突花烛　*Anthurium papillilaminum* Croat
掌叶花烛　*Anthurium pedatoradiatum* Schott
五裂叶花烛　*Anthurium pentaphyllum*（Aubl.）G. Don
巴西花烛　*Anthurium plowmanii* Croat
多裂花烛　*Anthurium polyschistum* R. E. Schult. & Idrobo
帝王花烛　*Anthurium regale* Linden
火鹤花　*Anthurium scherzerianum* Schott
雉尾花烛　*Anthurium schlenchtendalii*
三叶花烛　*Anthurium triphyllum*（Willd. ex Schult.）Brongn. ex Schott
范德克花烛　*Anthurium vanderknaapii* Croat
条叶花烛　*Anthurium vittariifolium* Engl.
花烛属一种*　*Anthurium willdenowii* Kunth
天南星属　*Arisaema*
奇异南星　*Arisaema decipiens* Schott
一把伞南星　*Arisaema erubescens*（Wall.）Schott
黎婆花　*Arisaema hainanense* C. Y. Wu ex H. Li，Y. Shiao & S. Tseng
美丽南星　*Arisaema speciosum*（Wall.）Mart.
水芋属　*Calla*
水芋　*Calla palustris* L.
芋属　*Colocasia*
野芋　*Colocasia antiquorum* Schott
芋　*Colocasia esculenta*（L.）Schott
紫叶芋　*Colocasia esculenta* 'Black Magic'
紫芋　*Colocasia esculenta* 'Tonoimo'
假芋　*Colocasia fallax* Schott
黛粉芋属　*Dieffenbachia*
白肋黛粉芋　*Dieffenbachia leopoldii* Bull.
黛粉芋　*Dieffenbachia seguine*（Jacq.）Schott

* 此品种尚未确定中文名称。——编者注

麒麟叶属 *Epipremnum*

绿萝 *Epipremnum aureum* (Linden & André) G. S. Bunting

麒麟叶 *Epipremnum pinnatum* (L.) Engl.

千年健属 *Homalomena*

海南千年健 *Homalomena hainanensis* H. Li

千年健 *Homalomena occulta* (Lour.) Schott

刺芋属 *Lasia*

刺芋 *Lasia spinosa* (L.) Thwait.

浮萍属 *Lemna*

浮萍 *Lemna minor* L.

大野芋属 *Leucocasia*

大野芋 *Leucocasia gigantea* (Blume) Schott

龟背竹属 *Monstera*

龟背竹 *Monstera deliciosa* Liebm.

斜叶龟背竹 *Monstera obliqua* Miq.

喜林芋属 *Philodendron*

红苞喜林芋 *Philodendron erubescens* C. Koch & Augustin

绿宝石喜林芋 *Philodendron erubescens* 'Green Emerald'

红宝石喜林芋 *Philodendron erubescens* 'Red Emerald'

心叶喜林芋 *Philodendron gloriosum* André

金黄心叶喜林芋 *Philodendron* 'Golden Erubescens'

团扇喜林芋 *Philodendron grazielae* G. S. Bunting

心叶蔓绿绒 *Philodendron hederaceum* (Schott) Croat

神锯蔓绿绒 *Philodendron lacerum* Schott

明脉蔓绿绒 *Philodendron melinonii* Brongn. ex Regel

琴叶喜林芋 *Philodendron panduriforme* (Kunth) Kunth

疣喜林芋 *Philodendron verrucosum* L. Mathieu ex Schott

大波叶蔓绿绒 *Philodendron williamsii* Hook. f

半夏属 *Pinellia*

虎掌 *Pinellia pedatisecta* Schott

大薸属 *Pistia*

大薸 *Pistia stratiotes* L.

石柑属 *Pothos*

石柑子 *Pothos chinensis* (Raf.) Merr.

百足藤 *Pothos repens* (Lour.) Druce

螳螂跌打 *Pothos scandens* L.

岩芋属 *Remusatia*

早花岩芋 *Remusatia hookeriana* Schott

岩芋 *Remusatia vivipara* (Lodd.) Schott

崖角藤属 *Rhaphidophora*

狮子尾 *Rhaphidophora hongkongensis* Schott

斑龙芋属 *Sauromatum*

斑龙芋 *Sauromatum venosum* (Aiton) Kunth

落檐属 *Schismatoglottis*

落檐 *Schismatoglottis hainanensis* H. Li

藤芋属 *Scindapsus*

海南藤芋 *Scindapsus maclurei* (Merr.) Merr. & F. P. Metcalf

小叶银斑葛 *Scindapsus pictus* Hassk.

白鹤芋属 *Spathiphyllum*

蕉叶白鹤芋 *Spathiphyllum cannifolium* (Dryand. ex Sims) Schott

绿巨人 *Spathiphyllum* 'Cultorum'

白掌 *Spathiphyllum floribundum* 'Clevelandii'

多花白鹤芋 *Spathiphyllum floribundum* N. E. Br.

白鹤芋 *Spathiphyllum lanceifolium* (Jacq.) Schott

紫萍属 *Spirodela*

紫萍 *Spirodela polyrrhiza* (L.) Schleid.

合果芋属 *Syngonium*

合果芋 *Syngonium podophyllum* Schott

白蝶合果芋 *Syngonium podophyllum* 'White Buttfly'

鹅掌芋属 *Thaumatophyllum*

春羽 *Thaumatophyllum bipinnatifidum* (Schott ex Endl.) Sakur., Calazans & Mayo

犁头尖属 *Typhonium*

白脉犁头尖 *Typhonium albidinervium* C. Z. Tang & H. Li

犁头尖 *Typhonium blumei* Nicolson & Sivadasan

矮小犁头尖 *Typhonium minatum* Qing L. Wang & Y. F. Li, Z. X. Ma

马蹄犁头尖 *Typhonium trilobatum* (L.) Schott

黄肉芋属 *Xanthosoma*

千年芋 *Xanthosoma sagittifolium* Liebm.

雪铁芋属 *Zamioculcas*

雪铁芋 *Zamioculcas zamiifolia* Engl.

15. 泽泻科 Alismataceae

泽泻属 *Alisma*

窄叶泽泻 *Alisma canaliculatum* A. Braun & C. D. Bouché

草泽泻 *Alisma gramineum* Lej.

东方泽泻 *Alisma orientale*（Samuel.）Juz.
泽泻 *Alisma plantago-aquatica* L.

象耳慈姑属 *Aquarius*

皇冠草 *Aquarius grisebachii*（Small）Christenh. & Byng

泽苔草属 *Caldesia*

宽叶泽苔草 *Caldesia grandis* Sam.

水金英属 *Hydrocleys*

水金英 *Hydrocleys nymphoides*（Humb. & Bonpl. ex Willd.）Buchenau

黄花蔺属 *Limnocharis*

黄花蔺 *Limnocharis flava*（L.）Buch.

慈姑属 *Sagittaria*

重瓣欧洲慈姑 *Sagittaria sagittifolia* 'Flore Pleno'
野慈姑 *Sagittaria trifolia* L.

16. 水鳖科 Hydrocharitaceae

水筛属 *Blyxa*

水筛 *Blyxa japonica*（Miq.）Maxim. ex Asch. & Gürke

水鳖属 *Hydrocharis*

水鳖 *Hydrocharis dubia*（Bl.）Backer

水车前属 *Ottelia*

海菜花 *Ottelia acuminata*（Gagnep.）Dandy
龙舌草 *Ottelia alismoides*（L.）Pers.
水菜花 *Ottelia cordata*（Wall.）Dandy

17. 眼子菜科 Potamogetonaceae

眼子菜属 *Potamogeton*

禾叶眼子菜 *Potamogeton gramineus* L.

18. 沼金花科 Nartheciaceae

肺筋草属 *Aletris*

肺筋草 *Aletris spicata*（Thunb.）Franch.

19. 水玉簪科 Burmanniaceae

水玉簪属 *Burmannia*

水玉簪 *Burmannia disticha* L.

20. 薯蓣科 Dioscoreaceae

薯蓣属 *Dioscorea*

参薯 *Dioscorea alata* L.

黄独 *Dioscorea bulbifera* L.

薯莨 *Dioscorea cirrhosa* Lour.

龟甲龙 *Dioscorea elephantipes* (L'Hér.) Engl.

甘薯 *Dioscorea esculenta* (Lour.) Burkill

山薯 *Dioscorea fordii* Prain & Burkill

光叶薯蓣 *Dioscorea glabra* Roxb.

白薯莨 *Dioscorea hispida* Dennst.

日本薯蓣 *Dioscorea japonica* Thunb.

五叶薯蓣 *Dioscorea pentaphylla* L.

吊罗薯蓣 *Dioscorea poilanei* Prain & Burkill

盾叶薯蓣 *Dioscorea zingiberensis* C. H. Wright

裂果薯属 *Schizocapsa*

裂果薯 *Schizocapsa plantaginea* Hance

蒟蒻薯属 *Tacca*

箭根薯 *Tacca chantrieri* André

丝须蒟蒻薯 *Tacca integrifolia* Ker Gawl.

蒟蒻薯 *Tacca leontopetaloides* (L.) Kuntze

21. 百部科 Stemonaceae

百部属 *Stemona*

细花百部 *Stemona parviflora* C. H. Wright

大百部 *Stemona tuberosa* Lour.

22. 露兜树科 Pandanaceae

露兜树属 *Pandanus*

香露兜 *Pandanus amaryllifolius* Roxb.

露兜草 *Pandanus austrosinensis* T. L. Wu

短叶露兜树 *Pandanus dubius* Spreng.

小露兜 *Pandanus fibrosus* Gagnepain ex Humbert

簕古子 *Pandanus kaida* Kurz

椭果露兜树 *Pandanus martinianus* Nadaf & Zanan

禾叶露兜树 *Pandanus pygmaeus* Thouars

露兜树　*Pandanus tectorius* Parkinson
扇叶露兜树　*Pandanus utilis* Borg.

23. 藜芦科　Melanthiaceae

仙杖花属　*Chamaelirium*
白丝草　*Chamaelirium chinense* (K. Krause) N. Tanaka
重楼属　*Paris*
海南重楼　*Paris dunniana* H. Léveillé
长柱重楼　*Paris forrestii* (Takhtajan) H. Li
七叶一枝花　*Paris polyphylla* Smith
华重楼　*Paris polyphylla* var. *chinensis* (Franch.) Hara
藜芦属　*Veratrum*
藜芦　*Veratrum nigrum* L.

24. 秋水仙科　Colchicaceae

万寿竹属　*Disporum*
海南万寿竹　*Disporum hainanense* Merrill
嘉兰属　*Gloriosa*
嘉兰　*Gloriosa superba* L.

25. 菝葜科　Smilacaceae

菝葜属　*Smilax*
圆锥菝葜　*Smilax bracteata* Presl
菝葜　*Smilax china* L.
土茯苓　*Smilax glabra* Roxb.
黑果菝葜　*Smilax glaucochina* Warb.
粉背菝葜　*Smilax hypoglauca* Benth.
肖菝葜　*Smilax japonica* (Kunth) P. Li & C. X. Fu
马甲菝葜　*Smilax lanceifolia* Roxb.
乌饭叶菝葜　*Smilax myrtillus* A. DC.
抱茎菝葜　*Smilax ocreata* A. DC.
穿鞘菝葜　*Smilax perfoliata* Lour.
牛尾菜　*Smilax riparia* A. DC.

26. 百合科 Liliaceae

大百合属 *Cardiocrinum*

大百合 *Cardiocrinum giganteum* (Wall.) Makino

百合属 *Lilium*

百合 *Lilium brownii* var. *viridulum* Baker

麝香百合 *Lilium longiflorum* Thunb.

27. 兰科 Orchidaceae

脆兰属 *Acampe*

窄果脆兰 *Acampe ochracea* (Lindl.) Hochr.

短序脆兰 *Acampe papillosa* (Lindl.) Lindl.

多花脆兰 *Acampe rigida* (Buch.-Ham. ex Sm.) P. F. Hunt

坛花兰属 *Acanthephippium*

锥囊坛花兰 *Acanthephippium striatum* Lindl.

坛花兰 *Acanthephippium sylhetense* Lindl.

指甲兰属 *Aerides*

指甲兰 *Aerides falcata* Lindl.

气穗兰属 *Aeridostachya*

气穗兰 *Aeridostachya robusta* (Blume) Brieger

禾叶兰属 *Agrostophyllum*

禾叶兰 *Agrostophyllum callosum* Rchb. f.

开唇兰属 *Anoectochilus*

保亭金线兰 *Anoectochilus baotingensis* (K. Y. Lang) Ormerod

台湾银线兰 *Anoectochilus formosanus* Hayata

海南开唇兰 *Anoectochilus hainanensis* H. Z. Tian

金线兰 *Anoectochilus roxburghii* (Wall.) Lindl.

无叶兰属 *Aphyllorchis*

无叶兰 *Aphyllorchis montana* Rchb. f.

拟兰属 *Apostasia*

拟兰 *Apostasia odorata* Bl.

多枝拟兰 *Apostasia ramifera* S. C. Chen & K. Y. Lang

牛齿兰属 *Appendicula*

小花牛齿兰 *Appendicula annamensis* Guillaumin

牛齿兰 *Appendicula cornuta* Bl.

蜘蛛兰属 *Arachnis*

窄唇蜘蛛兰 *Arachnis labrosa* (Lindl. & Paxton) Rchb. f.

赵氏蜘蛛兰 *Arachnis labrosa* var. *zhaoi* (Z. J. Liu, S. C. Chen & S. P. Lei) S. C. Chen & J. J. Wood

竹叶兰属 *Arundina*

竹叶兰 *Arundina graminifolia* (D. Don) Hochr.

鸟舌兰属 *Ascocentrum*

鸟舌兰 *Ascocentrum ampullaceum* (Roxb.) Schltr.

胼胝兰属 *Biermannia*

双斑胼胝兰 *Biermannia bimaculata* (King & Pantl.) King & Pantl.

睫唇兰属 *Blepharoglossum*

裂唇睫唇兰 *Blepharoglossum fissilabre* (Tang & F. T. Wang) L. Li

睫唇兰 *Blepharoglossum latifolium* (Blume) L. Li

白及属 *Bletilla*

小白及 *Bletilla formosana* (Hayata) Schltr.

黄花白及 *Bletilla ochracea* Schltr.

修胫兰属 *Brassavola*

鞭状白拉索兰 *Brassavola flagellaris* Barb. Rodr.

长萼兰属 *Brassia*

弓序长萼兰 *Brassia arcuigera* Rchb. f.

紫薇兰属 *Broughtonia*

紫薇兰 *Broughtonia sanguinea* (Sw.) R. Br.

石豆兰属 *Bulbophyllum*

赤唇石豆兰 *Bulbophyllum affine* Lindl.

芳香石豆兰 *Bulbophyllum ambrosia* (Hance) Schltr.

大叶卷瓣兰 *Bulbophyllum amplifolium* (Rolfe) M. S. Balakr. & Chowdhuri

梳帽卷瓣兰 *Bulbophyllum andersonii* (Hook. f.) J. J. Sm.

尾萼卷瓣兰 *Bulbophyllum caudatum* Lindl.

茎花石豆兰 *Bulbophyllum cauliflorum* Hook. f.

中华卷瓣兰 *Bulbophyllum chinense* (Lindl.) Rchb. f.

城口卷瓣兰 *Bulbophyllum chondriophorum* (Gagnep.) Seidenf.

橙黄石豆兰 *Bulbophyllum cracens* H. Jiang

短耳石豆兰 *Bulbophyllum crassipes* Hook. f.

直唇卷瓣兰 *Bulbophyllum delitescens* Hance

戟唇石豆兰 *Bulbophyllum depressum* King & Pantling

匍茎卷瓣兰 *Bulbophyllum emarginatum* (Finet) J. J. Sm.

墨脱石豆兰 *Bulbophyllum eublepharum* Rchb. f.

麻栗坡卷瓣兰 *Bulbophyllum farreri* (W. W. Smith) Seidenf.

扇花卷瓣兰 *Bulbophyllum flabellum-veneris* (J. Koenig) Aver.

狭唇卷瓣兰 *Bulbophyllum fordii* (Rolfe) J. J. Sm.

尖角卷瓣兰　*Bulbophyllum forrestii* Seidenf.

荷兰木鞋豆　*Bulbophyllum frostii* Summerh.

富宁卷瓣兰　*Bulbophyllum funingense* Z. H. Tsi & Chen

格当石豆兰　*Bulbophyllum gedangense* Y. Luo

贡山卷瓣兰　*Bulbophyllum gongshanense* Z. H. Tsi

短齿石豆兰　*Bulbophyllum griffithii*（Lindl.）Rchb. f.

钻齿卷瓣兰　*Bulbophyllum guttulatum*（Hook. f.）Balakr.

线瓣石豆兰　*Bulbophyllum gymnopus* Hook. f.

锚齿卷瓣兰　*Bulbophyllum hamatum* Q. Yan

莲花卷瓣兰　*Bulbophyllum hirundinis*（Gagnep.）Seidenf.

圆唇双花豆兰　*Bulbophyllum hymenanthum* Hook. f.

广东石豆兰　*Bulbophyllum kwangtungense* Schltr.

乐东石豆兰　*Bulbophyllum ledungense* T. Tang & F. T. Wang

短莛石豆兰　*Bulbophyllum leopardinum*（Wall.）Lindl.

南方卷瓣兰　*Bulbophyllum lepidum*（Blume）J. J. Smith

齿瓣石豆兰　*Bulbophyllum levinei* Schltr.

凌氏石豆兰　*Bulbophyllum lingii* M. Z. Huang

林芝石豆兰　*Bulbophyllum linzhiense* Liang Ma & S. P. Chen

秉滔卷瓣兰　*Bulbophyllum lipingtaoi* Jiu X. Huang

密花石豆兰　*Bulbophyllum odoratissimum*（J. E. Sm.）Lindl.

白花石豆兰　*Bulbophyllum pauciflorum* Ames

斑唇卷瓣兰　*Bulbophyllum pecten-veneris*（Gagnep.）Seidenf.

长足石豆兰　*Bulbophyllum pectinatum* Finet

毛唇石豆兰　*Bulbophyllum penicillium* C. S. P. Parish & Rchb. f.

领带兰　*Bulbophyllum phalaenopsis* J. J. Smith

片马石豆兰　*Bulbophyllum pianmaense* D. P. Ye

彩色卷瓣兰　*Bulbophyllum picturatum*（Lodd.）Rchb. f.

屏南石豆兰　*Bulbophyllum pingnanense* J. F. Liu

锥茎石豆兰　*Bulbophyllum polyrrhizum* Lindl.

版纳石豆兰　*Bulbophyllum protractum* Hook. f.

滇南石豆兰　*Bulbophyllum psittacoglossum* Rchb. f.

曲萼石豆兰　*Bulbophyllum pteroglossum* Schltr.

美花大苞兰　*Bulbophyllum pulcherissimum* H. Jiang

云南石豆兰　*Bulbophyllum purpureofuscum* J. J. Verm.

滇西大苞兰　*Bulbophyllum raskotii* J. J. Verm.

反瓣卷瓣兰　*Bulbophyllum reflexipetalum* J. D. Ya

折梗双叶卷瓣兰　*Bulbophyllum refractum*（Zoll.）Rchb. f.

球花石豆兰　*Bulbophyllum repens* Griff.

伏生石豆兰　*Bulbophyllum reptans*（Lindl.）Lindl.

藓叶卷瓣兰 *Bulbophyllum retusiusculum* Rchb. f.
凹萼石豆兰 *Bulbophyllum retusum* H. Jiang
圆瓣石豆兰 *Bulbophyllum rimannii* (Rchb. f.) J. J. Verm.
高山卷瓣兰 *Bulbophyllum rolfei* (Kuntze) Seidenf.
玫瑰石豆兰 *Bulbophyllum roseopictum* J. J. Verm.
美花卷瓣兰 *Bulbophyllum rothschildianum* (O'Brien) J. J. Sm.
窄苞石豆兰 *Bulbophyllum rufinum* Rchb. f.
怒江石豆兰 *Bulbophyllum salweenensis* X. H. Jin
白花卷瓣兰 *Bulbophyllum sanitii* Seidenf.
厚叶卷瓣兰 *Bulbophyllum sarcophylloides* Garay
匙萼卷瓣兰 *Bulbophyllum spathulatum* (Rolfe ex Cooper) Seidenf.
球茎卷瓣兰 *Bulbophyllum sphaericum* Z. H. Tsi & H. Li
短足石豆兰 *Bulbophyllum stenobulbon* E. C. Parish & Rchb. f.
细柄石豆兰 *Bulbophyllum striatum* (Griff.) Rchb. f.
虎斑卷瓣兰 *Bulbophyllum tigridum* Hance
小叶石豆兰 *Bulbophyllum tokioi* Fukuy.
拟双叶卷瓣兰 *Bulbophyllum tripudians* C. S. P. Parish & Rchb. f.
球茎石豆兰 *Bulbophyllum triste* Rchb. f.
伞花卷瓣兰 *Bulbophyllum umbellatum* Lindl.
直立卷瓣兰 *Bulbophyllum unciniferum* Seidenf.
变色卷瓣兰 *Bulbophyllum versicolor* Zhuang Zhou
等萼卷瓣兰 *Bulbophyllum violaceolabellum* Seidenf.
双叶卷瓣兰 *Bulbophyllum wallichii* (Lindl.) Rchb. f.
五指山石豆兰 *Bulbophyllum wuzhishanense* X. H. Jin
革叶石豆兰 *Bulbophyllum xylophyllum* Par. & Rchb. f.

蜂腰兰属 *Bulleyia*

蜂腰兰 *Bulleyia yunnanensis* Schltr.

虾脊兰属 *Calanthe*

泽泻虾脊兰 *Calanthe alismatifolia* Lindl.
细点根节兰 *Calanthe alismifolia* Lindl.
流苏虾脊兰 *Calanthe alpina* Hook. f. ex Lindl.
狭叶虾脊兰 *Calanthe angustifolia* (Blume) Lindl.
银带虾脊兰 *Calanthe argenteostriata* C. Z. Tang & S. J. Cheng
二裂虾脊兰 *Calanthe biloba* Lindl.
棒距虾脊兰 *Calanthe clavata* Lindl.
虾脊兰 *Calanthe discolor* Lindl.
西南虾脊兰 *Calanthe herbacea* Lindl.
弄岗虾脊兰 *Calanthe longgangensis* Y. S. Huang & Yan Liu
南方虾脊兰 *Calanthe lyroglossa* Rchb. f.

墨脱虾脊兰 *Calanthe metoensis* Z. H. Tsi & K. Y. Lang
二列叶虾脊兰 *Calanthe speciosa* (Blume) Lindl.
长距虾脊兰 *Calanthe sylvatica* (Thou.) Lindl.
太白山虾脊兰 *Calanthe taibaishanensis* M. Guo
三棱虾脊兰 *Calanthe tricarinata* Lindl.
裂距虾脊兰 *Calanthe trifida* Tang & F. T. Wang
三褶虾脊兰 *Calanthe triplicata* (Willemet) Ames

美柱兰属 *Callostylis*

美柱兰 *Callostylis rigida* Blume

钟兰属 *Campanulorchis*

钟兰 *Campanulorchis thao* (Gagnep.) S. C. Chen & J. J. Wood

双角兰属 *Caularthron*

双角兰 *Caularthron bicornutum* (Hook.) Raf.

头蕊兰属 *Cephalanthera*

金兰 *Cephalanthera falcata* (Thunb. ex A. Murray) Bl.

黄兰属 *Cephalantheropsis*

台湾黄兰 *Cephalantheropsis dolichopoda* (Fukuy.) T. P. Lin
铃花黄兰 *Cephalantheropsis halconensis* (Ames) S. S. Ying
白花黄兰 *Cephalantheropsis longipes* (Hook. f.) Ormer.
黄兰 *Cephalantheropsis obcordata* (Lindl.) Ormer.

牛角兰属 *Ceratostylis*

牛角兰 *Ceratostylis caespitosa* (Rolfe) Tang & F. T. Wang
叉枝牛角兰 *Ceratostylis himalaica* Hook. f.
西藏牛角兰 *Ceratostylis radiata* J. J. Sm.
管叶牛角兰 *Ceratostylis subulata* Bl.

叉柱兰属 *Cheirostylis*

尖唇叉柱兰 *Cheirostylis acuminata* Z. L. Liu
流苏叉柱兰 *Cheirostylis barbata* Q. Liu & X. F. Wu
短距叉柱兰 *Cheirostylis calcarata* X. H. Jin & S. C. Chen
中华叉柱兰 *Cheirostylis chinensis* Rolfe
斑叶叉柱兰 *Cheirostylis chinensis* var. *clibborndyeri* (S. Y. Hu & Barretto) T. P. Lin
小唇叉柱兰 *Cheirostylis chuxiongensis* J. D. Ya
雉尾叉柱兰 *Cheirostylis cochinchinensis* Blume
全唇叉柱兰 *Cheirostylis takeoi* (Hayata) Schltr.
反瓣叉柱兰 *Cheirostylis thailandica* Seidenf.
和社叉柱兰 *Cheirostylis tortilacinia* C. S. Leou
文山叉柱兰 *Cheirostylis wenshanensis* J. B. Chen
云南叉柱兰 *Cheirostylis yunnanensis* Rolfe

异型兰属 *Chiloschista*

宽唇异形兰 *Chiloschista parishii* Seidenf.

金唇兰属 *Chrysoglossum*

金唇兰 *Chrysoglossum ornatum* Blume

高宝兰属 *Cionisaccus*

高宝兰 *Cionisaccus procera* (Ker Gawl.) M. C. Pace

隔距兰属 *Cleisostoma*

二齿叶隔距兰 *Cleisostoma aspersum* (Rchb. f.) Garay

美花隔距兰 *Cleisostoma birmanicum* (Schltr.) Garay

双裂隔距兰 *Cleisostoma duplicilobum* (J. J. Sm.) Garay

金塔隔距兰 *Cleisostoma filiforme* (Lindl.) Garay

长叶隔距兰 *Cleisostoma fuerstenbergianum* Kraenzl.

海南隔距兰 *Cleisostoma hainanense* M. Z. Huang

隔距兰 *Cleisostoma linearilobatum* (Seidenf. & Smitinand) Garay

勐海隔距兰 *Cleisostoma menghaiense* Z. H. Tsi

大序隔距兰 *Cleisostoma paniculatum* (Ker Gawl.) Garay

短茎隔距兰 *Cleisostoma parishii* (Hook. f.) Garay

尖喙隔距兰 *Cleisostoma rostratum* (Lodd. ex Lind.) Garay

蜈蚣兰 *Cleisostoma scolopendrifolium* (Makino) Garay

毛柱隔距兰 *Cleisostoma simondii* (Gagnep.) Seidenf.

广东隔距兰 *Cleisostoma simondii* var. *guangdongense* Z. H. Tsi

短序隔距兰 *Cleisostoma striatum* (Rchb. f.) Garay

红花隔距兰 *Cleisostoma williamsonii* (Rchb. f.) Garay

贝母兰属 *Coelogyne*

狭瓣贝母兰 *Coelogyne angustipetala* X. J. Xiao

云南贝母兰 *Coelogyne assamica* Linden & Rchb. f.

髯毛贝母兰 *Coelogyne barbata* Griff.

滇西贝母兰 *Coelogyne calcicola* Kerr

眼斑贝母兰 *Coelogyne corymbosa* Lindl.

贝母兰 *Coelogyne cristata* Lindl.

流苏贝母兰 *Coelogyne fimbriata* Lindl.

栗鳞贝母兰 *Coelogyne flaccida* Lindl.

褐唇贝母兰 *Coelogyne fuscescens* Lindl.

格力贝母兰 *Coelogyne griffithii* Hook. f.

长柄贝母兰 *Coelogyne longipes* Lindl.

密茎贝母兰 *Coelogyne nitida* (Wall. ex D. Don) Lindl.

卵叶贝母兰 *Coelogyne occultata* Hook. f.

黄绿贝母兰 *Coelogyne prolifera* Lindl.

三褶贝母兰 *Coelogyne raizadae* Jain & Das
挺茎贝母兰 *Coelogyne rigida* E. C. Parish & Rchb. f.
撕裂贝母兰 *Coelogyne sanderae* Kraenzl.
疣鞘贝母兰 *Coelogyne schultesii* Jain & S. Das
禾叶贝母兰 *Coelogyne viscosa* Rchb. f.

吻兰属 *Collabium*

吻兰 *Collabium chinense* (Rolfe) Tang & F. T. Wang
台湾吻兰 *Collabium formosanum* Hayata

蛤兰属 *Conchidium*

高山蛤兰 *Conchidium japonicum* (Maxim.) S. C. Chen & J. J. Wood
蛤兰 *Conchidium pusillum* Griff.
菱唇蛤兰 *Conchidium rhomboidale* (Tang & F. T. Wang) S. C. Chen & J. J. Wood

管花兰属 *Corymborkis*

管花兰 *Corymborkis veratrifolia* (Reinw.) Blume

沼兰属 *Crepidium*

杂交心唇沼兰 *Crepidium × cordilabium* T. P. Lin
浅裂沼兰 *Crepidium acuminatum* (D. Don) Szlach.
美叶沼兰 *Crepidium calophyllum* (Rchb. f.) Szlach.
凹唇沼兰 *Crepidium concavum* (Seidenf.) Szlach.
二脊沼兰 *Crepidium finetii* (Gagnep.) S. C. Chen & J. J. Wood
海南沼兰 *Crepidium hainanense* (Tang & F. T. Wang) S. C. Chen & J. J. Wood
深裂沼兰 *Crepidium purpureum* (Lindl.) Szlach.
四川沼兰 *Crepidium sichuanicum* (Tang & F. T. Wang) S. C. Chen & J. J. Wood

宿苞兰属 *Cryptochilus*

渐尖宿苞兰 *Cryptochilus acuminatus* (Griff.) Schuit. Y. P. Ng & H. A. Pedersen
宿苞兰 *Cryptochilus luteus* Lindl.
玫瑰宿苞兰 *Cryptochilus roseus* (Lindl.) S. C. Chen & J. J. Wood
红花宿苞兰 *Cryptochilus sanguineus* Wall.

隐柱兰属 *Cryptostylis*

隐柱兰 *Cryptostylis arachnites* (Blume) Hassk.

天鹅兰属 *Cycnoches*

天鹅兰 *Cycnoches chlorochilon* Klotzsch

柱兰属 *Cylindrolobus*

孟连柱兰 *Cylindrolobus clavicaulis* (Wall. ex Lindl.) Rauschert
中缅柱兰 *Cylindrolobus glabriflorus* X. H. Jin & J. D. Ya
柱兰 *Cylindrolobus marginatus* (Rolfe) S. C. Chen & J. J. Wood
墨脱柱兰 *Cylindrolobus motuoensis* X. H. Jin & J. D. Ya

兰属 *Cymbidium*

纹瓣兰 *Cymbidium aloifolium* (L.) Sw.

椰香兰　*Cymbidium atropurpureum*（Lindl.）Rolfe

南亚硬叶兰　*Cymbidium bicolor* Lindl.

送春　*Cymbidium cyperifolium* var. *szechuanicum*（Y. S. Wu & S. C. Chen）S. C. Chen & Z. J. Liu

莎叶兰　*Cymbidium cyperifolium* Wall. ex Lindl.

冬凤兰　*Cymbidium dayanum* Rchb. f.

落叶兰　*Cymbidium defoliatum* Y. S. Wu & S. C. Chen

福兰　*Cymbidium devonianum* Paxton

独占春　*Cymbidium eburneum* Lindl.

莎草兰　*Cymbidium elegans* Lindl.

建兰　*Cymbidium ensifolium*（L.）Sw.

长叶兰　*Cymbidium erythraeum* Lindl.

黄花长叶兰　*Cymbidium erythraeum* var. *flavum*（Z. J. Liu & J. Yong Zhang）Z. J. Liu

蕙兰　*Cymbidium faberi* Rolfe

多花兰　*Cymbidium floribundum* Lindl.

春兰　*Cymbidium goeringii*（Rchb. f.）Rchb. f.

秋墨兰　*Cymbidium haematodes* Lindl.

虎头兰　*Cymbidium hookerianum* Rchb. f.

美花兰　*Cymbidium insigne* Rolfe

江城兰　*Cymbidium jiangchengense* Ying L. Peng

寒兰　*Cymbidium kanran* Makino

兔耳兰　*Cymbidium lancifolium* Hook.

长茎兰　*Cymbidium lii* M. Z. Huang

碧玉兰　*Cymbidium lowianum*（Rchb. f.）Rchb. f.

大根兰　*Cymbidium macrorhizon* Lindl.

硬叶兰　*Cymbidium mannii* Rchb. f.

大雪兰　*Cymbidium mastersii* Griff. ex Lindl.

细花兰　*Cymbidium micranthum* Z. J. Liu & S. C. Chen

密花硬叶兰　*Cymbidium puerense* Z. J. Liu & S. R. Lan

丘北冬蕙兰　*Cymbidium qiubeiense* K. M. Feng & H. Li

墨兰　*Cymbidium sinense*（Jack. ex Andr.）Willd.

果香兰　*Cymbidium suavissimum* Sander ex C. H. Curtis

奇瓣红春素　*Cymbidium teretipetiolatum* Z. J. Liu & S. C. Chen

莲瓣兰　*Cymbidium tortisepalum* Fukuy.

文山红柱兰　*Cymbidium wenshanense* Y. S. Wu & F. Y. Liu

船唇兰属　*Cymbilabia*

船唇兰　*Cymbilabia undulata*（Lindl.）D. K. Liu & Ming H. Li

杓兰属　*Cypripedium*

杓兰　*Cypripedium calceolus* L.

石斛属 *Dendrobium*

钩状石斛 *Dendrobium aduncum* Wall ex Lindl.
紫舌石斛 *Dendrobium amethystoglossum* Rchb. f.
菱叶石斛 *Dendrobium anceps* Sw.
檀香石斛 *Dendrobium anosmum* Lindl.
兜唇石斛 *Dendrobium aphyllum* (Roxb.) C. E. C. Fisch.
羚羊石斛 *Dendrobium bicaudatum* Reinw. ex Lindl.
长苏石斛 *Dendrobium brymerianum* Rchb. f.
红头石斛 *Dendrobium calocephalum* (Z. H. Tsi & S. C. Chen) Schuit. & Peter B. Adams
短棒石斛 *Dendrobium capillipes* Rchb. f.
头状石斛 *Dendrobium capituliflorum* Rolfe
翅萼石斛 *Dendrobium cariniferum* Rchb. f.
毛鞘石斛 *Dendrobium christyanum* Rchb. f.
束花石斛 *Dendrobium chrysanthum* Wall. ex Lindl.
鼓槌石斛 *Dendrobium chrysotoxum* Lindl.
玫瑰石斛 *Dendrobium crepidatum* Lindl. ex Paxton
木石斛 *Dendrobium crumenatum* Sw.
迪尔里石斛 *Dendrobium dearei* Rchb. f.
叠鞘石斛 *Dendrobium denneanum* Kerr
密花石斛 *Dendrobium densiflorum* Lindl.
齿瓣石斛 *Dendrobium devonianum* Paxt.
黄花石斛 *Dendrobium dixanthum* Rchb. f.
景洪石斛 *Dendrobium exile* Schltr.
串珠石斛 *Dendrobium falconeri* Hook.
流苏石斛 *Dendrobium fimbriatum* Hook.
棒节石斛 *Dendrobium findlayanum* E. C. Parish & Rchb. f.
曲轴石斛 *Dendrobium gibsonii* Lindl.
红花石斛 *Dendrobium goldschmidtianum* Kraenzlin
杯鞘石斛 *Dendrobium gratiosissimum* Rchb. f.
海南石斛 *Dendrobium hainanense* Rolfe
细叶石斛 *Dendrobium hancockii* Rolfe
重唇石斛 *Dendrobium hercoglossum* Rchb. f.
尖刀唇石斛 *Dendrobium heterocarpum* Lindl.
金耳石斛 *Dendrobium hookerianum* Lindl.
小黄花石斛 *Dendrobium jenkinsii* Lindl.
广坝石斛 *Dendrobium lagarum* Seidenf.
扁石斛兰 *Dendrobium lamellatum* (Blume) Lindl.
菱唇石斛 *Dendrobium leptocladum* Hayata
秉滔石斛 *Dendrobium libingtaoi* Q. Xu & Z. J. Liu

矩唇石斛 *Dendrobium linawianum* Rohb. f.
聚石斛 *Dendrobium lindleyi* Steud.
喇叭唇石斛 *Dendrobium lituiflorum* Lindl.
美花石斛 *Dendrobium loddigesii* Rolfe
罗河石斛 *Dendrobium lohohense* Tang & F. T. Wang
长距石斛 *Dendrobium longicornu* Lindl.
细茎石斛 *Dendrobium moniliforme* (L.) Sw.
杓唇石斛 *Dendrobium moschatum* (Buch.-Ham.) Sw.
石斛 *Dendrobium nobile* Lindl.
铁皮石斛 *Dendrobium officinale* Kimura & Migo
少花石斛 *Dendrobium parciflorum* Rchb. f. ex Lindl.
紫瓣石斛 *Dendrobium parishii* Rchb. f.
肿节石斛 *Dendrobium pendulum* Roxb.
报春石斛 *Dendrobium polyanthum* Wallich ex Lindley
独龙石斛 *Dendrobium praecinctum* Rchb. f.
针叶石斛 *Dendrobium pseudotenellum* Guillaumin
蜻蜓石斛 *Dendrobium pulchellum* Roxb. & Lindl.
竹枝石斛 *Dendrobium salaccense* (Blume) Lindl.
绿玉石斛 *Dendrobium sanguinolentum* Lindl.
滇桂石斛 *Dendrobium scoriarum* W. M. Sw.
毛刷石斛 *Dendrobium secundum* (Blume) Lindl.
绒毛石斛 *Dendrobium senile* Parish ex Rchb. f.
始兴石斛 *Dendrobium shixingense* Z. L. Chen
华石斛 *Dendrobium sinense* Tang & F. T. Wang
勐海石斛 *Dendrobium sinominutiflorum* S. C. Chen
绿宝石石斛 *Dendrobium smillieae* F. Muell.
剑叶石斛 *Dendrobium spatella* Rchb. f.
大明石斛 *Dendrobium speciosum* Smith
大魔鬼石斛 *Dendrobium spectabile* (Blume) Miq.
羊角石斛 *Dendrobium stratiotes* Rchb. f.
梳唇石斛 *Dendrobium strongylanthum* Rchb. f.
具槽石斛 *Dendrobium sulcatum* Lindl.
刀叶石斛 *Dendrobium terminale* E. C. Parish & Rchb. f.
球花石斛 *Dendrobium thyrsiflorum* B. S. Williams
紫婉石斛 *Dendrobium transparens* Wall. ex Lindl.
翅梗石斛 *Dendrobium trigonopus* Rchb. f.
单花石斛 *Dendrobium uniflorum* Griff.
大苞鞘石斛 *Dendrobium wardianum* R. Warner
高山石斛 *Dendrobium wattii* (Hook. f.) Rchb. f.

黑毛石斛 *Dendrobium williamsonii* Day & Rchb. f.
西畴石斛 *Dendrobium xichouense* S. J. Cheng & Z. J. Tang
杓唇扁石斛 *Dendrobium ysocrepis* Parish & Rchb. f. ex Hook. f

绒兰属 *Dendrolirium*

白绵绒兰 *Dendrolirium lasiopetalum*（Willd.）S. C. Chen & J. J. Wood
麻栗坡绒兰 *Dendrolirium malipoense*（Z. J. Liu & S. C. Chen）H. Jiang
绒兰 *Dendrolirium tomentosum*（J. Koenig）S. C. Chen & J. J. Wood

无耳沼兰属 *Dienia*

无耳沼兰 *Dienia ophrydis*（J. Koenig）Seidenf.

密花兰属 *Diglyphosa*

密花兰 *Diglyphosa latifolia* Blume

蛇舌兰属 *Diploprora*

蛇舌兰 *Diploprora championii*（Lindl.）Hook. f.

围柱兰属 *Encyclia*

圈柱兰 *Encyclia alata*（Bateman）Schltr.
花岗岩围柱兰 *Encyclia granitica*（Lindl.）Schltr.
大头围柱兰 *Encyclia randii*（L. Linden & Rodigas）Porto & Brade
围柱兰 *Encyclia viridiflora* Hook.

树兰属 *Epidendrum*

美花树兰 *Epidendrum calanthum* Rchb. f. & Warsz.
朱色树兰 *Epidendrum cinnabarinum* Salzm. ex Lindl.
流苏树兰 *Epidendrum fimbriatum* Kunth
帕氏树兰 *Epidendrum parkinsonianum* Hook.
拟树兰 *Epidendrum pseudepidendrum* Rchb. f.
红花树兰 *Epidendrum radicans* Pav. ex Lindl.
侏树兰 *Epidendrum schlechterianum* Ames

厚唇兰属 *Epigeneium*

宽叶厚唇兰 *Epigeneium amplum*（Lindl.）Summerh.
厚唇兰 *Epigeneium clemensiae* Gagnep.
单叶厚唇兰 *Epigeneium fargesii*（Finet）Gagnep.
景东厚唇兰 *Epigeneium fuscescens*（Griff.）Summerh.
高黎贡厚唇兰 *Epigeneium gaoligongense* H. Yu & S. G. Zhang
长爪厚唇兰 *Epigeneium treutleri*（Hook. f.）Ormer.

毛兰属 *Eria*

匍茎毛兰 *Eria clausa* King & Pantl.
半柱毛兰 *Eria corneri* Rchb. f.
足茎毛兰 *Eria coronaria*（Lindl.）Rchb. f.
黄花毛兰 *Eria foetida* Aver.

香港毛兰 *Eria gagnepainii* Hawkes & Heller
香花毛兰 *Eria javanica* (Sw.) Blume
绿花毛兰 *Eria lanigera* Seidenf.
条纹毛兰 *Eria vittata* Lindl.
砚山毛兰 *Eria yanshanensis* S. C. Chen
毛梗兰属 *Eriodes*
毛梗兰 *Eriodes barbata* (Lindl.) Rolfe
钳唇兰属 *Erythrodes*
密花钳唇兰 *Erythrodes aggregatus* (T. P. Lin & W. M. Lin) T. P. Lin
钳唇兰 *Erythrodes blumei* (Lindl.) Schltr.
硬毛钳唇兰 *Erythrodes hirsuta* (Griff.) Ormer.
倒吊兰属 *Erythrorchis*
倒吊兰 *Erythrorchis altissima* (Blume) Blume
花蜘蛛兰属 *Esmeralda*
花蜘蛛兰 *Esmeralda clarkei* Rchb. f.
开宝兰属 *Eucosia*
歌绿开宝兰 *Eucosia seikoomontana* (Yamam.) M. C. Pace
开宝兰 *Eucosia viridiflora* (Blume) M. C. Pace
美冠兰属 *Eulophia*
黄花美冠兰 *Eulophia flava* (Lindl.) Hook. f.
美冠兰 *Eulophia graminea* Lindl.
紫花美冠兰 *Eulophia spectabilis* (Dennst.) Suresh
无叶美冠兰 *Eulophia zollingeri* (Rchb. f.) J. J. Smith
金石斛属 *Flickingeria*
狭叶金石斛 *Flickingeria angustifolia* (Bl.) Hawkes
金石斛 *Flickingeria comata* (Bl.) Hawkes.
流苏金石斛 *Flickingeria fimbriata* (Bl.) Hawkes
盆距兰属 *Gastrochilus*
镰叶盆距兰 *Gastrochilus acinacifolius* Z. H. Tsi
二脊盆距兰 *Gastrochilus affinis* (King & Pantl.) Schltr.
膜翅盆距兰 *Gastrochilus alatus* X. H. Jin & S. C. Chen
大花盆距兰 *Gastrochilus bellinus* (Rchb. f.) Kuntze
短苏盆距兰 *Gastrochilus brevifimbriatus* S. R. Yi
盆距兰 *Gastrochilus calceolaris* (Buch.-Ham. ex J. E. Sm.) D. Don
昌江盆距兰 *Gastrochilus changjiangensis* Q. Liu & M. Z. Huang
缘毛盆距兰 *Gastrochilus ciliaris* F. Maekawa
列叶盆距兰 *Gastrochilus distichus* (Lindl.) Kuntze
独龙盆距兰 *Gastrochilus dulongjiangensis* Q. Liu & J. Y. Gao

城口盆距兰 *Gastrochilus fargesii* (Kraenzl.) Schltr.
台湾盆距兰 *Gastrochilus formosanus* (Hayata) Hayata
红斑盆距兰 *Gastrochilus fuscopunctatus* (Hayata) Hayata
贡山盆距兰 *Gastrochilus gongshanensis* Z. H. Tsi
广东盆距兰 *Gastrochilus guangtungensis* Z. H. Tsi
海南盆距兰 *Gastrochilus hainanensis* Z. H. Tsi
黄松盆距兰 *Gastrochilus japonicus* (Makino) Schltr.
麻栗坡盆距兰 *Gastrochilus malipoensis* X. H. Jin & S. C. Chen
小盆距兰 *Gastrochilus minimus* Jian W. Li
南川盆距兰 *Gastrochilus nanchuanensis* Z. H. Tsi
江口盆距兰 *Gastrochilus nanus* Z. H. Tsi
无茎盆距兰 *Gastrochilus obliquus* (Lindl.) Kuntze
滇南盆距兰 *Gastrochilus platycalcaratus* (Rolfe) Schltr.
锯叶盆距兰 *Gastrochilus prionophyllus* H. Jiang
小唇盆距兰 *Gastrochilus pseudodistichus* (King & Pantl.) Schltr.
具隔盆距兰 *Gastrochilus septatus* D. P. Ye & H. Jiang
中华盆距兰 *Gastrochilus sinensis* Z. H. Tsi
歪头盆距兰 *Gastrochilus subpapillosus* Z. H. Tsi
天保盆距兰 *Gastrochilus tianbaoensis* Q. Liu & Y. H. Tan
吉氏盆距兰 *Gastrochilus tsii* H. Jiang & D. P. Ye
宣恩盆距兰 *Gastrochilus xuanenensis* Z. H. Tsi
叶氏盆距兰 *Gastrochilus yei* Jian W. Li & X. H. Jin
云龙盆距兰 *Gastrochilus yunlongensis* W. H. Rao
云南盆距兰 *Gastrochilus yunnanensis* Schltr.
镇原盆距兰 *Gastrochilus zhenyuanensis* Q. Liu & D. P. Ye

天麻属 *Gastrodia*

夏天麻 *Gastrodia flavilabella* S. S. Ying

地宝兰属 *Geodorum*

大花地宝兰 *Geodorum attenuatum* Griff.
地宝兰 *Geodorum densiflorum* (Lam.) Schltr.
西南地宝兰 *Geodorum esquirolei* Schltr.
贵州地宝兰 *Geodorum eulophioides* Schltr.
美丽地宝兰 *Geodorum pulchellum* Ridl.
多花地宝兰 *Geodorum recurvum* (Roxb.) Alston

斑叶兰属 *Goodyera*

多叶斑叶兰 *Goodyera foliosa* (Lindl.) Benth. ex C. B. Clarke
垂叶斑叶兰 *Goodyera recurva* Lindl.
斑叶兰 *Goodyera schlechtendaliana* Rchb. f.
香港斑叶兰 *Goodyera seikomontana* Yamam.

绒叶斑叶兰 *Goodyera velutina* Maxim.

斑被兰属 *Grammatophyllum*

皇后兰 *Grammatophyllum speciosum* Blume

火炬兰属 *Grosourdya*

火炬兰 *Grosourdya appendiculata* (Blume) H. G. Reichenbach

玉凤花属 *Habenaria*

肉色玉凤花 *Habenaria carnea* Weathers

毛莛玉凤花 *Habenaria ciliolaris* Kraenzl.

鹅毛玉凤花 *Habenaria dentata* (Sw.) Schltr.

细裂玉凤花 *Habenaria leptoloba* Benth.

坡参 *Habenaria linguella* Lindl.

细花玉凤花 *Habenaria lucida* Lindl.

南方玉凤花 *Habenaria malintana* (Blanco) Merr.

勐远玉凤花 *Habenaria myriotricha* Gagnep.

丝裂玉凤花 *Habenaria polytricha* Rolfe

橙黄玉凤花 *Habenaria rhodocheila* Hance

狭瓣玉凤花 *Habenaria stenopetala* Lindl.

舌喙兰属 *Hemipilia*

心叶舌喙兰 *Hemipilia cordifolia* Lindl.

翻唇兰属 *Hetaeria*

滇南翻唇兰 *Hetaeria affinis* (Griffith) Seidenfaden & Ormerod

四腺翻唇兰 *Hetaeria anomala* Lindley

长序翻唇兰 *Hetaeria finlaysoniana* Seidenfaden

斜瓣翻唇兰 *Hetaeria obliqua* Bl.

矩叶翻唇兰 *Hetaeria oblongifolia* Blume

香港翻唇兰 *Hetaeria youngsayei* Ormerod

槽舌兰属 *Holcoglossum*

大根槽舌兰 *Holcoglossum amesianum* (Rchb. f.) Christenson

短距槽舌兰 *Holcoglossum flavescens* (Schltr.) Z. H. Tsi

管叶槽舌兰 *Holcoglossum kimballianum* (Rchb. f.) Garay

舌唇槽舌兰 *Holcoglossum lingulatum* (Aver.) Aver.

小花槽舌兰 *Holcoglossum nagalandense* (Phukan & Odyuo) X. H. Jin

槽舌兰 *Holcoglossum quasipinifolium* (Hayata) Schltr.

中华槽舌兰 *Holcoglossum sinicum* Christenson

凹唇槽舌兰 *Holcoglossum subulifolium* (Rchb. f.) Christenson

筒距槽舌兰 *Holcoglossum wangii* Christenson

维西槽舌兰 *Holcoglossum weixiense* X. H. Jin & S. C. Chen

新堇兰属 *Ionopsis*

拟堇花兰 *Ionopsis utricularioides* (Sw.) Lindl.

盂兰属 *Lecanorchis*

盂兰 *Lecanorchis japonica* Bl.

筒叶兰属 *Leptotes*

香钗兰 *Leptotes bicolor* Lindl.

羊耳蒜属 *Liparis*

圆唇羊耳蒜 *Liparis balansae* Gagnep.

保亭羊耳蒜 *Liparis bautingensis* T. Tang & F. T. Wang

镰翅羊耳蒜 *Liparis bootanensis* Griff.

羊耳蒜 *Liparis campylostalix* Rchb. f.

丛生羊耳蒜 *Liparis cespitosa*（Thou.）Lindl.

小巧羊耳蒜 *Liparis delicatula* Hook. f.

大花羊耳蒜 *Liparis distans* C. B. Clarke

扁球羊耳蒜 *Liparis elliptica* wight

巨花羊耳蒜 *Liparis gigantea* C. L. Tso

方唇羊耳蒜 *Liparis glossula* Rchb. f.

广东羊耳蒜 *Liparis kwangtungensis* Schltr.

黄花羊耳蒜 *Liparis luteola* Lindl.

见血青 *Liparis nervosa*（Thunb. ex A. Murray）Lindl.

凭祥羊耳蒜 *Liparis pingxiangensis* L. Lin & H. F. Yan

绿花羊耳蒜 *Liparis plantaginea* Lindl.

疏花羊耳蒜 *Liparis sparsiflora* Averyanov

扇唇羊耳蒜 *Liparis stricklandiana* Rchb. f.

长茎羊耳蒜 *Liparis viridiflora*（Bl.）Lindl.

血叶兰属 *Ludisia*

血叶兰 *Ludisia discolor*（Ker Gawl.）A. Rich.

钗子股属 *Luisia*

钗子股 *Luisia morsei* Rolfe

宽瓣钗子股 *Luisia ramosii* Ames

原沼兰属 *Malaxis*

原沼兰 *Malaxis monophyllos*（L.）Sw.

槌柱兰属 *Malleola*

槌柱兰 *Malleola dentifera* J. J. Smith

腭唇兰属 *Maxillaria*

腋唇兰 *Maxillaria tenuifolia* Lindl.

小囊兰属 *Micropera*

小囊兰 *Micropera poilanei*（Guill.）Garay

西藏小囊兰 *Micropera tibetica* X. H. Jin & Y. J. Lai

拟蜘蛛兰属 *Microtatorchis*

拟蜘蛛兰 *Microtatorchis compacta*（Ames）Schltr.

拟毛兰属 *Mycaranthes*

指叶拟毛兰 *Mycaranthes pannea* (Lindl.) S. C. Chen & J. J. Wood

全唇兰属 *Myrmechis*

全唇兰 *Myrmechis chinensis* Rolfe

蚁兰属 *Myrmecophila*

蚁兰 *Myrmecophila brysiana* (Lem.) G. C. Kenn.

香蕉兰 *Myrmecophila thomsoniana* (Rchb. f.) Rolfe

风兰属 *Neofinetia*

风兰 *Neofinetia falcata* (Thunb. ex A. Murray) H. H. Hu

短距风兰 *Neofinetia richardsiana* Christenson

西昌风兰 *Neofinetia xichangensis* Z. J. Liu & S. C. Chen

云叶兰属 *Nephelaphyllum*

美丽云叶兰 *Nephelaphyllum pulchrum* Blume

芋兰属 *Nervilia*

广布芋兰 *Nervilia aragoana* Gaud.

同色芋兰 *Nervilia concolor* (Blume) Schltr.

毛叶芋兰 *Nervilia plicata* (Andr.) Schltr.

三蕊兰属 *Neuwiedia*

三蕊兰 *Neuwiedia zollingeri* var. *singapureana* (Wall. ex Baker) de Vogel

鸢尾兰属 *Oberonia*

长裂鸢尾兰 *Oberonia anthropophora* Lindl.

狭叶鸢尾兰 *Oberonia caulescens* Lindl.

剑叶鸢尾兰 *Oberonia ensiformis* (J. E. Smith) Lindl.

短耳鸢尾兰 *Oberonia falconeri* Hook. f.

齿瓣鸢尾兰 *Oberonia gammiei* King & Pantl.

全唇鸢尾兰 *Oberonia integerrima* Guill.

长苞鸢尾兰 *Oberonia longibracteata* Lindl.

鸢尾兰 *Oberonia mucronata* (D. Don) Ormerod & Seidenfaden

橘红鸢尾兰 *Oberonia obcordata* Lindl.

红唇鸢尾兰 *Oberonia rufilabris* Lindl.

文心兰属 *Oncidium*

大文心兰 *Oncidium ampliatum* Lindl.

文心兰 *Oncidium flexuosum* Lodd.

豹斑文心兰 *Oncidium pardinum* (Lindl.) Beer

飞燕兰 *Oncidium sphacelatum* Lindl.

蜜糖文心兰 *Oncidium* 'Sweet Sugar'

羽唇兰属 *Ornithochilus*

羽唇兰 *Ornithochilus difformis* (Wall. ex Lindl.) Schltr.

拟石斛属　*Oxystophyllum*

拟石斛　*Oxystophyllum changjiangense* (S. J. Cheng & C. Z. Tang) M. A. Clem.

粉口兰属　*Pachystoma*

粉口兰　*Pachystoma pubescens* Bl.

曲唇兰属　*Panisea*

白花曲唇兰　*Panisea albiflora* (Ridl.) Seidenf.

平卧曲唇兰　*Panisea cavaleriei* Schltr.

海南曲唇兰　*Panisea moi* M. Z. Huang

曲唇兰　*Panisea tricallosa* Rolfe

单花曲唇兰　*Panisea uniflora* (Lindl.) Lindl.

云南曲唇兰　*Panisea yunnanensis* S. C. Chen & Z. H. Tsi

兜兰属　*Paphiopedilum*

卷萼兜兰　*Paphiopedilum appletonianum* (Gower) Rolfe

杏黄兜兰　*Paphiopedilum armeniacum* S. C. Chen & F. Y. Liu

小叶兜兰　*Paphiopedilum barbigerum* Tang & F. T. Wang

巨瓣兜兰　*Paphiopedilum bellatulum* (Rchb. f.) Stein

同色兜兰　*Paphiopedilum concolor* (Bateman) Pfitzer

德氏兜兰　*Paphiopedilum delenatii* Guillaumin

长瓣兜兰　*Paphiopedilum dianthum* Tang & F. T. Wang

白花兜兰　*Paphiopedilum emersonii* Koop. & Cribb

红花兜兰　*Paphiopedilum erythroanthum* Z. J. Liu

瑰丽兜兰　*Paphiopedilum gratrixianum* Rolfe

亨利兜兰　*Paphiopedilum henryanum* Braem

带叶兜兰　*Paphiopedilum hirsutissimum* (Lindl. ex Hook. f.) Stein

波瓣兜兰　*Paphiopedilum insigne* (Wall. ex Lindl.) Pfitzer

麻栗坡兜兰　*Paphiopedilum malipoense* S. C. Chen & Z. H. Tsi

窄瓣兜兰　*Paphiopedilum malipoense* var. *angustatum* (Z. J. Liu & S. C. Chen) Z. J. Liu & S. C. Chen

钩唇兜兰　*Paphiopedilum malipoense* var. *hiepii* (Aver.) Cribb

浅斑兜兰　*Paphiopedilum malipoense* var. *jackii* (S. H. Hu) Aver. & al.

硬叶兜兰　*Paphiopedilum micranthum* Tang & F. T. Wang

飘带兜兰　*Paphiopedilum parishii* (Rchb. f.) Stein

紫纹兜兰　*Paphiopedilum purpuratum* (Lindl.) Stein

秀丽兜兰　*Paphiopedilum venustum* (Wall. ex Sims) Pfitzer

紫毛兜兰　*Paphiopedilum villosum* (Lindl.) Stein

包氏兜兰　*Paphiopedilum villosum* var. *boxallii* (Rchb. f.) Pfitzer

文山兜兰　*Paphiopedilum wenshanense* Z. J. Liu & J. Y. Zhang

凤蝶兰属　*Papilionanthe*

白花凤蝶兰　*Papilionanthe biswasiana* (Ghose & Mukerjee) Garay

风蝶兰　*Papilionanthe teres* (Roxb.) Schltr.
万代凤蝶兰　*Papilionanthe vandarum* (Rchb. f.) Garay

筒叶蝶兰属　*Paraphalaenopsis*

大花筒叶蝶兰　*Paraphalaenopsis laycockii* (M. R. Hend.) A. D. Hawkes

虾尾兰属　*Parapteroceras*

虾尾兰　*Parapteroceras elobe* (Seidenf.) Averyanov

钻柱兰属　*Pelatantheria*

尾丝钻柱兰　*Pelatantheria bicuspidata* (Rolfe ex Downie) Tang & F. T. Wang
锯尾钻柱兰　*Pelatantheria ctenoglossa* Ridl.
钻柱兰　*Pelatantheria rivesii* (Guillaumin) Tang & F. T. Wang

巾唇兰属　*Pennilabium*

鸵鸟巾唇兰　*Pennilabium struthio* Carr
云南巾唇兰　*Pennilabium yunnanense* S. C. Chen & Y. B. Luo

鸽兰属　*Peristeria*

鸽子兰　*Peristeria elata* Hook.

阔蕊兰属　*Peristylus*

长须阔蕊兰　*Peristylus calcaratus* (Rolfe) S. Y. Hu
台湾阔蕊兰　*Peristylus formosanus* (Schltr.) T. P. Lin
阔蕊兰　*Peristylus goodyeroides* (D. Don) Lindl.
撕唇阔蕊兰　*Peristylus lacertifer* (Lindley) J. J. Smith
触须阔蕊兰　*Peristylus tentaculatus* (Lindl.) J. J. Smith

鹤顶兰属　*Phaius*

仙笔鹤顶兰　*Phaius columnaris* C. Z. Tang & S. J. Cheng
黄花鹤顶兰　*Phaius flavus* (Blume) Lindl.
海南鹤顶兰　*Phaius hainanensis* C. Z. Tang & S. J. Cheng
紫花鹤顶兰　*Phaius mishmensis* (Lindl. & Paxt.) Rchb. f.
长茎鹤顶兰　*Phaius takeoi* (Hayata) H. J. Su
鹤顶兰　*Phaius tancarvilleae* (L'Heritier) Blume
中越鹤顶兰　*Phaius tonkinensis* (Aver.) Aver.
大花鹤顶兰　*Phaius wallichii* Lindl.
文山鹤顶兰　*Phaius wenshanensis* F. Y. Liu

蝴蝶兰属　*Phalaenopsis*

美丽蝴蝶兰　*Phalaenopsis amabilis* Blume
蝴蝶兰　*Phalaenopsis aphrodite* Rchb. f.
台湾蝴蝶兰　*Phalaenopsis aphrodite* subsp. *formosana* Christenson
尖囊兰　*Phalaenopsis braceana* (Hook. f.) Christenson
隆丰蝴蝶兰　*Phalaenopsis* 'Brother Glory Long Fong'
羊角蝴蝶兰　*Phalaenopsis cornu-cervi* Blume & Rchb. f.

鹿角蝴蝶兰 *Phalaenopsis counu-cervi* (Breda) Blume & Rchb. f.
大尖囊兰 *Phalaenopsis deliciosa* Rchb. f.
小兰屿蝴蝶兰 *Phalaenopsis equestris* (Schauer) Rchb. f.
囊唇蝴蝶兰 *Phalaenopsis gibbosa* Sweet
象耳蝴蝶兰 *Phalaenopsis gigantea* J. J. Smith
海南蝴蝶兰 *Phalaenopsis hainanensis* Tang & F. T. Wang
红河蝴蝶兰 *Phalaenopsis honghenensis* F. Y. Liu
萼脊蝴蝶兰 *Phalaenopsis japonica* (Rchb. f.) Kocyan & Schuit.
罗氏蝴蝶兰 *Phalaenopsis lobbii* (Rchb. f.) H. R. Sweet
路德蝴蝶兰 *Phalaenopsis lueddemanniana* Rchb. f.
麻栗坡蝴蝶兰 *Phalaenopsis malipoensis* Z. J. Liu
版纳蝴蝶兰 *Phalaenopsis mannii* Rchb. f.
湿唇兰 *Phalaenopsis marriottiana* var. *parishii* (Rchb. f.) Kocyan & Schuit.
五唇兰 *Phalaenopsis pulcherrima* (Lindl.) J. J. Sm.
滇西蝴蝶兰 *Phalaenopsis stobartiana* Rchb. f.
东亚蝴蝶兰 *Phalaenopsis subparishii* (Z. H. Tsi) Kocyan & Schuit.
小尖囊兰 *Phalaenopsis taenialis* (Lindl.) Christenson & Pradhan
华西蝴蝶兰 *Phalaenopsis wilsonii* Rolfe
吉氏蝴蝶兰 *Phalaenopsis zhanhuoana* X. H. Jin & Shi Y. Qin
象鼻兰 *Phalaenopsis zhejiangensis* (Z. H. Tsi) Schuit.

石仙桃属 *Pholidota*

高褶石仙桃 *Pholidota advena* (C. S. P. Parish & Rchb. f.) Hook. f.
节茎石仙桃 *Pholidota articulata* Lindl.
细叶石仙桃 *Pholidota cantonensis* Rolfe
石仙桃 *Pholidota chinensis* Lindl.
凹唇石仙桃 *Pholidota convallariae* (Rchb. f.) Hook. f.
宿苞石仙桃 *Pholidota imbricata* Hook.
单叶石仙桃 *Pholidota leveilleana* Schltr.
长足石仙桃 *Pholidota longipes* S. C. Chen & Z. H. Tsi
尖叶石仙桃 *Pholidota missionariorum* Gagnep.
西畴石仙桃 *Pholidota niana* Y. T. Liu
粗脉石仙桃 *Pholidota pallida* Lindl.
尾尖石仙桃 *Pholidota protracta* Hook. f.
普洱石仙桃 *Pholidota puerensis* D. P. Ye
贵州石仙桃 *Pholidota roseans* Schltr.
云南石仙桃 *Pholidota yunnanensis* Rolfe

美洲兜兰属 *Phragmipedium*

圣杯美洲兜兰 *Phragmipedium kovachii* J. T. Atwood

馥兰属 *Phreatia*

垂茎馥兰 *Phreatia caulescens* Ames

馥兰 *Phreatia formosana* Rolfe

台湾馥兰 *Phreatia taiwaniana* Fukuy.

苹兰属 *Pinalia*

钝叶苹兰 *Pinalia acervata* (Lindl.) Kuntze

粗茎苹兰 *Pinalia amica* (Rchb. f.) Kuntze

双点苹兰 *Pinalia bipunctata* (Lindl.) Kuntze

密苞苹兰 *Pinalia conferta* (S. C. Chen & Z. H. Ji) S. C. Chen & J. J. Wood

中越苹兰 *Pinalia donnaiensis* (Gagnep.) S. C. Chen & J. J. Wood

反苞苹兰 *Pinalia excavata* (Lindl.) Kuntze

台湾苹兰 *Pinalia formosana* (Rolfe) T. P. Lin

禾叶苹兰 *Pinalia graminifolia* (Lindl.) Kuntze

龙陵苹兰 *Pinalia longlingensis* (S. C. Chen) S. C. Chen & J. J. Wood

长苞苹兰 *Pinalia obvia* (W. W. Sm.) S. C. Chen & J. J. Wood

大脚筒 *Pinalia ovata* (Lindl.) W. Suarez & Cootes

厚叶苹兰 *Pinalia pachyphylla* (Aver.) S. C. Chen & J. J. Wood

五脊苹兰 *Pinalia quinquelamellosa* (Tang & F. T. Wang) S. C. Chen & J. J. Wood

怒江苹兰 *Pinalia salwinensis* (Hand.-Mazz.) Ormer.

密花苹兰 *Pinalia spicata* (D. Don) S. C. Chen & J. J. Wood

舌唇兰属 *Platanthera*

二叶舌唇兰 *Platanthera chlorantha* Cust. ex Rchb.

舌唇兰 *Platanthera japonica* (Thunb. ex Marray) Lindl.

小舌唇兰 *Platanthera minor* (Miq.) Rchb. f.

独蒜兰属 *Pleione*

独蒜兰 *Pleione bulbocodioides* (Franch.) Rolfe

柄唇兰属 *Podochilus*

柄唇兰 *Podochilus khasianus* Hook. f.

鹿角兰属 *Pomatocalpa*

鹿角兰 *Pomatocalpa spicatum* Breda

盾柄兰属 *Porpax*

浮萍盾柄兰 *Porpax spirodela* (Aver.) Schuit., Y. P. Ng & H. A. Pedersen

附柱兰属 *Prosthechea*

贝壳附柱兰 *Prosthechea cochleata* (L.) W. E. Higgins

马德拉章鱼兰 *Prosthechea madrensis* (Schltr.) Karremans

角果附柱兰 *Prosthechea prismatocarpa* (Rchb. f.) W. E. Higgins

纹唇附柱兰 *Prosthechea radiata* (Lindl.) W. E. Higgins

拟蝶唇兰属 *Psychopsis*

拟蝶唇兰 *Psychopsis papilio* (Lindl.) H. G. Jones

火焰兰属 *Renanthera*

中华火焰兰 *Renanthera citrina* Aver.

火焰兰 *Renanthera coccinea* Lour.

云南火焰兰 *Renanthera imschootiana* Rolfe

菱兰属 *Rhomboda*

小片菱兰 *Rhomboda abbreviata* (Lindley) Ormerod

喙果兰属 *Rhyncholaelia*

喙丽兰 *Rhyncholaelia digbyana* (Lindl.) Schltr.

钻喙兰属 *Rhynchostylis*

海南钻喙兰 *Rhynchostylis gigantea* (Lindl.) Ridl.

钻喙兰 *Rhynchostylis retusa* (L.) Blume

紫茎兰属 *Risleya*

紫茎兰 *Risleya atropurpurea* King & Pantl.

寄树兰属 *Robiquetia*

三色寄树兰 *Robiquetia insectifera* (J. J. Sm.) Kocyan & Schuit.

大叶寄树兰 *Robiquetia spathulata* (Bl.) J. J. Sm.

寄树兰 *Robiquetia succisa* (Lindl.) Seidenf. & Garay

越南寄树兰 *Robiquetia vietnamensis* (Guillaumin) Kocyan & Schuit.

金虎兰属 *Rossioglossum*

龟壳兰 *Rossioglossum ampliatum* (Lindl.) M. W. Chase & N. H. Williams

足宝兰属 *Salacistis*

烟色足宝兰 *Salacistis fumata* (Thwaites) M. C. Pace

红花足宝兰 *Salacistis rubicunda* (Blume) M. C. Pace

匙唇兰属 *Schoenorchis*

匙唇兰 *Schoenorchis gemmata* (Lindl.) J. J. Smith

苞舌兰属 *Spathoglottis*

黄花苞舌兰 *Spathoglottis kimballiana* Hook. f.

紫花苞舌兰 *Spathoglottis plicata* Bl.

苞舌兰 *Spathoglottis pubescens* Lindl.

绶草属 *Spiranthes*

香港绶草 *Spiranthes hongkongensis* S. Y. Hu & Barretto

绶草 *Spiranthes sinensis* (Pers.) Ames

掌唇兰属 *Staurochilus*

掌唇兰 *Staurochilus dawsonianus* (Rchb. f.) Schltr.

坚唇兰属 *Stereochilus*

短轴坚唇兰 *Stereochilus brevirachis* Christenson

带叶兰属 *Taeniophyllum*

带叶兰 *Taeniophyllum glandulosum* Bl.

带唇兰属 *Tainia*

带唇兰 *Tainia dunnii* Rolfe

香港带唇兰 *Tainia hongkongensis* Rolfe

绿花带唇兰 *Tainia penangiana* J. D. Hooker

南方带唇兰 *Tainia ruybarrettoi* (S. Y. Hu & Barretto) Z. H. Tsi

云叶兰 *Tainia tenuiflora* (Blume) Gagnepain

矮柱兰属 *Thelasis*

矮柱兰 *Thelasis pygmaea* (Griff.) Bl.

白点兰属 *Thrixspermum*

抱茎白点兰 *Thrixspermum amplexicaule* (Blume) Rchb. f.

海台白点兰 *Thrixspermum annamense* (Guillaumin) Garay

白点兰 *Thrixspermum centipeda* Lour.

台湾白点兰 *Thrixspermum formosanum* (Hayata) Schltr.

香白点兰 *Thrixspermum odoratum* X. Q. Song

长轴白点兰 *Thrixspermum saruwatarii* (Hayata) Schltr.

吉氏白点兰 *Thrixspermum tsii* W. H. Chen & Y. M. Shui

笋兰属 *Thunia*

笋兰 *Thunia alba* (Lindl.) Rchb. f.

毛鞘兰属 *Trichotosia*

东方毛鞘兰 *Trichotosia dongfangensis* X. H. Jin & L. P. Siu

竹茎兰属 *Tropidia*

阔叶竹茎兰 *Tropidia angulosa* (Lindl.) Bl.

短穗竹茎兰 *Tropidia curculigoides* Lindl.

竹茎兰 *Tropidia nipponica* Masamune

叉喙兰属 *Uncifera*

叉喙兰 *Uncifera acuminata* Lindl.

钝叶叉喙兰 *Uncifera obtusifolia* Lindl.

中泰叉喙兰 *Uncifera thailandica* Seidenf. & Smitinand

万代兰属 *Vanda*

垂头万代兰 *Vanda alpina* (Lindl.) Lindl.

白柱万代兰 *Vanda brunnea* Rchb. f.

苏拉威西万代兰 *Vanda celebica* Rolfe

克里斯汀万代兰 *Vanda christensoniana* (Haager) L. M. Gardiner

大花万代兰 *Vanda coerulea* Griff. ex Lindl.

小蓝万代兰 *Vanda coerulescens* Griff.

琴唇万代兰 *Vanda concolor* Blume

叉唇万代兰 *Vanda cristata* Lindl.

曲叶万代兰 *Vanda curvifolia* (Lindl.) L. M. Gardiner

富宁万代兰 *Vanda funingensis* L. H. Zou & Z. J. Liu
广东万代兰 *Vanda fuscoviridis* Lindl.
雅美万代兰 *Vanda lamellata* Lindl.
爪哇万代兰 *Vanda limbata* Blume
龙目岛万代兰 *Vanda lombokensis* J. J. Sm.
麻栗坡万代兰 *Vanda malipoensis* L. H. Zou
玛丽万代兰 *Vanda mariae* Motes
矮万代兰 *Vanda pumila* Hook. f.
柔氏万代兰 *Vanda roeblingiana* Rolfe
散氏万代兰 *Vanda sanderiana*（Rchb. f.）Rchb. f.
纯色万代兰 *Vanda subconcolor* Tang & F. T. Wang
三色万代兰 *Vanda tricolor* Hook.
尤氏万代兰 *Vanda ustii* Golamco
越南万代兰 *Vanda vietnamica*（Haager）L. M. Gardiner

拟万代兰属 *Vandopsis*

拟万代兰 *Vandopsis gigantea*（Lindl.）Pfitzer

香荚兰属 *Vanilla*

南方香荚兰 *Vanilla annamica* Gagnep.
大王香荚兰 *Vanilla imperialis* Kraenzl.
香荚兰 *Vanilla planifolia* Andrews
花叶香荚兰 *Vanilla planifolia* 'Variegata'
深圳香荚兰 *Vanilla shenzhenica* Z. J. Liu & S. C. Chen
大香荚兰 *Vanilla siamensis* Rolfe ex Downie

线柱兰属 *Zeuxine*

宽叶线柱兰 *Zeuxine affinis*（Lindl.）Benth. ex Hook. f.
芳线柱兰 *Zeuxine nervosa*（Lindl.）Trimen
白花线柱兰 *Zeuxine parvifolia*（Ridley）Seidenfaden
线柱兰 *Zeuxine strateumatica*（L.）Schltr.

轭瓣兰属 *Zygopetalum*

轭瓣兰 *Zygopetalum maculatum*（Kunth）Garay
马氏轭瓣兰 *Zygopetalum maxillare* G. Lodd.

28. 仙茅科 Hypoxidaceae

仙茅属 *Curculigo*

大叶仙茅 *Curculigo capitulata*（Lour.）Kuntze
光叶仙茅 *Curculigo glabrescens*（Ridl.）Merr.
仙茅 *Curculigo orchioides* Gaertn.

小金梅草属 *Hypoxis*

小金梅草 *Hypoxis aurea* Lour.

大叶仙茅属 *Molineria*

蜜果仙茅 *Molineria latifolia* (Dryand. ex W. T. Aiton) Herb. ex Kurz

29. 鸢尾科 Iridaceae

射干属 *Belamcanda*

射干 *Belamcanda chinensis* (L.) Redouté

雄黄兰属 *Crocosmia*

雄黄兰 *Crocosmia* × *crocosmiiflora* (Lemoine) N. E. Br.

离被鸢尾属 *Dietes*

双色野鸢尾 *Dietes bicolor* Sweet ex Klatt

红葱属 *Eleutherine*

红葱 *Eleutherine plicata* Herb.

香雪兰属 *Freesia*

香雪兰 *Freesia refracta* (Jacq.) Klatt

唐菖蒲属 *Gladiolus*

唐菖蒲 *Gladiolus gandavensis* Van Houtte

鸢尾属 *Iris*

西南鸢尾 *Iris bulleyana* Dykes

玉蝉花 *Iris ensata* Thunb.

花菖蒲 *Iris ensata* var. *hortensis* Makino & Nemoto

蝴蝶花 *Iris japonica* Thunb.

黄菖蒲 *Iris pseudacorus* L.

鸢尾 *Iris tectorum* Maxim.

黄花鸢尾 *Iris wilsonii* C. H. Wright

巴西鸢尾属 *Neomarica*

巴西鸢尾 *Neomarica gracilis* (Herb.) Sprague

豹纹鸢尾属 *Trimezia*

粗点黄扇鸢尾 *Trimezia steyermarkii* R. C. Foster

30. 阿福花科 Asphodelaceae

芦荟属 *Aloe*

木立芦荟 *Aloe arborescens* Mill.

绫锦 *Aloe aristata* Haw.

鬼切芦荟 *Aloe marlothii* A. Berger

小芦荟　*Aloe parvula* A. Berger
僧帽芦荟　*Aloe perfoliata* L.
草地芦荟　*Aloe pratensis* Baker
芦荟　*Aloe vera*（L.）Burm. f.

山菅兰属　*Dianella*

山菅兰　*Dianella ensifolia*（L.）DC.

牡丹卷属　*Haworthia*

条纹十二卷　*Haworthia fasciata*（Willd.）Haw.

萱草属　*Hemerocallis*

黄花菜　*Hemerocallis citrina* Baroni
萱草　*Hemerocallis fulva*（L.）L.
重瓣萱草　*Hemerocallis fulva* var. *kwanso* Regel
大苞萱草　*Hemerocallis middendorffii* Trautvetter & C. A. Meyer

火把莲属　*Kniphofia*

火炬花　*Kniphofia uvaria*（L.）Oken

31. 石蒜科　Amaryllidaceae

百子莲属　*Agapanthus*

百子莲　*Agapanthus africanus* Hoffmgg.

葱属　*Allium*

洋葱　*Allium cepa* L.
藠头　*Allium chinense* G. Don
葱　*Allium fistulosum* L.
薤白　*Allium macrostemon* Bunge
野韭　*Allium ramosum* L.
蒜　*Allium sativum* L.
高山韭　*Allium sikkimense* Baker
韭　*Allium tuberosum* Rottler ex Sprengle

君子兰属　*Clivia*

君子兰　*Clivia miniata* Regel Gartenfl.
垂笑君子兰　*Clivia nobilis* Lindl.

文殊兰属　*Crinum*

红花文殊兰　*Crinum* × *amabile* Donn
亚洲文殊兰　*Crinum asiaticum* L.
文殊兰　*Crinum asiaticum* var. *sinicum*（Roxb. ex Herb.）Baker
白缘文殊兰　*Crinum asiaticum* ‘Variegatum’
穆氏文殊兰　*Crinum moorei* Hook. f

香殊兰 *Crinum variabile* (Jacq.) Herb.

南美水仙属 *Eucharis*

南美水仙 *Eucharis* × *grandiflora* Planch. & Linden

龙须石蒜属 *Eucrosia*

龙须石蒜 *Eucrosia bicolor* Ker Gawl.

朱顶红属 *Hippeastrum*

朱顶红 *Hippeastrum striatum* (Lam.) H. E. Moore

水鬼蕉属 *Hymenocallis*

水鬼蕉 *Hymenocallis littoralis* (Jacq.) Salisb.

美丽水鬼蕉 *Hymenocallis speciosa* (Salisb.) Salisb.

石蒜属 *Lycoris*

忽地笑 *Lycoris aurea* (L'Hér.) Herb.

石蒜 *Lycoris radiata* (L'Hér.) Herb.

水仙属 *Narcissus*

欧洲水仙 *Narcissus tazetta* L.

水仙 *Narcissus tazetta* subsp. *chinensis* (M. Roem.) Masamura & Yanagih.

晚香玉属 *Polianthes*

晚香玉 *Polianthes tuberosa* L.

网球花属 *Scadoxus*

网球花 *Scadoxus multiflorus* Raf.

绣球花 *Scadoxus pole-evansii* (Oberm.) Friis & Nordal

紫娇花属 *Tulbaghia*

紫娇花 *Tulbaghia violacea* Harv.

葱莲属 *Zephyranthes*

葱莲 *Zephyranthes candida* (Lindl.) Herb.

韭莲 *Zephyranthes carinata* Herbert

黄风雨花 *Zephyranthes citrina* Baker

小韭莲 *Zephyranthes minuta* (Kunth) D. Dietr.

32. 天门冬科 Asparagaceae

龙舌兰属 *Agave*

龙舌兰 *Agave americana* L.

金边龙舌兰 *Agave americana* var. *marginata* Trel.

银边龙舌兰 *Agave americana* var. *marginata-alba* L.

狭叶龙舌兰 *Agave angustifolia* Haw.

马盖麻 *Agave cantula* Roxb.

灰叶剑麻 *Agave fourcroydes* Lem.

棱叶龙舌兰　*Agave potatorum* Zucc.

剑麻　*Agave sisalana* Perr. ex Engelm.

笹之雪　*Agave victoriae-reginae* T. Moore

垂叶龙舌兰　*Agave vivipara* L.

天门冬属　*Asparagus*

天门冬　*Asparagus cochinchinensis* (Lour.) Merr.

非洲天门冬　*Asparagus densiflorus* (Kunth) Jessop

狐尾天门冬　*Asparagus densiflorus* 'Myersii'

羊齿天门冬　*Asparagus filicinus* D. Don

石刁柏　*Asparagus officinalis* L.

文竹　*Asparagus setaceus* (Kunth) Jessop

蜘蛛抱蛋属　*Aspidistra*

蜘蛛抱蛋　*Aspidistra elatior* Bulme

流苏蜘蛛抱蛋　*Aspidistra fimbriata* F. T. Wang & K. Y. Lang

海南蜘蛛抱蛋　*Aspidistra hainanensis* Chun & F. C. How

卵叶蜘蛛抱蛋　*Aspidistra typica* Baill.

绵枣儿属　*Barnardia*

绵枣儿　*Barnardia japonica* (Thunberg) Schultes & J. H. Schultes

酒瓶兰属　*Beaucarnea*

酒瓶兰　*Beaucarnea recurvata* Lem.

吊兰属　*Chlorophytum*

白纹草　*Chlorophytum bichetii* hort. ex Backer

南非吊兰　*Chlorophytum capense* (L.) Voss

吊兰　*Chlorophytum comosum* (Thunb.) Baker

金边吊兰　*Chlorophytum comosum* 'Variegatum'

小花吊兰　*Chlorophytum laxum* R. Br.

马达加斯加吊兰　*Chlorophytum madagascariense* Baker

大叶吊兰　*Chlorophytum malayense* Ridley

朱蕉属　*Cordyline*

朱蕉　*Cordyline fruticosa* (L.) A. Chev.

亮叶朱蕉　*Cordyline fruticosa* 'Aichiaka'

黑扇朱蕉　*Cordyline fruticosa* 'Purple Compacta'

竹根七属　*Disporopsis*

长叶竹根七　*Disporopsis longifolia* Craib

龙血树属　*Dracaena*

棒叶虎尾兰　*Dracaena angolensis* (Welw. ex Carrière) Byng & Christenh.

佛手虎尾兰　*Dracaena angolensis* 'Boncel'

长花龙血树　*Dracaena angustifolia* Roxb.

也门铁 *Dracaena arborea* (Willd.) Hort. Angl. ex Link
长柄竹蕉 *Dracaena aubryana* Brongn. ex É. Morren
银边富贵竹 *Dracaena braunii* Engl.
柬埔寨龙血树 *Dracaena cambodiana* Pierre ex Gagnep.
小棒叶虎尾兰 *Dracaena canaliculata* (Carrière) Byng & Christenh.
剑叶龙血树 *Dracaena cochinchinensis* (Lour.) S. C. Chen
龙血树 *Dracaena draco* (L.) L.
香龙血树 *Dracaena fragrans* (L.) Ker Gawl.
金边香龙血树 *Dracaena fragrans* 'Lemon Lime'
金心巴西铁 *Dracaena fragrans* 'Massangeana'
银线竹蕉 *Dracaena fragrans* 'Warneckii'
千年木 *Dracaena marginata* Lam.
三色千年木 *Dracaena marginata* 'Tricolor'
百合竹 *Dracaena reflexa* Lam.
金边富贵竹 *Dracaena sanderiana* 'Golden Edge'
富贵竹 *Dracaena sanderiana* Mast.
星点木 *Dracaena surculosa* Lindl.
油点木 *Dracaena surculosa* var. *maculata* Hook. f.

豹叶百合属 *Drimiopsis*

豹叶百合 *Drimiopsis maculata* Lindl. & J. Paxton

巨麻属 *Furcraea*

缝线麻 *Furcraea foetida* (L.) Haw.

玉簪属 *Hosta*

玉簪 *Hosta plantaginea* (Lam.) Aschers.
紫萼 *Hosta ventricosa* (Salisb.) Stearn

风信子属 *Hyacinthus*

风信子 *Hyacinthus orientalis* L.

山麦冬属 *Liriope*

短莛山麦冬 *Liriope muscari* (Decaisne) L. H. Bailey
山麦冬 *Liriope spicata* (Thunb.) Lour.

舞鹤草属 *Maianthemum*

紫花鹿药 *Maianthemum purpureum* (Wallich) LaFrankie

沿阶草属 *Ophiopogon*

沿阶草 *Ophiopogon bodinieri* H. Lév.
长茎沿阶草 *Ophiopogon chingii* F. T. Wang & Tang
银纹沿阶草 *Ophiopogon intermedius* 'Argenteo-marginatus'
剑叶沿阶草 *Ophiopogon jaburan* (Kunth) Lodd.
麦冬 *Ophiopogon japonicus* (L. f.) Ker Gawl.

宽叶沿阶草 *Ophiopogon platyphyllus* Merr. & Chun

广东沿阶草 *Ophiopogon reversus* C. C. Huang

球子草属 *Peliosanthes*

大盖球子草 *Peliosanthes macrostegia* Hance

簇花球子草 *Peliosanthes teta* Andrews

黄精属 *Polygonatum*

卷叶黄精 *Polygonatum cirrhifolium* (Wall.) Royle

多花黄精 *Polygonatum cyrtonema* Hua

玉竹 *Polygonatum odoratum* (Mill.) Druce

黄精 *Polygonatum sibiricum* F. Delaroche

吉祥草属 *Reineckea*

吉祥草 *Reineckea carnea* (Andrews) Kunth

万年青属 *Rohdea*

开口箭 *Rohdea chinensis* (Baker) N. Tanaka

万年青 *Rohdea japonica* (Thunb.) Roth

虎尾兰属 *Sansevieria*

金边短叶虎尾兰 *Sansevieria trifasciata* 'Golden Hahnii'

短叶虎尾兰 *Sansevieria trifasciata* 'Hahnii'

虎尾兰 *Sansevieria trifasciata* Prain

金边虎尾兰 *Sansevieria trifasciata* var. *laurentii* (De Wildem.) N. E. Brown

虎眼万年青属 *Stellarioides*

虎眼万年青 *Stellarioides longibracteata* (Jacq.) Speta

丝兰属 *Yucca*

象腿丝兰 *Yucca gigantea* Lem.

凤尾丝兰 *Yucca gloriosa* L.

33. 棕榈科 Arecaceae

沼地棕属 *Acoelorrhaphe*

沼地棕 *Acoelorrhaphe wrightii* (Griseb. & H. Wendl.) H. Wendl. ex Becc.

圣诞椰属 *Adonidia*

圣诞椰 *Adonidia merrillii* (Becc.) Becc.

香花椰子属 *Allagoptera*

香花棕 *Allagoptera arenaria* (Gomes) Kuntze

假槟榔属 *Archontophoenix*

假槟榔 *Archontophoenix alexandrae* (F. Muell.) H. Wendl. & Drude

槟榔属 *Areca*

槟榔 *Areca catechu* L.

锡兰槟榔　*Areca concinna* Thwaites
三药槟榔　*Areca triandra* Roxb. ex Buch.-Ham.

桄榔属　*Arenga*

山棕　*Arenga engleri* Becc.
小花桄榔　*Arenga micrantha* C. F. Wei
砂糖椰子　*Arenga pinnata* (Wurmb) Merr.
鱼骨葵　*Arenga tremula* (Blanco) Becc.
桄榔　*Arenga westerhoutii* Griffith

星果椰子属　*Astrocaryum*

刺皮星果椰　*Astrocaryum alatum* H. F. Loomis

直叶椰子属　*Attalea*

亚达利棕　*Attalea cohune* Mart.
迤逦棕　*Attalea rostrata* Oerst.

霸王棕属　*Bismarckia*

霸王棕　*Bismarckia nobilis* Hildebr. & H. Wendl.

垂裂棕属　*Borassodendron*

木糖棕　*Borassodendron machadonis* (Ridl.) Becc.

糖棕属　*Borassus*

埃塞俄比亚糖棕　*Borassus aethiopum* Mart.
糖棕　*Borassus flabellifer* L.

果冻椰子属　*Butia*

果冻椰子　*Butia capitata* (Mart.) Becc.

省藤属　*Calamus*

长鞭藤　*Calamus flagellum* Griff. ex Walp.
台湾省藤　*Calamus formosanus* Becc.
滇南省藤　*Calamus henryanus* Becc.
南巴省藤　*Calamus inermis* T. Anderson
杖藤　*Calamus rhabdocladus* Burret
省藤　*Calamus salicifolius* Becc.
多刺鸡藤　*Calamus tetradactyloides* Burret
白藤　*Calamus tetradactylus* Hance

木匠椰属　*Carpentaria*

东澳棕　*Carpentaria acuminata* (H. Wendl. & Drude) Becc.

鱼尾葵属　*Caryota*

鱼尾葵　*Caryota maxima* Blume ex Martius
短穗鱼尾葵　*Caryota mitis* Lour.
单穗鱼尾葵　*Caryota monostachya* Becc.
董棕　*Caryota obtusa* Griffith

斑纹鱼尾葵 *Caryota zebrina* Hambali，Maturb.，Heatubun & J. Dransf.

竹节椰属 *Chamaedorea*

袖珍椰子 *Chamaedorea elegans* Mart.

苇椰状竹节椰 *Chamaedorea geonomiformis* H. Wendl.

金光竹节椰 *Chamaedorea metallica* O. F. Cook ex H. E. Moore

长叶坎棕 *Chamaedorea oblongata* Mart.

竹节椰 *Chamaedorea pinnatifrons* (Jacq.) Oerst.

玲珑竹节椰 *Chamaedorea seifrizii* Burret

矮棕属 *Chamaerops*

欧洲矮棕 *Chamaerops humilis* L.

琼棕属 *Chuniophoenix*

琼棕 *Chuniophoenix hainanensis* Burret

矮琼棕 *Chuniophoenix humilis* C. Z. Tang & T. L. Wu

椰子属 *Cocos*

椰子 *Cocos nucifera* L.

红矮椰子 *Cocos nucifera* 'Samoan Dwarf'

贝叶棕属 *Corypha*

贝叶棕 *Corypha umbraculifera* L.

高大贝叶棕 *Corypha utan* Lam.

猩红椰属 *Cyrtostachys*

红杆槟榔 *Cyrtostachys renda* Blume

黄藤属 *Daemonorops*

黄藤 *Daemonorops jenkinsiana* (Griffith) Martius

马岛椰属 *Dypsis*

多毛金果椰 *Dypsis fibrosa* (C. H. Wright) Beentje & J. Dransf.

散尾葵 *Dypsis lutescens* (H. Wendl.) Beentje & J. Dransf.

油棕属 *Elaeis*

油棕 *Elaeis guineensis* Jacq.

美洲油棕 *Elaeis oleifera* (Kunth) Cortés

豪爵椰属 *Howea*

璎珞豪爵椰 *Howea belmoreana* (C. Moore & F. Muell.) Becc.

酒瓶椰属 *Hyophorbe*

酒瓶椰子 *Hyophorbe lagenicaulis* (L. H. Bailey) H. E. Moore

棍棒椰子 *Hyophorbe verschaffeltii* H. Wendl

叉茎棕属 *Hyphaene*

叉茎棕 *Hyphaene coriacea* Gaertn.

菱叶棕属 *Johannesteijsmannia*

菱叶棕 *Johannesteijsmannia altifrons* (Rchb. f. & Zoll.) H. E. Moore

红脉葵属 *Latania*

蓝脉葵 *Latania loddigesii* Mart.

红脉葵 *Latania lontaroides* (Gaertn.) H. E. Moore

黄脉葵 *Latania verschaffeltii* Lem.

轴榈属 *Licuala*

穗花轴榈 *Licuala fordiana* Becc.

圆叶刺轴榈 *Licuala grandis* H. Wendl.

海南轴榈 *Licuala hainanensis* A. J. Henderson

圆形轴榈 *Licuala orbicularis* Becc.

盾轴榈 *Licuala peltata* Roxb. ex Buch. -Ham.

蒲葵属 *Livistona*

蒲葵 *Livistona chinensis* (Jacq.) R. Br. ex Mart.

裂叶蒲葵 *Livistona decora* (W. Bull) Dowe

圆叶蒲葵 *Livistona rotundifolia* (Lam.) Mart.

大叶蒲葵 *Livistona saribus* (Lour.) Merr. ex A. Chev.

巨子棕属 *Lodoicea*

巨子棕 *Lodoicea maldivica* (J. F. Gmel.) Pers.

西谷椰属 *Metroxylon*

西谷椰 *Metroxylon sagu* Rottb.

三角椰子属 *Neodypsis*

红鞘三角椰子 *Neodypsis lastelliana* Baill.

水椰属 *Nypa*

水椰 *Nypa fruticans* Wurmb

凤尾椰属 *Pelagodoxa*

凤尾椰 *Pelagodoxa henryana* Becc.

海枣属 *Phoenix*

加拿利海枣 *Phoenix canariensis* Chabaud

海枣 *Phoenix dactylifera* L.

刺葵 *Phoenix loureiroi* Kunth

江边刺葵 *Phoenix roebelenii* O'Brien

岩海枣 *Phoenix rupicola* T. Anderson

林刺葵 *Phoenix sylvestris* Roxb.

山槟榔属 *Pinanga*

变色山槟榔 *Pinanga baviensis* Becc.

美冠山槟榔 *Pinanga coronata* (Blume ex Mart.) Blume

钩叶藤属 *Plectocomia*

钩叶藤 *Plectocomia pierreana* Beccari

金棕属　*Pritchardia*

斐济金棕　*Pritchardia pacifica* Seem. & H. Wendl.

射叶椰属　*Ptychosperma*

秀丽绉子棕　*Ptychosperma elegans*（R. Br.）Blume

青棕　*Ptychosperma macarthurii*（H. Wendl. ex H. J. Veitch）H. Wendl. ex Hook. f.

酒椰属　*Raphia*

酒椰　*Raphia vinifera* P. Beauv.

国王椰属　*Ravenea*

国王椰子　*Ravenea rivularis* Jum. & H. Perrier

棕竹属　*Rhapis*

棕竹　*Rhapis excelsa*（Thunb.）A. Henry

细棕竹　*Rhapis gracilis* Burret

多裂棕竹　*Rhapis multifida* Burret

大王椰属　*Roystonea*

菜王棕　*Roystonea oleracea*（Jacq.）O. F. Cook

大王椰　*Roystonea regia*（Kunth）O. F. Cook

菜棕属　*Sabal*

墨西哥箬棕　*Sabal mexicana* Mart.

矮菜棕　*Sabal minor*（Jacq.）Pers.

菜棕　*Sabal palmetto*（Walter）Lodd. ex Schult. & Schult. f.

蛇皮果属　*Salacca*

瓦理蛇皮果　*Salacca wallichiana* Mart.

蛇皮果　*Salacca zalacca*（Gaertner）Voss

单心棕属　*Schippia*

洪都拉斯棕　*Schippia concolor* Burret

女王椰子属　*Syagrus*

毛西雅椰子　*Syagrus coronata*（Mart.）Becc.

女王椰子　*Syagrus romanzoffiana*（Cham.）Glassm.

棕榈属　*Trachycarpus*

棕榈　*Trachycarpus fortunei*（Hook.）H. Wendl.

斐济椰属　*Veitchia*

圣诞椰子　*Veitchia merrillii*（Becc.）H. E. Moore

竹马刺椰属　*Verschaffeltia*

竹马刺椰　*Verschaffeltia splendida* H. Wendl.

丝葵属　*Washingtonia*

丝葵　*Washingtonia filifera*（Lind. ex André）H. Wendl

大丝葵　*Washingtonia robusta* H. Wendl.

狐尾椰属 ***Wodyetia***

狐尾椰子 *Wodyetia bifurcata* A. K. Irvine

34. 鸭跖草科 Commelinaceae

穿鞘花属 ***Amischotolype***

穿鞘花 *Amischotolype hispida* (A. Rich.) D. Y. Hong

尖果穿鞘花 *Amischotolype hookeri* (Hasskarl) H. Hara

竹叶菜属 ***Aneilema***

粘毛竹叶菜 *Aneilema aequinoctiale* Kunth

假紫万年青属 ***Belosynapsis***

假紫万年青 *Belosynapsis ciliata* (Bl.) R. S. Rao

锦竹草属 ***Callisia***

紫锦草 *Callisia gentlei* var. *elegans* (Alexander ex H. E. Moore) D. R. Hunt

锦竹草 *Callisia repens* L.

鸭跖草属 ***Commelina***

饭包草 *Commelina benghalensis* L.

鸭跖草 *Commelina communis* L.

竹节菜 *Commelina diffusa* N. L. Burm.

大苞鸭跖草 *Commelina paludosa* Bl.

蓝耳草属 ***Cyanotis***

蛛丝毛蓝耳草 *Cyanotis arachnoidea* C. B. Clarke

鞘苞花 *Cyanotis axillaris* (L.) D. Don ex Sweet

四孔草 *Cyanotis cristata* (L.) D. Don

网籽草属 ***Dictyospermum***

网籽草 *Dictyospermum conspicuum* (Bl.) Hassk.

聚花草属 ***Floscopa***

聚花草 *Floscopa scandens* Lour.

水竹叶属 ***Murdannia***

大苞水竹叶 *Murdannia bracteata* (C. B. Clarke) J. K. Morton ex D. Y. Hong

巨花水竹叶 *Murdannia gigantea* (Vahl) G. Brückn.

牛轭草 *Murdannia loriformis* (Hassk.) R. S. Rao & Kammathy

裸花水竹叶 *Murdannia nudiflora* (L.) Brenan

细竹篙草 *Murdannia simplex* (Vahl) Brenan

腺毛水竹叶 *Murdannia spectabilis* (Kurz) Faden

水竹叶 *Murdannia triquetra* (Wall. ex C. B. Clarke) G. Brückn.

细柄水竹叶 *Murdannia vaginata* (L.) Bruckn.

杜若属 *Pollia*

大杜若 *Pollia hasskarlii* R. S. Rao

杜若 *Pollia japonica* Thunb.

钩毛子草属 *Rhopalephora*

钩毛子草 *Rhopalephora scaberrima* (Blume) Faden

竹叶子属 *Streptolirion*

竹叶子 *Streptolirion volubile* Edgew.

紫露草属 *Tradescantia*

花叶紫露草 *Tradescantia albiflora* 'Variegata'

花叶毛花紫露草 *Tradescantia cerinthoides* 'Variegata'

紫露草 *Tradescantia ohiensis* Raf.

紫竹梅 *Tradescantia pallida* (Rose) D. R. Hunt

白雪姬 *Tradescantia sillamontana* Matuda

紫背万年青 *Tradescantia spathacea* Sw.

吊竹梅 *Tradescantia zebrina* Bosse

35. 田葱科 Philydraceae

田葱属 *Philydrum*

田葱 *Philydrum lanuginosum* Banks & Sol. ex Gaertner

36. 雨久花科 Pontederiaceae

凤眼莲属 *Eichhornia*

凤眼莲 *Eichhornia crassipes* (Mart.) Solms

雨久花属 *Monochoria*

高莛雨久花 *Monochoria elata* Ridl.

箭叶雨久花 *Monochoria hastata* (L.) Solms

雨久花 *Monochoria korsakowii* Regel & Maack

鸭舌草 *Monochoria vaginalis* (Burm. f.) C. Presl ex Kunth

梭鱼草属 *Pontederia*

梭鱼草 *Pontederia cordata* L.

剑叶梭鱼草 *Pontederia lanceolata* Nutt.

37. 鹤望兰科 Strelitziaceae

旅人蕉属 *Ravenala*

旅人蕉 *Ravenala madagascariensis* Sonn.

鹤望兰属 *Strelitzia*

大鹤望兰 *Strelitzia nicolai* Regel & Körn.

鹤望兰 *Strelitzia reginae* Banks

38. 兰花蕉科 Lowiaceae

兰花蕉属 *Orchidantha*

兰花蕉 *Orchidantha chinensis* T. L. Wu

海南兰花蕉 *Orchidantha insularis* T. L. Wu

39. 蝎尾蕉科 Heliconiaceae

蝎尾蕉属 *Heliconia*

橙红鹤蕉 *Heliconia* × *nickeriensis* Maas & deRoojj

加勒比蝎尾蕉 *Heliconia caribaea* Lam.

垂花粉鸟蕉 *Heliconia chartacea* 'Sexy Pink'

黄苞蝎尾蕉 *Heliconia lathispatha* Benth.

舌苞蝎尾蕉 *Heliconia librata* Griggs

扇形蝎尾蕉 *Heliconia lingulata* Ruiz & Pav.

五彩蝎尾蕉 *Heliconia marginata* (Griggs) Pittier

蝎尾蕉 *Heliconia metallica* Planch. & Lind. ex Hook. f.

红火炬蝎尾蕉 *Heliconia nickeriensis* Maas & de Rooij

多色鹤蕉 *Heliconia psittacorum* 'Andromeda'

红鸟蕉 *Heliconia psittacorum* L. f.

美女蝎尾蕉 *Heliconia psittacorum* 'Lady Di'

彩虹鸟蕉 *Heliconia psittacorum* 'Sassy'

圣红蝎尾蕉 *Heliconia psittacorum* 'Vincent Red'

金嘴蝎尾蕉 *Heliconia rostrata* Ruiz & Pav.

直立蝎尾蕉 *Heliconia stricta* Huber

黄蝎尾蕉 *Heliconia subulata* Ruiz & Pav.

40. 芭蕉科 Musaceae

象腿蕉属 *Ensete*

象腿蕉 *Ensete glaucum* (Roxb.) Cheesm.

象头蕉 *Ensete wilsonii* (Tutcher) Cheesman

芭蕉属 *Musa*

大蕉 *Musa* × *paradisiaca* L.

香蕉　*Musa acuminata* ‘（AAA）’
小果野蕉　*Musa acuminata* Colla
野蕉　*Musa balbisiana* Colla
芭蕉　*Musa basjoo* Siebold & Zucc. ex Iinuma
墨脱芭蕉　*Musa cheesmanii* N. W. Simmonds
红蕉　*Musa coccinea* Andrews
红香蕉 *Musa* ‘Dacca’
贡蕉 *Musa* ‘Gong’
阿宽蕉　*Musa itinerans* Cheesman
紫苞芭蕉　*Musa ornata* Roxb.
怒江红芭蕉　*Musa rubinea* Häkkinen & C. H. Teo
阿希蕉　*Musa rubra* Wall. ex Kurz
血红蕉　*Musa sanguinea* Hook. f.
千指蕉　*Musa* ‘Thousand Finger’
朝天蕉　*Musa velutina* H. Wendl. & Drude

地涌金莲属　*Musella*

地涌金莲　*Musella lasiocarpa*（Franchet）C. Y. Wu ex H. W. Li

41. 美人蕉科　Cannaceae

美人蕉属　*Canna*

大花美人蕉　*Canna* × *generalis* L. H. Bailey
兰花美人蕉　*Canna* × *orchiodes* L. H. Bailey
柔瓣美人蕉　*Canna flaccida* Salisb.
粉美人蕉　*Canna glauca* L.
蕉芋　*Canna indica* ‘Edulis’
美人蕉　*Canna indica* L.
黄花美人蕉　*Canna indica* var. *flava* Roxb.

42. 竹芋科　Marantaceae

叠苞竹芋属　*Calathea*

响尾蛇竹芋　*Calathea crotalifera* S. Watson.
清秀竹芋　*Calathea louisae* Gagnep.
绿羽竹芋　*Calathea majestica*（Linden）H. A. Kenn.
紫背肖竹芋　*Calathea msignis* Petersen.
肖竹芋　*Calathea ornata*（Lindl.）Körn.
小银羽竹芋　*Calathea* ‘Silver Compacta’
绒叶肖竹芋　*Calathea zebrina*（Sims）Lindl.

栉花竹芋属 *Ctenanthe*

栉花竹芋 *Ctenanthe lubbersiana* (É. Morren) Eichler ex Petersen

三色栉花竹芋 *Ctenanthe oppenheimiana* 'Tricolor'

花叶紫背栉花竹芋 *Ctenanthe oppenheimiana* 'Variegata'

肖竹芋属 *Goeppertia*

竹斑竹芋 *Goeppertia concinna* (W. Bull) Borchs. & S. Suárez

箭羽竹芋 *Goeppertia insignis* (W. Bull ex W. E. Marshall) J. M. A. Braga

丽叶斑竹芋 *Goeppertia kegeljanii* (É. Morren) Saka

孔雀竹芋 *Goeppertia makoyana* (É. Morren) Borchs. & S. Suárez

青苹果竹芋 *Goeppertia orbifolia* (Linden) Borchs. & S. Suárez

纹斑肖竹芋 *Goeppertia picturata* (K. Koch & Linden) Borchs. & S. Suárez

彩虹肖竹芋 *Goeppertia roseopicta* (Linden ex Lem.) Borchs. & S. Suárez

波浪竹芋 *Goeppertia rufibarba* (Fenzl) Borchs. & S. Suárez

双线竹芋 *Goeppertia sanderiana* (Sander) Borchs. & S. Suárez

花叶葛郁金 *Goeppertia warszewiczii* (Lem.) Borchs. & S. Suárez

细穗竹芋属 *Ischnosiphon*

圆叶竹芋 *Ischnosiphon rotundifolius* (Poepp. & Endl.) Körn.

竹芋属 *Maranta*

竹芋 *Maranta arundinacea* L.

斑叶竹芋 *Maranta arundinacea* var. *variegata* Hort.

花叶竹芋 *Maranta bicolor* Ker Gawl.

二色竹芋 *Maranta cristata* Nees & Mart.

豹斑竹芋 *Maranta leuconeura* É. Morren

芦竹芋属 *Marantochloa*

长节竹芋 *Marantochloa leucantha* (K. Schum.) Milne-Redh.

柊叶属 *Phrynium*

海南柊叶 *Phrynium hainanense* T. L. Wu & S. J. Chen

紫背柊叶 *Phrynium imbricatum* Roxb.

少花柊叶 *Phrynium oliganthum* Merrill

尖苞柊叶 *Phrynium placentarium* (Lour.) Merr.

毛脉柊叶 *Phrynium pubinerve* Blume

柊叶 *Phrynium rheedei* Suresh & Nicolson

穗花柊叶属 *Stachyphrynium*

尖苞穗花柊叶 *Stachyphrynium placentarium* (Lour.) Clausager & Borchs.

紫背竹芋属 *Stromanthe*

紫背竹芋 *Stromanthe sanguinea* Sond.

水竹芋属 *Thalia*

水竹芋 *Thalia dealbata* Fraser

垂花再力花　*Thalia geniculata* L.

43. 闭鞘姜科　Costaceae

喇叭姜属　*Chamaecostus*

红苞闭鞘姜　*Chamaecostus curcumoides* (Maas) C. D. Specht & D. W. Stev.

宝塔姜属　*Costus*

宝塔姜　*Costus barbatus* Suess.

丛毛宝塔姜　*Costus comosus* Roscoe

红花闭鞘姜　*Costus curvibracteatus* Mass

大苞宝塔姜　*Costus dubius* (Afzel.) K. Schum.

红背宝塔姜　*Costus erythrophyllus* Loes.

绒叶宝塔姜　*Costus malortieanus* H. Wendl.

红鞘宝塔姜　*Costus osae* Maas & H. Maas

橙苞闭鞘姜　*Costus productus* Gleason ex Maas

光叶闭鞘姜　*Costus tonkinensis* Gagnep.

绿萼宝塔姜　*Costus varzearum* Maas

闭鞘姜属　*Hellenia*

花叶闭鞘姜　*Hellenia speciosa* 'Marginatus'

印度莴笋花　*Hellenia lacera* (Gagnep.) Govaerts

斑叶闭鞘姜　*Hellenia speciosa* 'Variegated'

闭鞘姜　*Hellenia speciosa* (J. Koenig) S. R. Dutta

44. 姜科　Zingiberaceae

山姜属　*Alpinia*

云南草蔻　*Alpinia blepharocalyx* K. Schum.

光叶云南草蔻　*Alpinia blepharocalyx* var. *glabrior* (Hand.-Mazz.) T. L. Wu

小花山姜　*Alpinia brevis* T. L. Wu & S. J. Chen

蓝果山姜　*Alpinia caerulea* (R. Br.) Benth.

距花山姜　*Alpinia calcarata* Roscoe

节鞭山姜　*Alpinia conchigera* Griffith

革叶山姜　*Alpinia coriacea* T. L. Wu & S. J. Chen

香姜　*Alpinia coriandriodora* D. Fang

美山姜　*Alpinia formosana* K. Schumann

红豆蔻　*Alpinia galanga* (L.) Willd.

海南山姜　*Alpinia hainanensis* K. Schum.

红多山姜　*Alpinia* 'Hongduo'

光叶山姜 *Alpinia intermedia* Gagnep.
山姜 *Alpinia japonica* (Thunb.) Miq.
箭秆风 *Alpinia jianganfeng* T. L. Wu
长柄山姜 *Alpinia kwangsiensis* T. L. Wu & S. J. Chen
假益智 *Alpinia maclurei* Merr.
光叶假益智 *Alpinia maclurei* var. *guangdongensis* (S. J. Chen & Z. Y. Chen) Z. L. Zhao & L. S. Xu
毛瓣山姜 *Alpinia malaccensis* (N. L. Burm.) Roscoe
黑果山姜 *Alpinia nigra* (Gaertn.) B. L. Burtt
华山姜 *Alpinia oblongifolia* Hayata
高良姜 *Alpinia officinarum* Hance
益智 *Alpinia oxyphylla* Miq.
多花山姜 *Alpinia polyantha* D. Fang
花叶山姜 *Alpinia pumila* Hook. f.
红山姜 *Alpinia purpurata* (Vieill.) K. Schum.
皱叶山姜 *Alpinia rugosa* S. J. Chen & Z. Y. Chen
升振山姜 *Alpinia* 'Shengzhen'
滑叶山姜 *Alpinia tonkinensis* Gagnep.
花叶月桃 *Alpinia vittata* W. Bull
艳山姜 *Alpinia zerumbet* (Pers.) B. L. Burtt & R. M. Sm.
花叶艳山姜 *Alpinia zerumbet* 'Variegata'

豆蔻属 *Amomum*

双花豆蔻 *Amomum biflorum* Jack
海南假砂仁 *Amomum chinense* W. Y. Chun
爪哇白豆蔻 *Amomum compactum* Solander ex Maton
无毛砂仁 *Amomum glabrum* S. Q. Tong
海南豆蔻 *Amomum hainanense* Y. S. Ye, J. P. Liao & P. Zou
野草果 *Amomum koenigii* J. F. Gmelin
白豆蔻 *Amomum kravanh* Pierre ex Gagnep.
海南砂仁 *Amomum longiligulare* T. L. Wu
长柄豆蔻 *Amomum longipetiolatum* Merr.
九翅豆蔻 *Amomum maximum* Roxb.
疣果豆蔻 *Amomum muricarpum* Elm.
波翅豆蔻 *Amomum odontocarpum* D. Fang
方片砂仁 *Amomum quadratolaminare* S. Q. Tong
云南豆蔻 *Amomum repoeense* Pierre ex Gagnepain
银叶砂仁 *Amomum sericeum* Roxb.
香豆蔻 *Amomum subulatum* Roxb.
西藏豆蔻 *Amomum tibeticum* (T. L. Wu & S. J. Chen) X. E. Ye, L. Bai & N. H. Xia

草果 *Amomum tsaoko* Crevost & Lemarie
双花砂仁 *Amomum uliginosum* J. Koenig
砂仁 *Amomum villosum* Lour.
缩砂密 *Amomum villosum* var. *xanthioides* (Wall. ex Bak.) T. L. Wu & S. J. Chen
墨脱豆蔻 *Amomum xizangense* L. Fu, Jian P. Huang & Y. S. Ye
凹唇姜属 *Boesenbergia*
广义凹唇姜 *Boesenbergia quangngaiensis* N. S. Lý
凹唇姜 *Boesenbergia rotunda* (L.) Mansf.
距药姜属 *Cautleya*
距药姜 *Cautleya gracilis* (Smith) Dandy
姜黄属 *Curcuma*
姜荷花 *Curcuma alismatifolia* Gagnep.
郁金 *Curcuma aromatica* Salisb.
春秋姜黄 *Curcuma attenuata* Wall. ex Baker
大莪术 *Curcuma elata* Roxb.
粉苞郁金 *Curcuma inodora* Blatt.
广西莪术 *Curcuma kwangsiensis* S. G. Lee & C. F. Liang
南岭莪术 *Curcuma kwangsiensis* var. *nanlingensis* N. Liu & X. Y. Ma
姜黄 *Curcuma longa* L.
南昆山莪术 *Curcuma nankunshanensis* N. Liu
女王郁金 *Curcuma petiolata* Roxb.
莪术 *Curcuma phaeocaulis* Valeton
观音姜 *Curcuma roscoeana* Wall.
川郁金 *Curcuma sichuanensis* X. X. Chen
所罗门姜黄 *Curcuma soloensis* Valeton
温郁金 *Curcuma wenyujin* Y. H. Chen & C. Ling
顶花莪术 *Curcuma yunnanensis* N. Liu & S. J. Chen
印尼莪术 *Curcuma zanthorrhiza* Roxburgh
绿豆蔻属 *Elettaria*
绿豆蔻 *Elettaria cardamomum* (L.) Maton
地豆蔻属 *Elettariopsis*
单叶地豆蔻 *Elettariopsis monophylla* (Gagnep.) Loes.
茴香砂仁属 *Etlingera*
火炬姜 *Etlingera elatior* (Jack) R. M. Sm.
红茴砂 *Etlingera littoralis* (J. Koenig) Giseke
茴香砂仁 *Etlingera yunnanensis* (T. L. Wu & S. J. Chen) R. M. Smith
舞花姜属 *Globba*
毛舞花姜 *Globba barthei* Gagnep.

多花舞花姜 *Globba multiflora* Wall. ex Baker
舞花姜 *Globba racemosa* Smith
双翅舞花姜 *Globba schomburgkii* Hook. f.
美苞舞花姜 *Globba winitii* C. H. Wright

姜花属 *Hedychium*

红姜花 *Hedychium coccineum* Buch. -Ham. ex Sm.
姜花 *Hedychium coronarium* J. Koenig
密花姜花 *Hedychium densiflorum* Wall.
无丝姜花 *Hedychium efilamentosum* Hand. -Mazz.
黄姜花 *Hedychium flavum* Roxb.
圆瓣姜花 *Hedychium forrestii* Diels
小苞姜花 *Hedychium parvibracteatum* T. L. Wu & S. J. Chen
小毛姜花 *Hedychium villosum* var. *tenuiflorum* Wall. ex Baker
毛姜花 *Hedychium villosum* Wall.
滇姜花 *Hedychium yunnanense* Gagnep.

大豆蔻属 *Hornstedtia*

大豆蔻 *Hornstedtia hainanensis* T. L. Wu & S. J. Chen

山柰属 *Kaempferia*

紫花山柰 *Kaempferia elegans*（Wall.）Baker
山柰 *Kaempferia galanga* L.
大叶山柰 *Kaempferia galanga* var. *latifolia* Donn ex Gagnep.
小花山柰 *Kaempferia parviflora* Wall. ex Baker
海南三七 *Kaempferia rotunda* L.

偏穗姜属 *Plagiostachys*

偏穗姜 *Plagiostachys austrosinensis* T. L. Wu & S. J. Chen

土田七属 *Stahlianthus*

土田七 *Stahlianthus involucratus*（King ex Bak.）Craib ex Loesener

姜属 *Zingiber*

珊瑚姜 *Zingiber corallinum* Hance
皱叶姜 *Zingiber inodorum* L. Bai，Qing L. Wang & L. X. Yuan
蘘荷 *Zingiber mioga*（Thunb.）Rosc.
光果姜 *Zingiber nudicarpum* D. Fang
姜 *Zingiber officinale* Roscoe
蜂巢姜 *Zingiber spectabile* Griff.
阳荷 *Zingiber striolatum* Diels
红球姜 *Zingiber zerumbet*（L.）Roscose ex Smith

45. 香蒲科 Typhaceae

香蒲属 *Typha*

水烛 *Typha angustifolia* L.

香蒲 *Typha orientalis* C. Presl

46. 凤梨科 Bromeliaceae

光萼荷属 *Aechmea*

斑纹尖萼凤梨 *Aechmea chantinii* (Carrière) Baker

美叶光萼荷 *Aechmea fasciata* (Lindl.) Baker

小瓶刷凤梨 *Aechmea gracilis* Lindm.

斑叶紫光萼荷 *Aechmea tillandsioides* 'Amazonas'

丝瓣凤梨属 *Alcantarea*

帝王凤梨 *Alcantarea imperialis* (Carrière) Harms

凤梨属 *Ananas*

迷你小菠萝 *Ananas ananassoides* (Baker) L. B. Sm.

金边斑叶红凤梨 *Ananas bracteatus* 'Striatus'

凤梨 *Ananas comosus* (L.) Merr.

艳凤梨 *Ananas comosus* 'Variegata'

水塔花属 *Billbergia*

美叶水塔花 *Billbergia* × *fascinator*

愉悦水塔花 *Billbergia amoena* (Lodd.) Lindl.

垂花水塔花 *Billbergia nutans* H. Wendl. ex Regel

水塔花 *Billbergia pyramidalis* (Sims) Lindl.

斑马水塔花 *Billbergia zebrina* (Herb.) Lindl.

红心凤梨属 *Bromelia*

红心凤梨 *Bromelia karatas* L.

姬凤梨属 *Cryptanthus*

姬凤梨 *Cryptanthus acaulis* Beer

红叶姬凤梨 *Cryptanthus acaulis* 'Rubra'

双带姬凤梨 *Cryptanthus bivittatus* (Hook.) Regel

长叶姬凤梨 *Cryptanthus bromelioides* Otto & A. Dietr.

三色长叶凤梨 *Cryptanthus bromelioides* var. *tricolor* M. B. Foster

虎纹姬凤梨 *Cryptanthus* 'Zebrinus'

斑叶凤梨 *Cryptanthus zonatus* (Vis.) Beer.

雀舌兰属 *Dyckia*

短叶雀舌兰 *Dyckia brevifolia* Bak.

卷药凤梨属 *Fosterella*

垂花凤梨 *Fosterella penduliflora* (C. H. Wright) L. B. Sm.

星花凤梨属 *Guzmania*

红星果子蔓 *Guzmania* × *magnifica*

金顶凤梨 *Guzmania dissitiflora* (André) L. B. Sm.

星花凤梨 *Guzmania lingulata* (L.) Mez

橙擎天凤梨 *Guzmania lingulata* 'Cherry'

果子蔓 *Guzmania lingulata* var. *cardinalis* (André) André ex Mez.

虎纹凤梨属 *Lutheria*

虎纹凤梨 *Lutheria splendens* (Brongn.) Barfuss & W. Till

彩叶凤梨属 *Neoregelia*

彩叶凤梨 *Neoregelia carolinae* (Beer) L. B. Smith

玛氏彩叶凤梨 *Neoregelia carolinae* 'Marechalii'

红彩凤梨 *Neoregelia carolinae* 'Meyendorffii'

艳彩凤梨 *Neoregelia carolinae* 'Tricolor Perfecta'

绿斑凤梨 *Neoregelia chlorosticta* (Baker) L. B. Smith

鸟巢凤梨属 *Nidularium*

锦巢凤梨 *Nidularium fulgens* Lem.

巢凤梨 *Nidularium innocentii* Lem.

铁兰属 *Tillandsia*

紫花凤梨 *Tillandsia cyanea* Linden ex K. Koch

百剑铁兰 *Tillandsia flabellata* Baker

长苞铁兰 *Tillandsia leiboldiana* Schltdl.

老人须 *Tillandsia usneoides* (L.) L.

丽穗凤梨属 *Vriesea*

丽莺凤梨 *Vriesea carinata* 'Carolien'

波罗凤梨 *Vriesea carinata* 'Polonia'

龙骨瓣丽穗兰 *Vriesea carinata* Wawra

夜花凤梨属 *Werauhia*

显著夜花凤梨 *Werauhia insignis* (Mez) W. Till Barfuss & M. R. Samuel

47. 黄眼草科 Xyridaceae

黄眼草属 *Xyris*

黄眼草 *Xyris indica* L.

葱草 *Xyris pauciflora* Willd.

48. 谷精草科 Eriocaulaceae

谷精草属 *Eriocaulon*

毛谷精草 *Eriocaulon australe* R. Br.

谷精草 *Eriocaulon buergerianum* Körn.

华南谷精草 *Eriocaulon sexangulare* L.

49. 灯芯草科 Juncaceae

灯芯草属 *Juncus*

灯芯草 *Juncus effusus* L.

50. 莎草科 Cyperaceae

大蔗草属 *Actinoscirpus*

大蔗草 *Actinoscirpus grossus* (L. f.) Goetgh. & D. A. Simpson

球柱草属 *Bulbostylis*

球柱草 *Bulbostylis barbata* (Rottb.) C. B. Clarke

薹草属 *Carex*

尖鳞薹草 *Carex atrata* subsp. *pullata* (Boott) Kük.

浆果薹草 *Carex baccans* Nees

十字薹草 *Carex cruciata* Wahlenb.

隐穗薹草 *Carex cryptostachys* Brongn.

蕨状薹草 *Carex filicina* Nees

少囊薹草 *Carex filipes* var. *oligostachys* (Meinsh. ex Maxim.) Kük.

亨氏薹草 *Carex henryi* C. B. Clarke ex Franch.

薹草 *Carex hirta* L.

红原薹草 *Carex hongyuanensis* Y. C. Tang & S. Y. Liang

套鞘薹草 *Carex maubertiana* Boott

条穗薹草 *Carex nemostachys* Steud.

翼果薹草 *Carex neurocarpa* Maxim.

云雾薹草 *Carex nubigena* D. Don ex Tilloch & Taylor

镜子薹草 *Carex phacota* Spreng.

扁茎薹草 *Carex planiscapa* Chun & F. C. How

弥勒山薹草 *Carex pseudolaticeps* Tang & F. T. Wang ex S. Yun Liang

糙叶薹草 *Carex scabrifolia* Steud.

花莛薹草 *Carex scaposa* C. B. Clarke

芒尖鳞薹草 *Carex tenebrosa* Boott

西藏嵩草 *Carex tibetikobresia* S. R. Zhang
线茎薹草 *Carex tsoi* Merr. & Chun

莎草属 *Cyperus*

野生风车草 *Cyperus alternifolius* L.
密穗砖子苗 *Cyperus compactus* Retz.
长尖莎草 *Cyperus cuspidatus* Kunth
砖子苗 *Cyperus cyperoides* (L.) Kuntze
异型莎草 *Cyperus difformis* L.
多脉莎草 *Cyperus diffusus* Vahl
疏穗莎草 *Cyperus distans* L. f.
鳞茎砖子苗 *Cyperus dubius* Rottb.
密穗莎草 *Cyperus eragrostis* Lam.
高秆莎草 *Cyperus exaltatus* Retz.
褐穗莎草 *Cyperus fuscus* L.
海南砖子苗 *Cyperus hainanensis* (Chun & F. C. How) G. C. Tucker
畦畔莎草 *Cyperus haspan* L.
叠穗莎草 *Cyperus imbricatus* Retz.
风车草 *Cyperus involucratus* Rottb.
碎米莎草 *Cyperus iria* L.
羽状穗砖子苗 *Cyperus javanicus* Houtt.
茳芏 *Cyperus malaccensis* Lam.
短叶茳芏 *Cyperus malaccensis* subsp. *monophyllus* (Vahl) T. Koyama
具芒碎米莎草 *Cyperus microiria* Steud.
断节莎 *Cyperus odoratus* L.
纸莎草 *Cyperus papyrus* L.
毛轴莎草 *Cyperus pilosus* Vahl
多枝扁莎 *Cyperus polystachyos* Rottb.
埃及莎草 *Cyperus prolifer* Lam.
香附子 *Cyperus rotundus* L.
水莎草 *Cyperus serotinus* Rottb.
粗根茎莎草 *Cyperus stoloniferus* Retz.
苏里南莎草 *Cyperus surinamensis* Rottb.
窄穗莎草 *Cyperus tenuispica* Steud.

荸荠属 *Eleocharis*

牛毛毡 *Eleocharis acicularis* (L.) Roem. & Schult.
紫果蔺 *Eleocharis atropurpurea* (Retz.) J. Presl & C. Presl
荸荠 *Eleocharis dulcis* (Burm. f.) Trin. ex Hensch.
黑籽荸荠 *Eleocharis geniculata* (L.) Roemer & Schultes
螺旋鳞荸荠 *Eleocharis spiralis* (Rottb.) Roem. & Schult.

羊胡子草属　*Eriophorum*

从毛羊胡子草　*Eriophorum comosum* Nees

飘拂草属　*Fimbristylis*

夏飘拂草　*Fimbristylis aestivalis*（Retz.）Vahl

复序飘拂草　*Fimbristylis bisumbellata*（Forssk.）Bubani

扁鞘飘拂草　*Fimbristylis complanata*（Retz.）Link

黑果飘拂草　*Fimbristylis cymosa* R. Br.

两歧飘拂草　*Fimbristylis dichotoma*（L.）Vahl

起绒飘拂草　*Fimbristylis dipsacea*（Rottb.）Benth.

知风飘拂草　*Fimbristylis eragrostis*（Nees）Hance

水虱草　*Fimbristylis littoralis* Gaudich.

独穗飘拂草　*Fimbristylis ovata*（N. L. Burman）J. Kern

五棱秆飘拂草　*Fimbristylis quinquangularis*（Vahl）Kunth

少穗飘拂草　*Fimbristylis schoenoides*（Retz.）Vahl

绢毛飘拂草　*Fimbristylis sericea*（Poir.）R. Br.

锈鳞飘拂草　*Fimbristylis sieboldii* Miq. ex Franch. & Sav.

双穗飘拂草　*Fimbristylis subbispicata* Nees & Meyen

西南飘拂草　*Fimbristylis thomsonii* Boeckeler

芙兰草属　*Fuirena*

毛芙兰草　*Fuirena ciliaris*（L.）Roxb.

芙兰草　*Fuirena umbellata* Rottb.

黑莎草属　*Gahnia*

散穗黑莎草　*Gahnia baniensis* Benl

黑莎草　*Gahnia tristis* Nees

割鸡芒属　*Hypolytrum*

海南割鸡芒　*Hypolytrum hainanense*（Merr.）Tang & F. T. Wang

割鸡芒　*Hypolytrum nemorum*（Vahl）Sprengel

水蜈蚣属　*Kyllinga*

短叶水蜈蚣　*Kyllinga brevifolia* Rottb.

三头水蜈蚣　*Kyllinga bulbosa* P. Beauvois

单穗水蜈蚣　*Kyllinga nemoralis*（J. R. Forst. & G. Forst.）Dandy ex Hatch. & Dalziel

鳞籽莎属　*Lepidosperma*

鳞籽莎　*Lepidosperma chinense* Nees & Meyen ex Kunth

湖瓜草属　*Lipocarpha*

华湖瓜草　*Lipocarpha chinensis*（Osbeck）Kern

剑叶莎属　*Machaerina*

剑叶莎　*Machaerina ensigera*（Hance）T. Koyama

擂鼓簕属 *Mapania*

单穗擂鼓簕 *Mapania wallichii* C. B. Clarke

扁莎属 *Pycreus*

球穗扁莎 *Pycreus flavidus* (Retz.) T. Koyama

刺子莞属 *Rhynchospora*

三俭草 *Rhynchospora corymbosa* (L.) Britton

刺子莞 *Rhynchospora rubra* (Lour.) Makino

萤蔺属 *Schoenoplectiella*

萤蔺 *Schoenoplectiella juncoides* (Roxb.) Lye

水毛花 *Schoenoplectiella triangulata* (Roxb.) J. Jung & H. K. Choi

水葱属 *Schoenoplectus*

水葱 *Schoenoplectus tabernaemontani* (C. C. Gmelin) Palla

三棱水葱 *Schoenoplectus triqueter* (L.) Palla

赤箭莎属 *Schoenus*

赤箭莎 *Schoenus falcatus* R. Br.

藨草属 *Scirpus*

百球藨草 *Scirpus rosthornii* Diels

珍珠茅属 *Scleria*

华珍珠茅 *Scleria ciliaris* Nees

珍珠茅 *Scleria flagellum-nigrorum* P. J. Bergius

毛果珍珠茅 *Scleria levis* Retzius

稻形珍珠茅 *Scleria poiformis* Retzius

光果珍珠茅 *Scleria radula* Hance

越南珍珠茅 *Scleria tonkinensis* C. B. Clarke

51. 帚灯草科 Restionaceae

刺鳞草属 *Centrolepis*

刺鳞草 *Centrolepis banksii* (R. Br.) Roem. & Schult.

薄果草属 *Dapsilanthus*

薄果草 *Dapsilanthus disjunctus* (Masters) B. G. Briggs & L. A. S. Johnson

52. 须叶藤科 Flagellariaceae

须叶藤属 *Flagellaria*

须叶藤 *Flagellaria indica* L.

53. 禾本科 Poaceae

羽茅属 *Achnatherum*

醉马草 *Achnatherum inebrians* (Hance) Keng ex Tzvelev

京芒草 *Achnatherum pekinense* (Hance) Ohwi

尖稃草属 *Acrachne*

尖稃草 *Acrachne racemosa* (B. Heyne ex Roem. & Schuit.) Ohwi

凤头黍属 *Acroceras*

散序凤头黍 *Acroceras diffusum* L. C. Chia

凤头黍 *Acroceras munroanum* (Balansa) Henrard

山鸡谷草 *Acroceras tonkinense* (Balansa) C. E. Hubb. ex Bor

山羊草属 *Aegilops*

节节麦 *Aegilops tauschii* Coss.

剪股颖属 *Agrostis*

华北剪股颖 *Agrostis clavata* Trin.

巨序剪股颖 *Agrostis gigantea* Roth

广序剪股颖 *Agrostis hookeriana* C. B. Clarke ex Hook. f.

甘青剪股颖 *Agrostis hugoniana* Rendle

台湾剪股颖 *Agrostis sozanensis* Hayata

毛颖草属 *Alloteropsis*

臭虫草 *Alloteropsis cimicina* (L.) Stapf

毛颖草 *Alloteropsis semialata* (R. Br.) Hitchc.

看麦娘属 *Alopecurus*

看麦娘 *Alopecurus aequalis* Sobol.

日本看麦娘 *Alopecurus japonicus* Steud.

须芒草属 *Andropogon*

华须芒草 *Andropogon chinensis* (Nees) Merr.

非洲须芒草 *Andropogon gayanus* Kunth

西藏须芒草 *Andropogon munroi* C. B. Clarke

黄花茅属 *Anthoxanthum*

黄花茅 *Anthoxanthum odoratum* L.

水蔗草属 *Apluda*

水蔗草 *Apluda mutica* L.

楔颖草属 *Apocopis*

楔颖草 *Apocopis paleaceus* (Trinius) Hochreutiner

三芒草属 *Aristida*

三芒草 *Aristida adscensionis* L.

华三芒草 *Aristida chinensis* Munro

燕麦草属 *Arrhenatherum*

燕麦草 *Arrhenatherum elatius* (L.) P. Beauv. ex J. Presl & C. Presl

荩草属 *Arthraxon*

海南荩草 *Arthraxon castratus* (Griff.) V. Narayanaswami ex Bor

粗刺荩草 *Arthraxon echinatus* (Nees) Hochst.

光脊荩草 *Arthraxon epectinatus* B. S. Sun & H. Peng

荩草 *Arthraxon hispidus* (Thunb.) Makino

矛叶荩草 *Arthraxon lanceolatus* (Roxb.) Hochst.

野古草属 *Arundinella*

孟加拉野古草 *Arundinella bengalensis* (Spreng.) Druce

野古草 *Arundinella hirta* (Thunberg) Tanaka

西南野古草 *Arundinella hookeri* Munro ex Keng

石芒草 *Arundinella nepalensis* Trin.

刺芒野古草 *Arundinella setosa* Trin.

芦竹属 *Arundo*

芦竹 *Arundo donax* L.

花叶芦竹 *Arundo donax* 'Versicolor'

燕麦属 *Avena*

野燕麦 *Avena fatua* L.

光稃野燕麦 *Avena fatua* var. *glabrata* Peterm.

燕麦 *Avena sativa* L.

地毯草属 *Axonopus*

地毯草 *Axonopus compressus* (Sw.) P. Beauv.

簕竹属 *Bambusa*

吊丝球竹 *Bambusa beecheyana* Munro

大头典竹 *Bambusa beecheyana* var. *pubescens* (P. F. Li) W. C. Lin

簕竹 *Bambusa blumeana* Schult. f.

粉单竹 *Bambusa chungii* McClure

油簕竹 *Bambusa lapidea* McClure

孝顺竹 *Bambusa multiplex* (Lour.) Raeusch. ex Schult. & Schult. f.

凤尾竹 *Bambusa multiplex* f. *fernleaf* (R. A. Young) T. P. Yi

撑篙竹 *Bambusa pervariabilis* McClure

石竹仔 *Bambusa piscatorum* McClure

青皮竹 *Bambusa textilis* McClure

青竿竹 *Bambusa tuldoides* Munro

佛肚竹 *Bambusa ventricosa* McClure

黄金间碧竹 *Bambusa vulgaris* f. *vittata* (Riviere & C. Riviere) T. P. Yi

龙头竹 *Bambusa vulgaris* Schrad. ex J. C. Wendland

菵草属 *Beckmannia*

菵草 *Beckmannia syzigachne* (Steud.) Fernald

孔颖草属 *Bothriochloa*

臭根子草 *Bothriochloa bladhii* (Retz.) S. T. Blake

白羊草 *Bothriochloa ischaemum* (L.) Keng

孔颖草 *Bothriochloa pertusa* (L.) A. Camus

臂形草属 *Brachiaria*

信号草 *Brachiaria brizantha* (Hochst. ex A. Rich) Stapf

臂形草 *Brachiaria eruciformis* (Sm.) Griseb.

巴拉草 *Brachiaria mutica* (Forssk.) Stapf

多枝臂形草 *Brachiaria ramosa* (L.) Stapf

短颖臂形草 *Brachiaria semiundulata* (Hochst.) Stapf

四生臂形草 *Brachiaria subquadripara* (Trin.) Hitchc

毛臂形草 *Brachiaria villosa* (Lam.) A. Camus

短柄草属 *Brachypodium*

草地短柄草 *Brachypodium pratense* Keng ex P. C. Keng

短柄草 *Brachypodium sylvaticum* (Huds.) P. Beauv.

雀麦属 *Bromus*

显脊雀麦 *Bromus carinatus* Hook. & Arn.

扁穗雀麦 *Bromus catharticus* Vahl

光稃雀麦 *Bromus epilis* Keng ex P. C. Keng

大麦状雀麦 *Bromus hordeaceus* L.

无芒雀麦 *Bromus inermis* Leyss.

雀麦 *Bromus japonicus* Thunb.

篦齿雀麦 *Bromus pectinatus* Thunb.

多节雀麦 *Bromus plurinodis* Keng

大药雀麦 *Bromus porphyranthos* Cope

疏花雀麦 *Bromus remotiflorus* (Steud.) Ohwi

华雀麦 *Bromus sinensis* Keng ex P. C. Keng

旱雀麦 *Bromus tectorum* L.

拂子茅属 *Calamagrostis*

拂子茅 *Calamagrostis epigeios* (L.) Roth

细柄草属 *Capillipedium*

硬秆子草 *Capillipedium assimile* (Steud.) A. Camus

细柄草 *Capillipedium parviflorum* (R. Br.) Stapf

蒺藜草属 *Cenchrus*

蒺藜草 *Cenchrus echinatus* L.

酸模芒属 *Centotheca*

酸模芒 *Centotheca lappacea* (L.) Desv.

小盼草属 *Chasmanthium*

小盼草 *Chasmanthium latifolium*（Michx.）H. O. Yates

山涧草属 *Chikusichloa*

无芒山涧草 *Chikusichloa mutica* Keng

香竹属 *Chimonocalamus*

香竹 *Chimonocalamus delicatus* Hsueh & T. P. Yi

葫芦草属 *Chionachne*

葫芦草 *Chionachne massiei*（Balansa）Schenck ex Henrard

虎尾草属 *Chloris*

台湾虎尾草 *Chloris formosana*（Honda）Keng ex B. S. Sun & Z. H. Hu

异序虎尾草 *Chloris pycnothrix* Trin.

虎尾草 *Chloris virgata* Sw.

金须茅属 *Chrysopogon*

竹节草 *Chrysopogon aciculatus*（Retz.）Trin.

金须茅 *Chrysopogon orientalis*（Desv.）A. Camus

香根草 *Chrysopogon zizanioides*（L.）Roberty

隐子草属 *Cleistogenes*

朝阳隐子草 *Cleistogenes hackelii*（Honda）Honda

小丽草属 *Coelachne*

小丽草 *Coelachne simpliciuscula*（Wight & Arn. ex Steud.）Munro ex Benth.

薏苡属 *Coix*

水生薏苡 *Coix aquatica* Roxb.

薏苡 *Coix lacryma-jobi* L.

小珠薏苡 *Coix lacryma-jobi* var. *puellarum*（Balansa）A. Camus

窄果薏苡 *Coix lacryma-jobi* var. *stenocarpa*（Oliv.）Stapf

蒲苇属 *Cortaderia*

蒲苇 *Cortaderia selloana*（Schult. & Schult. f.）Asch. & Graebn.

香茅属 *Cymbopogon*

柠檬草 *Cymbopogon citratus*（DC.）Stapf

曲序香茅 *Cymbopogon flexuosus*（Nees ex Steud.）Will. Watson

橘草 *Cymbopogon goeringii*（Steud.）A. Camus

青香茅 *Cymbopogon mekongensis* A. Camus

亚香茅 *Cymbopogon nardus*（L.）Rendle

垂序香茅 *Cymbopogon pendulus*（Nees ex Steud.）Willd.

扭鞘香茅 *Cymbopogon tortilis*（J. Presl）A. Camus

枫茅 *Cymbopogon winterianus* Jowitt ex Bor

狗牙根属 *Cynodon*

狗牙根 *Cynodon dactylon*（L.）Pers.

弯穗狗牙根 *Cynodon radiatus* Roth ex Roemer & Schultes

弓果黍属 *Cyrtococcum*

尖叶弓果黍 *Cyrtococcum oxyphyllum* (Hochst. ex Steud.) Stapf

弓果黍 *Cyrtococcum patens* (L.) A. Camus

散穗弓果黍 *Cyrtococcum patens* var. *latifolium* (Honda) Ohwi

鸭茅属 *Dactylis*

鸭茅 *Dactylis glomerata* L.

龙爪茅属 *Dactyloctenium*

龙爪茅 *Dactyloctenium aegyptium* (L.) Willd.

牡竹属 *Dendrocalamus*

麻竹 *Dendrocalamus latiflorus* Munro

发草属 *Deschampsia*

发草 *Deschampsia cespitosa* (L.) P. Beauv.

滨发草 *Deschampsia littoralis* (Gaud.) Reuter

羽穗草属 *Desmostachya*

羽穗草 *Desmostachya bipinnata* (L.) Stapf

野青茅属 *Deyeuxia*

野青茅 *Deyeuxia pyramidalis* (Host) Veldkamp

龙常草属 *Diarrhena*

龙常草 *Diarrhena mandshurica* Maxim.

双花草属 *Dichanthium*

双花草 *Dichanthium annulatum* (Forssk.) Stapf

毛梗双花草 *Dichanthium aristatum* (Poir.) C. E. Hubb.

单穗草 *Dichanthium caricosum* (L.) A. Camus

马唐属 *Digitaria*

粒状马唐 *Digitaria abludens* (Roemer & Schultes) Veldkamp

异马唐 *Digitaria bicornis* (Lam.) Roemer & Schult.

升马唐 *Digitaria ciliaris* (Retz.) Koeler

毛马唐 *Digitaria ciliaris* var. *chrysoblephara* (Figari & De Notaris) R. R. Stewart

十字马唐 *Digitaria cruciata* (Nees ex Steud.) A. Camus

二型马唐 *Digitaria heterantha* (Hook. f.) Merr.

止血马唐 *Digitaria ischaemum* (Schreb.) Muhl.

长花马唐 *Digitaria longiflora* (Retz.) Pers.

绒马唐 *Digitaria mollicoma* (Kunth) Henrard

红尾翎 *Digitaria radicosa* (J. Presl) Miq.

马唐 *Digitaria sanguinalis* (L.) Scop.

海南马唐 *Digitaria setigera* Roth

三数马唐 *Digitaria ternata* (Hochst. ex A. J. Rich.) Stapf

紫马唐 *Digitaria violascens* Link

雁茅属 *Dimeria*

雁茅 *Dimeria ornithopoda* Trin.

弯穗草属 *Dinebra*

弯穗草 *Dinebra retroflexa* (Vahl) Panz.

稗属 *Echinochloa*

长芒稗 *Echinochloa caudata* Roshev.

光头稗 *Echinochloa colona* (L.) Link

稗 *Echinochloa crus-galli* (L.) P. Beauv.

细叶旱稗 *Echinochloa crus-galli* var. *praticola* Ohwi

西来稗 *Echinochloa crus-galli* var. *zelayensis* (Kunth) Hitchcock

孔雀稗 *Echinochloa cruspavonis* (H. B. K.) Schult.

紫穗稗 *Echinochloa esculenta* (A. Braun) H. Scholz

湖南稗子 *Echinochloa frumentacea* (Roxb.) Link

硬稃稗 *Echinochloa glabrescens* Munro ex Hook. f.

水田稗 *Echinochloa oryzoides* (Ard.) Fritsch

䅟属 *Eleusine*

䅟 *Eleusine coracana* (L.) Gaertn.

牛筋草 *Eleusine indica* (L.) Gaertn.

披碱草属 *Elymus*

东瀛鹅观草 *Elymus* × *mayebaranus* (Honda) S. L. Chen

异芒鹅观草 *Elymus abolinii* (Drobow) Tzvelev

芒颖鹅观草 *Elymus aristiglumis* (Keng & S. L. Chen) S. L. Chen

黑紫披碱草 *Elymus atratus* (Nevski) Hand. -Mazz.

短芒披碱草 *Elymus breviaristatus* (Keng) Keng f.

短颖鹅观草 *Elymus burchan-buddae* (Nevski) Tzvelev

纤毛鹅观草 *Elymus ciliaris* (Trinius ex Bunge) Tzvelev

日本纤毛草 *Elymus ciliaris* var. *hackelianus* (Honda) G. H. Zhu & S. L. Chen

披碱草 *Elymus dahuricus* Turcz.

圆柱披碱草 *Elymus dahuricus* var. *cylindricus* Franch.

肥披碱草 *Elymus excelsus* Turcz.

直穗鹅观草 *Elymus gmelinii* (Ledeb.) Tzvelev

鹅观草 *Elymus kamoji* (Ohwi) S. L. Chen

垂穗披碱草 *Elymus nutans* Griseb.

缘毛鹅观草 *Elymus pendulinus* (Nevski) Tzvelev

紫穗鹅观草 *Elymus purpurascens* (Keng) S. L. Chen

老芒麦 *Elymus sibiricus* L.

中华鹅观草 *Elymus sinicus* (Keng) S. L. Chen

无芒披碱草 *Elymus sinosubmuticus* S. L. Chen
麦蕒草 *Elymus tangutorum* (Nevski) Hand. -Mazz.

总苞草属 *Elytrophorus*

总苞草 *Elytrophorus spicatus* (Willd.) A. Camus

肠须草属 *Enteropogon*

肠须草 *Enteropogon dolichostachyus* (Lagasca) Keng ex Lazarides
细穗肠须草 *Enteropogon unispiceus* (F. Muell.) W. D. Clayton

细画眉草属 *Eragrostiella*

细画眉草 *Eragrostiella lolioides* (Hand. -Mazz.) P. C. Keng

画眉草属 *Eragrostis*

高画眉草 *Eragrostis alta* Keng
鼠妇草 *Eragrostis atrovirens* (Desf.) Trin. ex Steud.
秋画眉草 *Eragrostis autumnalis* Keng
长画眉草 *Eragrostis brownii* (Kunth) Nees
大画眉草 *Eragrostis cilianensis* (All.) Vignolo ex Janch.
纤毛画眉草 *Eragrostis ciliata* (Roxb.) Nees
弯叶画眉草 *Eragrostis curvula* (Schrad.) Nees
短穗画眉草 *Eragrostis cylindrica* (Roxb.) Nees ex Hook. & Arn.
双药画眉草 *Eragrostis elongata* (Willd.) J. Jacq.
知风草 *Eragrostis ferruginea* (Thunb.) P. Beauv.
海南画眉草 *Eragrostis hainanensis* L. C. Chia
乱草 *Eragrostis japonica* (Thunb.) Trin.
多秆画眉草 *Eragrostis multicaulis* Steud.
华南画眉草 *Eragrostis nevinii* Hance
黑穗画眉草 *Eragrostis nigra* Nees ex Steud.
宿根画眉草 *Eragrostis perennans* Keng
疏穗画眉草 *Eragrostis perlaxa* Keng ex P. C. Keng & L. Liu
画眉草 *Eragrostis pilosa* (L.) P. Beauv.
多毛知风草 *Eragrostis pilosissima* Link
红脉画眉草 *Eragrostis rufinerva* L. C. Chia
鲫鱼草 *Eragrostis tenella* (L.) P. Beauv. ex Roemer & Schult.
牛虱草 *Eragrostis unioloides* (Retz.) Nees ex Steud.

蜈蚣草属 *Eremochloa*

蜈蚣草 *Eremochloa ciliaris* (L.) Merr.
假俭草 *Eremochloa ophiuroides* (Munro) Hack.
马陆草 *Eremochloa zeylanica* (Hack. ex Trimen) Hack.

鹧鸪草属 *Eriachne*

鹧鸪草 *Eriachne pallescens* R. Br.

野黍属 *Eriochloa*

高野黍 *Eriochloa procera* (Retz.) C. E. Hubb.

野黍 *Eriochloa villosa* (Thunb.) Kunth

类蜀黍属 *Euchlaena*

类蜀黍 *Euchlaena mexicana* Schrad.

黄金茅属 *Eulalia*

龚氏金茅 *Eulalia leschenaultiana* (Decne.) Ohwi

微药金茅 *Eulalia micranthera* Keng & S. L. Chen

白健秆 *Eulalia pallens* (Hack.) Kuntze

棕茅 *Eulalia phaeothrix* (Hack.) Kuntze

四脉金茅 *Eulalia quadrinervis* (Hack.) Kuntze

金茅 *Eulalia speciosa* (Debeaux) Kuntze

拟金茅属 *Eulaliopsis*

拟金茅 *Eulaliopsis binata* (Retz.) C. E. Hubb.

真穗草属 *Eustachys*

真穗草 *Eustachys tenera* (J. Presl) A. Camus

羊茅属 *Festuca*

苇状羊茅 *Festuca arundinacea* Schreb.

高羊茅 *Festuca elata* Keng ex E. B. Alexeev

羊茅 *Festuca ovina* L.

小颖羊茅 *Festuca parvigluma* Steud.

紫羊茅 *Festuca rubra* L.

毛稃羊茅 *Festuca rubra* subsp. *arctica* (Hack.) Govoruchin

中华羊茅 *Festuca sinensis* Keng ex E. B. Alexeev

藏滇羊茅 *Festuca vierhapperi* Hand.-Mazz.

耳稃草属 *Garnotia*

三芒耳稃草 *Garnotia acutigluma* (Steud.) Ohwi

耳稃草 *Garnotia patula* (Munro) Benth.

甜茅属 *Glyceria*

甜茅 *Glyceria acutiflora* subsp. *japonica* (Steud.) T. Koyama & Kawano

球穗草属 *Hackelochloa*

球穗草 *Hackelochloa granularis* (L.) Kuntze

异燕麦属 *Helictotrichon*

变绿山燕麦 *Helictotrichon junghuhnii* (Buse) Henrard

光花山燕麦 *Helictotrichon leianthum* (Keng) Ohwi

牛鞭草属 *Hemarthria*

大牛鞭草 *Hemarthria altissima* (Poir.) Stapf & C. E. Hubb.

扁穗牛鞭草 *Hemarthria compressa* (L. f.) R. Br.

黄茅属 *Heteropogon*

黄茅 *Heteropogon contortus* (L.) P. Beauv. ex Roem. & Schult.

黑果黄茅 *Heteropogon melanocarpus* (Elliott) Benth.

麦黄茅 *Heteropogon triticeus* (R. Br.) Stapf ex Craib

绒毛草属 *Holcus*

绒毛草 *Holcus lanatus* L.

水禾属 *Hygroryza*

水禾 *Hygroryza aristata* (Retz.) Nees

膜稃草属 *Hymenachne*

膜稃草 *Hymenachne amplexicaulis* (Rudge) Nees

弊草 *Hymenachne assamica* (J. D. Hooker) Hitchc.

展穗膜稃草 *Hymenachne patens* L. Liu

苞茅属 *Hyparrhenia*

短梗苞茅 *Hyparrhenia diplandra* (Hack.) Stapf

苞茅 *Hyparrhenia newtonii* (Hackel) Stapf

红苞茅 *Hyparrhenia rufa* (Nees) Stapf

距花黍属 *Ichnanthus*

西印度距花黍 *Ichnanthus pallens* (Swartz) Munro ex Bentham

大距花黍 *Ichnanthus pallens* var. *major* (Nees) Stieber

白茅属 *Imperata*

白茅 *Imperata cylindrica* (L.) Raeusch.

黄穗白茅 *Imperata flavida* Keng ex L. Liu

柳叶箬属 *Isachne*

小柳叶箬 *Isachne clarkei* Hook. f.

柳叶箬 *Isachne globosa* (Thunb.) Kuntze

广西柳叶箬 *Isachne guangxiensis* W. Z. Fang

海南柳叶箬 *Isachne hainanensis* P. C. Keng

肯氏柳叶箬 *Isachne kunthiana* (Wight & Arn. ex Steud.) Miq.

日本柳叶箬 *Isachne nipponensis* Ohwi

矮小柳叶箬 *Isachne pulchella* Roth

匍匐柳叶箬 *Isachne repens* Keng

平颖柳叶箬 *Isachne truncata* A. Camus

鸭嘴草属 *Ischaemum*

有芒鸭嘴草 *Ischaemum aristatum* L.

鸭嘴草 *Ischaemum aristatum* var. *glaucum* (Honda) T. Koyama

粗毛鸭嘴草 *Ischaemum barbatum* Retz.

细毛鸭嘴草 *Ischaemum ciliare* Retz.

田间鸭嘴草 *Ischaemum rugosum* Salisb.

洽草属 *Koeleria*

洽草 *Koeleria macrantha* (Ledeb.) Schult.

兔尾草属 *Lagurus*

兔尾草 *Lagurus ovatus* L.

假稻属 *Leersia*

李氏禾 *Leersia hexandra* Sw.

假稻 *Leersia japonica* (Makino ex Honda) Honda

蓉草 *Leersia oryzoides* (L.) Sw.

千金子属 *Leptochloa*

千金子 *Leptochloa chinensis* (L.) Nees

双稃草 *Leptochloa fusca* (L.) Kunth

虮子草 *Leptochloa panicea* (Retz.) Ohwi

细穗草属 *Lepturus*

细穗草 *Lepturus repens* (G. Forst.) R. Br.

赖草属 *Leymus*

赖草 *Leymus secalinus* (Georgi) Tzvelev

黑麦草属 *Lolium*

多花黑麦草 *Lolium multiflorum* Lamk.

黑麦草 *Lolium perenne* L.

淡竹叶属 *Lophatherum*

淡竹叶 *Lophatherum gracile* Brongn.

臭草属 *Melica*

广序臭草 *Melica onoei* Franch. & Sav.

细叶臭草 *Melica radula* Franch.

臭草 *Melica scabrosa* Trin.

糖蜜草属 *Melinis*

糖蜜草 *Melinis minutiflora* P. Beauv.

红毛草 *Melinis repens* (Willd.) Zizka

梨竹属 *Melocanna*

小梨竹 *Melocanna humilis* Kurz

小草属 *Microchloa*

小草 *Microchloa indica* (L. f.) P. Beauv.

莠竹属 *Microstegium*

刚莠竹 *Microstegium ciliatum* (Trin.) A. Camus

蔓生莠竹 *Microstegium fasciculatum* (L.) Henrard

竹叶茅 *Microstegium nudum* (Trin.) A. Camus

莠竹 *Microstegium vimineum* (Trin.) A. Camus

芒属 *Miscanthus*

五节芒 *Miscanthus floridulus* (Labill.) Warburg ex K. Schumann

尼泊尔芒 *Miscanthus nepalensis* (Trin.) Hack.

荻 *Miscanthus sacchariflorus* (Maxim.) Benth. & Hook. f. ex Franch.

芒 *Miscanthus sinensis* Andersson

斑叶芒 *Miscanthus sinensis* 'Zebrinus'

毛俭草属 *Mnesithea*

假蛇尾草 *Mnesithea laevis* (Retz.) Kunth

毛俭草 *Mnesithea mollicoma* (Hance) A. Camus

空轴茅 *Mnesithea striata* (Nees ex Steud.) de Koning & Sosef

乱子草属 *Muhlenbergia*

日本乱子草 *Muhlenbergia japonica* Steud.

类芦属 *Neyraudia*

类芦 *Neyraudia reynaudiana* (Kunth) Keng ex Hitchc.

少穗竹属 *Oligostachyum*

林仔竹 *Oligostachyum nuspiculum* (McClure) Z. P. Wang & G. H. Ye

蛇尾草属 *Ophiuros*

蛇尾草 *Ophiuros exaltatus* (L.) Kuntze

求米草属 *Oplismenus*

竹叶草 *Oplismenus compositus* (L.) P. Beauv.

中间型竹叶草 *Oplismenus compositus* var. *intermedius* (Honda) Ohwi

大叶竹叶草 *Oplismenus compositus* var. *owatarii* (Honda) J. Ohwi

疏穗竹叶草 *Oplismenus patens* Honda

狭叶竹叶草 *Oplismenus patens* var. *angustifolius* (L. C. Chia) S. L. Chen & Y. X. Jin

求米草 *Oplismenus undulatifolius* (Ard.) Roemer & Schuit.

固沙草属 *Orinus*

青海固沙草 *Orinus kokonorica* (K. S. Hao) Keng ex X. L. Yang

稻属 *Oryza*

光稃稻 *Oryza glaberrima* Stend.

疣粒野生稻 *Oryza meyeriana* (Zollinger & Moritzi) Baillon

疣粒稻 *Oryza meyeriana* subsp. *granulata* (Nees & Arn. ex Watt) Tateoka

药用稻 *Oryza officinalis* Wall. ex G. Watt

野生稻 *Oryza rufipogon* Griff.

稻 *Oryza sativa* L.

露籽草属 *Ottochloa*

露籽草 *Ottochloa nodosa* (Kunth) Dandy

小花露籽草 *Ottochloa nodosa* var. *micrantha* (Balansa ex A. Camus) S. L. Chen & S. M. Phillips

黍属 *Panicum*

紧序黍 *Panicum auritum* J. Presl ex Nees

糠稷 *Panicum bisulcatum* Thunb.

短叶黍 *Panicum brevifolium* L.

洋野黍 *Panicum dichotomiflorum* Michx.

旱黍草 *Panicum elegantissimum* Hook. f.

南亚黍 *Panicum humile* Nees ex Steud.

藤竹草 *Panicum incomtum* Trin.

滇西黍 *Panicum khasianum* Munro ex Hook. f.

大黍 *Panicum maximum* Jacq.

稷 *Panicum miliaceum* L.

心叶稷 *Panicum notatum* Retz.

铺地黍 *Panicum repens* L.

卵花黍 *Panicum sarmentosum* Roxburgh

细柄黍 *Panicum sumatrense* Roth ex Roemer & Schultes

发枝稷 *Panicum trichoides* Sw.

柳枝稷 *Panicum virgatum* L.

类雀稗属 *Paspalidium*

类雀稗 *Paspalidium flavidum* (Retzius) A. Camus

尖头类雀稗 *Paspalidium punctatum* (Brum. f.) A. Camus

雀稗属 *Paspalum*

黑籽雀稗 *Paspalum atratum* Swallen

两耳草 *Paspalum conjugatum* Bergius

毛花雀稗 *Paspalum dilatatum* Poir.

双穗雀稗 *Paspalum distichum* L.

台湾雀稗 *Paspalum hirsutum* Retz.

长叶雀稗 *Paspalum longifolium* Roxb.

百喜草 *Paspalum notatum* Flüggé

皱稃雀稗 *Paspalum plicatulum* Michx.

鸭乸草 *Paspalum scrobiculatum* L.

囡雀稗 *Paspalum scrobiculatum* var. *bispicatum* Hack.

圆果雀稗 *Paspalum scrobiculatum* var. *orbiculare* (G. Forst.) Hack.

雀稗 *Paspalum thunbergii* Kunth ex Steud.

丝毛雀稗 *Paspalum urvillei* Steud.

海雀稗 *Paspalum vaginatum* Sw.

狼尾草属 *Pennisetum*

皇竹草 *Pennisetum* × *sinese* Roxb.

狼尾草 *Pennisetum alopecuroides* (L.) Spreng.

白草　*Pennisetum flaccidum* Griseb.
御谷　*Pennisetum glaucum*（L.）R. Brown
杂交狼尾草　*Pennisetum glaucum* × *purpureum*
长序狼尾草　*Pennisetum longissimum* S. L. Chen & Y. X. Jin
东方狼尾草　*Pennisetum orientale* Pers.
牧地狼尾草　*Pennisetum polystachion*（L.）Schult.
象草　*Pennisetum purpureum* Schumach.
乾宁狼尾草　*Pennisetum qianningense* S. L. Zhong
陕西狼尾草　*Pennisetum shaanxiense* S. L. Chen & Y. X. Jin

茅根属　*Perotis*

麦穗茅根　*Perotis hordeiformis* Nees
茅根　*Perotis indica*（L.）Kuntze
大花茅根　*Perotis rara* R. Brown

束尾草属　*Phacelurus*

黍束尾草　*Phacelurus zea*（C. B. Clarke）Clayton

显子草属　*Phaenosperma*

显子草　*Phaenosperma globosum* Munro ex Benth.

虉草属　*Phalaris*

虉草　*Phalaris arundinacea* L.
丝带草　*Phalaris arundinacea* var. *picta* L.

梯牧草属　*Phleum*

梯牧草　*Phleum pratense* L.

芦苇属　*Phragmites*

芦苇　*Phragmites australis*（Cav.）Trin. ex Steud.
卡开芦　*Phragmites karka*（Retz.）Trin. ex Steud.

刚竹属　*Phyllostachys*

水竹　*Phyllostachys heteroclada* Oliv.
紫竹　*Phyllostachys nigra*（Lodd. ex Lindl.）Munro

落芒草属　*Piptatherum*

落芒草　*Piptatherum munroi*（Stapf）Mez

苦竹属　*Pleioblastus*

大明竹　*Pleioblastus gramineus*（Bean）Nakai
菲黄竹　*Pleioblastus viridistriatus*（Regel）Makino

早熟禾属　*Poa*

白顶早熟禾　*Poa acroleuca* Steud.
波伐早熟禾　*Poa albertii* subsp. *poophagorum*（Bor）Olonova & G. H. Zhu
高山早熟禾　*Poa alpina* L.
早熟禾　*Poa annua* L.

光稃早熟禾　*Poa araratica* subsp. *psilolepis* (Keng) Olonova & G. H. Zhu
阿洼早熟禾　*Poa araratica* Trautv.
林地早熟禾　*Poa nemoralis* L.
草地早熟禾　*Poa pratensis* L.
高原早熟禾　*Poa pratensis* subsp. *alpigena* (Lindm.) Hiitonen
硬质早熟禾　*Poa sphondylodes* Trin.
垂枝早熟禾　*Poa szechuensis* var. *debilior* (Hitchcock) Soreng & G. Zhu

金发草属　*Pogonatherum*

二芒金发草　*Pogonatherum biaristatum* S. L. Chen & G. Y. Sheng
金丝草　*Pogonatherum crinitum* (Thunb.) Kunth
金发草　*Pogonatherum paniceum* (Lam.) Hack.

棒头草属　*Polypogon*

棒头草　*Polypogon fugax* Nees ex Steud.
长芒棒头草　*Polypogon monspeliensis* (L.) Desf.

多裔草属　*Polytoca*

多裔草　*Polytoca digitata* (L. f.) Druce

单序草属　*Polytrias*

单序草　*Polytrias indica* (Houttuyn) Veldkamp
短毛单序草　*Polytrias indica* var. *nana* (Keng & S. L. Chen) S. M. Phillips & S. L. Chen

钩毛草属　*Pseudechinolaena*

钩毛草　*Pseudechinolaena polystachya* (Kunth) Stapf

假金发草属　*Pseudopogonatherum*

笔草　*Pseudopogonatherum contortum* (Brongn.) A. Camus
刺叶假金发草　*Pseudopogonatherum koretrostachys* (Trinius) Henrard

伪针茅属　*Pseudoraphis*

长稃伪针茅　*Pseudoraphis balansae* Henrard

筒轴茅属　*Rottboellia*

筒轴茅　*Rottboellia cochinchinensis* (Lour.) Clayton

甘蔗属　*Saccharum*

斑茅　*Saccharum arundinaceum* Retz.
金猫尾　*Saccharum fallax* Balansa
台蔗茅　*Saccharum formosanum* (Stapf) Ohwi
长齿蔗茅　*Saccharum longesetosum* (Andersson) V. Naray.
甘蔗　*Saccharum officinarum* L.
蔗茅　*Saccharum rufipilum* Steud.
竹蔗　*Saccharum sinense* Roxb.
甜根子草　*Saccharum spontaneum* L.

囊颖草属 *Sacciolepis*

囊颖草 *Sacciolepis indica*（L.）Chase

鼠尾囊颖草 *Sacciolepis myosuroides*（R. Br.）Chase ex E. G. Camus

裂稃草属 *Schizachyrium*

裂稃草 *Schizachyrium brevifolium*（Sw.）Nees ex Büse

旱茅 *Schizachyrium delavayi*（Hack.）Bor

红裂稃草 *Schizachyrium sanguineum*（Retz.）Alston

黑麦属 *Secale*

黑麦 *Secale cereale* L.

沟颖草属 *Sehima*

沟颖草 *Sehima nervosa*（Rottler）Stapf

狗尾草属 *Setaria*

莩草 *Setaria chondrachne*（Steud.）Honda

大狗尾草 *Setaria faberi* R. A. W. Herrmann

西南莩草 *Setaria forbesiana*（Nees ex Steud.）Hook. f.

莠狗尾草 *Setaria geniculata*（Lam.）Beauv.

梁 *Setaria italica*（L.）P. Beauv.

粟 *Setaria italica* var. *germanica*（Mill.）Schred.

褐毛狗尾草 *Setaria pallide-fusca*（Schumach.）Stapf & C. E. Hubb.

棕叶狗尾草 *Setaria palmifolia*（J. Koenig）Stapf

幽狗尾草 *Setaria parviflora*（Poiret）Kerguelen

皱叶狗尾草 *Setaria plicata*（Lam.）T. Cooke

金色狗尾草 *Setaria pumila*（Poiret）Roemer & Schultes

倒刺狗尾草 *Setaria verticillata*（L.）P. Beauv.

狗尾草 *Setaria viridis*（L.）P. Beauv.

巨大狗尾草 *Setaria viridis* subsp. *pycnocoma*（Steud.）Tzvelev

刺毛头黍属 *Setiacis*

刺毛头黍 *Setiacis diffusa*（Chia）S. L. Chen & Y. X. Jin

鹅毛竹属 *Shibataea*

倭竹 *Shibataea kumasasa*（Zoll. ex Steud.）Makino

三毛草属 *Sibirotrisetum*

三毛草 *Sibirotrisetum bifidum*（Thunb.）Barberá

高粱属 *Sorghum*

高粱 *Sorghum bicolor*（L.）Moench

高丹草 *Sorghum bicolor* × *sudanense*

甜高粱 *Sorghum bicolor* 'Dochna'

石茅 *Sorghum halepense*（L.）Pers.

光高粱 *Sorghum nitidum*（Vahl）Pers.

拟高粱 *Sorghum propinquum* (Kunth) Hitchc.

苏丹草 *Sorghum sudanense* (Piper) Stapf

米草属 *Spartina*

互花米草 *Spartina alterniflora* Loisel.

稗荩属 *Sphaerocaryum*

稗荩 *Sphaerocaryum malaccense* (Trin.) Pilg.

鬣刺属 *Spinifex*

鬣刺 *Spinifex littoreus* (Burm. f.) Merr.

大油芒属 *Spodiopogon*

油芒 *Spodiopogon cotulifer* (Thunb.) Hack.

大油芒 *Spodiopogon sibiricus* Trin.

鼠尾粟属 *Sporobolus*

双蕊鼠尾粟 *Sporobolus diandrus* (Retz.) P. Beauv.

鼠尾粟 *Sporobolus fertilis* (Steud.) Clayton

广州鼠尾粟 *Sporobolus hancei* Reudle

毛鼠尾粟 *Sporobolus pilifer* (Trinius) Kunth

盐地鼠尾粟 *Sporobolus virginicus* (L.) Kunth

钝叶草属 *Stenotaphrum*

钝叶草 *Stenotaphrum helferi* Munro ex Hook. f.

锥穗钝叶草 *Stenotaphrum micranthum* (Desvaux) C. E. Hubbard

条纹钝叶草 *Stenotaphrum secundatum* 'Variegatum'

针茅属 *Stipa*

丝颖针茅 *Stipa capillacea* Keng

菅属 *Themeda*

苇菅 *Themeda arundinacea* (Roxb.) A. Camus

苞子草 *Themeda caudata* (Nees) A. Camus

黄背草 *Themeda triandra* Forssk.

菅 *Themeda villosa* (Poir.) A. Camus

砂滨草属 *Thuarea*

砂滨草 *Thuarea involuta* (G. Forst.) R. Br. ex Sm.

泰竹属 *Thyrsostachys*

泰竹 *Thyrsostachys siamensis* Gamble

粽叶芦属 *Thysanolaena*

粽叶芦 *Thysanolaena latifolia* (Roxburgh ex Hornemann) Honda

三角草属 *Trikeraia*

三角草 *Trikeraia hookeri* (Stapf) Bor

草沙蚕属 *Tripogon*

草沙蚕 *Tripogon bromoides* Roem. & Schult.

中华草沙蚕 *Tripogon chinensis* (Franch.) Hack.
线形草沙蚕 *Tripogon filiformis* Nees ex Steud.
摩擦草属 *Tripsacum*
摩擦草 *Tripsacum laxum* Nash
尾稃草属 *Urochloa*
湿生臂形草 *Urochloa dictyoneura* (Fig. & De Not.) Veldkamp
类黍尾稃草 *Urochloa panicoides* P. Beauv.
雀稗尾稃草 *Urochloa paspaloides* J. Presl
尾稃草 *Urochloa reptans* (L.) Stapf
光尾稃草 *Urochloa reptans* var. *glabra* S. L. Chen & Y. X. Jin
刺毛尾稃草 *Urochloa setigera* (Retz.) Stapf
鼠茅属 *Vulpia*
鼠茅 *Vulpia myuros* (L.) C. C. Gmel.
玉蜀黍属 *Zea*
玉蜀黍 *Zea mays* L.
墨西哥玉米 *Zea mexicana* (Schrad.) Kuntze
菰属 *Zizania*
菰 *Zizania latifolia* (Griseb.) Turcz. ex Stapf
结缕草属 *Zoysia*
结缕草 *Zoysia japonica* Steud.
沟叶结缕草 *Zoysia matrella* (L.) Merr.
细叶结缕草 *Zoysia pacifica* (Goudswaard) M. Hotta & S. Kuroki

54. 金鱼藻科 Ceratophyllaceae

金鱼藻属 *Ceratophyllum*
金鱼藻 *Ceratophyllum demersum* L.

55. 罂粟科 Papaveraceae

蓟罂粟属 *Argemone*
蓟罂粟 *Argemone mexicana* L.
紫金龙属 *Dactylicapnos*
紫金龙 *Dactylicapnos scandens* (D. Don) Hutch.
博落回属 *Macleaya*
博落回 *Macleaya cordata* (Willd.) R. Br.
绿绒蒿属 *Meconopsis*
红花绿绒蒿 *Meconopsis punicea* Maxim.

罂粟属 *Papaver*

虞美人 *Papaver rhoeas* L.

56. 木通科 Lardizabalaceae

大血藤属 *Sargentodoxa*

大血藤 *Sargentodoxa cuneata* (Oliv.) Rehd. & Wils.

野木瓜属 *Stauntonia*

野木瓜 *Stauntonia chinensis* DC.

少叶野木瓜 *Stauntonia oligophylla* Merr. & Chun

57. 防己科 Menispermaceae

崖藤属 *Albertisia*

崖藤 *Albertisia laurifolia* Yamamoto

古山龙属 *Arcangelisia*

古山龙 *Arcangelisia gusanlung* H. S. Lo

木防己属 *Cocculus*

樟叶木防己 *Cocculus laurifolius* DC.

木防己 *Cocculus orbiculatus* (L.) DC.

轮环藤属 *Cyclea*

毛叶轮环藤 *Cyclea barbata* Miers

粉叶轮环藤 *Cyclea hypoglauca* (Schauer) Diels

铁藤 *Cyclea polypetala* Dunn

秤钩风属 *Diploclisia*

秤钩风 *Diploclisia affinis* (Oliv.) Diels

苍白秤钩风 *Diploclisia glaucescens* (Bl.) Diels

夜花藤属 *Hypserpa*

夜花藤 *Hypserpa nitida* Miers

细圆藤属 *Pericampylus*

细圆藤 *Pericampylus glaucus* (Lam.) Merr.

千金藤属 *Stephania*

大叶地不容 *Stephania dolichopoda* Diels

地不容 *Stephania epigaea* H. S. Lo

西藏地不容 *Stephania glabra* (Roxb.) Miers

海南地不容 *Stephania hainanensis* H. S. Lo & Y. Tsoong

广西地不容 *Stephania kwangsiensis* H. S. Lo

粪箕笃 *Stephania longa* Lour.

小花地不容 *Stephania micrantha* H. S. Lo & M. Yang
汝兰 *Stephania sinica* Diels
小叶地不容 *Stephania succifera* H. S. Lo & Y. Tsoong
云南地不容 *Stephania yunnanensis* H. S. Lo
香料藤属 *Tiliacora*
香料藤 *Tiliacora triandra* (Colebr.) Diels
青牛胆属 *Tinospora*
波叶青牛胆 *Tinospora crispa* (L.) Hook. f. & Thoms
海南青牛胆 *Tinospora hainanensis* H. S. Lo & Z. X. Li
青牛胆 *Tinospora sagittata* (Oliv.) Gagnep.
中华青牛胆 *Tinospora sinensis* (Lour.) Merr.

58. 小檗科 Berberidaceae

鬼臼属 *Dysosma*
西藏八角莲 *Dysosma tsayuensis* T. S. Ying
八角莲 *Dysosma versipellis* (Hance) M. Cheng
淫羊藿属 *Epimedium*
淫羊藿 *Epimedium brevicornu* Maxim.
十大功劳属 *Mahonia*
阔叶十大功劳 *Mahonia bealei* (Fort.) Carr.
十大功劳 *Mahonia fortunei* (Lindl.) Fedde
南天竹属 *Nandina*
南天竹 *Nandina domestica* Thunb.
桃儿七属 *Sinopodophyllum*
桃儿七 *Sinopodophyllum hexandrum* (Royle) T. S. Ying

59. 毛茛科 Ranunculaceae

银莲花属 *Anemone*
草玉梅 *Anemone rivularis* Buch.-Ham. ex DC.
小花草玉梅 *Anemone rivularis* var. *flore-minore* Maxim.
耧斗菜属 *Aquilegia*
欧耧斗菜 *Aquilegia vulgaris* Richardson
铁破锣属 *Beesia*
角叶铁破锣 *Beesia deltophylla* C. Y. Wu
铁线莲属 *Clematis*
小木通 *Clematis armandii* Franch.

毛木通　*Clematis buchananiana* DC.
威灵仙　*Clematis chinensis* Osbeck
合柄铁线莲　*Clematis connata* DC.
厚叶铁线莲　*Clematis crassifolia* Benth.
粗柄铁线莲　*Clematis crassipes* Chun & F. C. How
山木通　*Clematis finetiana* H. Lév. & Vaniot
铁线莲　*Clematis florida* Thunb.
锈毛铁线莲　*Clematis leschenaultiana* DC.
菝葜叶铁线莲　*Clematis smilacifolia* Wallich
甘青铁线莲　*Clematis tangutica* (Maxim.) Korsh.

翠雀属　*Delphinium*

展毛翠雀花　*Delphinium kamaonense* var. *glabrescens* (W. T. Wang) W. T. Wang

锡兰莲属　*Naravelia*

两广锡兰莲　*Naravelia pilulifera* Hance

毛茛属　*Ranunculus*

禺毛茛　*Ranunculus cantoniensis* DC.
扬子毛茛　*Ranunculus sieboldii* Miq.

唐松草属　*Thalictrum*

高原唐松草　*Thalictrum cultratum* Wall.

金莲花属　*Trollius*

金莲花　*Trollius chinensis* Bunge

60. 清风藤科 Sabiaceae

泡花树属　*Meliosma*

狭叶泡花树　*Meliosma angustifolia* Merr.
泡花树　*Meliosma cuneifolia* Franch.
狭序泡花树　*Meliosma paupera* Hand. -Mazz.

清风藤属　*Sabia*

鄂西清风藤　*Sabia campanulata* subsp. *ritchieae* (Rehder & E. H. Wilson) Y. F. Wu
钟花清风藤　*Sabia campanulata* Wall. ex Roxb.
柠檬清风藤　*Sabia limoniacea* Wall. ex Hook. f. & Thoms.

61. 莲科 Nelumbonaceae

莲属　*Nelumbo*

莲　*Nelumbo nucifera* Gaertn.

62. 山龙眼科 Proteaceae

银桦属 *Grevillea*

银桦 *Grevillea robusta* A. Cunn. ex R. Br.

山龙眼属 *Helicia*

小果山龙眼 *Helicia cochinchinensis* Lour.

山龙眼 *Helicia formosana* Hemsl.

海南山龙眼 *Helicia hainanensis* Hayata

假山龙眼属 *Heliciopsis*

调羹树 *Heliciopsis lobata* (Merr.) Sleum.

澳洲坚果属 *Macadamia*

澳洲坚果 *Macadamia integrifolia* Maiden & Betche

粗壳澳洲坚果 *Macadamia ternifolia* F. Muell.

63. 黄杨科 Buxaceae

黄杨属 *Buxus*

匙叶黄杨 *Buxus harlandii* Hance

黄杨 *Buxus sinica* (Rehder & E. H. Wilson) M. Cheng

板凳果属 *Pachysandra*

顶花板凳果 *Pachysandra terminalis* Siebold & Zucc.

野扇花属 *Sarcococca*

海南野扇花 *Sarcococca vagans* Stapf

64. 五桠果科 Dilleniaceae

五桠果属 *Dillenia*

五桠果 *Dillenia indica* L.

小花五桠果 *Dillenia pentagyna* Roxb.

大花五桠果 *Dillenia turbinata* Finet & Gagnep.

锡叶藤属 *Tetracera*

锡叶藤 *Tetracera sarmentosa* (L.) Vahl

65. 芍药科 Paeoniaceae

芍药属 *Paeonia*

滇牡丹 *Paeonia delavayi* Franch.

66. 蕈树科 Altingiaceae

蕈树属 *Altingia*

蕈树 *Altingia chinensis* (Champ.) Oliver ex Hance

细青皮 *Altingia excelsa* Noronha

枫香树属 *Liquidambar*

枫香树 *Liquidambar formosana* Hance

半枫荷属 *Semiliquidambar*

半枫荷 *Semiliquidambar cathayensis* H. T. Chang

67. 金缕梅科 Hamamelidaceae

山铜材属 *Chunia*

山铜材 *Chunia bucklandioides* H. T. Chang

马蹄荷属 *Exbucklandia*

马蹄荷 *Exbucklandia populnea* (R. Br.) R. W. Brown

檵木属 *Loropetalum*

红花檵木 *Loropetalum chinense* var. *rubrum* Yieh

壳菜果属 *Mytilaria*

壳菜果 *Mytilaria laosensis* Lec.

68. 虎皮楠科 Daphniphyllaceae

虎皮楠属 *Daphniphyllum*

牛耳枫 *Daphniphyllum calycinum* Benth.

脉叶虎皮楠 *Daphniphyllum paxianum* K. Rosenth.

69. 鼠刺科 Iteaceae

鼠刺属 *Itea*

大叶鼠刺 *Itea macrophylla* Wall.

70. 虎耳草科 Saxifragaceae

金腰属 *Chrysosplenium*

绵毛金腰 *Chrysosplenium lanuginosum* Hook. f. & Thoms.

虎耳草属 *Saxifraga*

虎耳草 *Saxifraga stolonifera* Curtis

黄水枝属 *Tiarella*

黄水枝 *Tiarella polyphylla* D. Don

71. 景天科 Crassulaceae

落地生根属 *Bryophyllum*

落地生根 *Bryophyllum pinnatum* (L. f.) Oken

青锁龙属 *Crassula*

青锁龙 *Crassula muscosa* L.

燕子掌 *Crassula ovata* (Mill.) Druce

风车莲属 *Graptopetalum*

胧月 *Graptopetalum paraguayense* (N. E. Br.) E. Walther

伽蓝菜属 *Kalanchoe*

长寿花 *Kalanchoe blossfeldiana* Poelln.

伽蓝菜 *Kalanchoe ceratophylla* Haw.

大叶落地生根 *Kalanchoe daigremontiana* Raym. -Hamet & H. Perrier

棒叶落地生根 *Kalanchoe delagoensis* Eckl. & Zeyh.

玉吊钟 *Kalanchoe fedtschenkoi* Raym. -Hamet & H. Perrier

掌上珠 *Kalanchoe gastonis-bonnieri* Raym. -Hamet & H. Perrier

匙叶伽蓝菜 *Kalanchoe integra* (Medikus) Kuntze

趣蝶莲 *Kalanchoe synsepala* Baker

褐斑伽蓝 *Kalanchoe tomentosa* Baker

瓦松属 *Orostachys*

瓦松 *Orostachys fimbriata* (Turczaninow) A. Berger

晚红瓦松 *Orostachys japonica* (Maxim.) A. Berger

费菜属 *Phedimus*

费菜 *Phedimus aizoon* (L.) 't Hart

景天属 *Sedum*

凹叶景天 *Sedum emarginatum* Migo

佛甲草 *Sedum lineare* Thunb.

翡翠景天 *Sedum morganianum* E. Walther

垂盆草 *Sedum sarmentosum* Bunge

长生草属 *Sempervivum*

卷绢 *Sempervivum arachnoideum* L.

观音莲 *Sempervivum tectorum* L.

石莲属 *Sinocrassula*

石莲 *Sinocrassula indica* (Decne.) A. Berger

72. 扯根菜科 Penthoraceae

扯根菜属 *Penthorum*

扯根菜 *Penthorum chinense* Pursh

73. 小二仙草科 Haloragaceae

小二仙草属 *Gonocarpus*

黄花小二仙草 *Gonocarpus chinensis* (Loureiro) Orchard

矮小二仙草 *Gonocarpus humilis* Orchard

小二仙草 *Gonocarpus micranthus* Thunberg

狐尾藻属 *Myriophyllum*

粉绿狐尾藻 *Myriophyllum aquaticum* (Vell.) Verdc.

泰国狐尾藻 *Myriophyllum siamense* (Craib) Tardieu

穗状狐尾藻 *Myriophyllum spicatum* L.

74. 葡萄科 Vitaceae

蛇葡萄属 *Ampelopsis*

蓝果蛇葡萄 *Ampelopsis bodinieri* (H. Lév. & Vaniot) Rehder

三裂蛇葡萄 *Ampelopsis delavayana* Planch.

蛇葡萄 *Ampelopsis glandulosa* (Wall.) Momiy.

光叶蛇葡萄 *Ampelopsis glandulosa* var. *hancei* (Planchon) Momiyama

乌蔹莓属 *Causonis*

节毛乌蔹莓 *Causonis ciliifera* (Merr.) G. Parmar & L. M. Lu

乌蔹莓 *Causonis japonica* (Thunb.) Raf.

毛乌蔹莓 *Causonis mollis* (Wall. ex M. A. Lawson) G. Parmar & J. Wen

三叶乌蔹莓 *Causonis trifolia* (L.) Mabb. & J. Wen

大麻藤属 *Cayratia*

膝曲大麻藤 *Cayratia geniculata* (Blume) Gagnep.

狭叶大麻藤 *Cayratia lanceolata* (C. L. Li) J. Wen & Z. D. Chen

白粉藤属 *Cissus*

苦郎藤 *Cissus assamica* (M. A. Lawson) Craib

翅茎白粉藤 *Cissus hexangularis* Thorel ex Planch.

青紫葛 *Cissus javana* DC.

仙素莲 *Cissus quadrangularis* L.

白粉藤 *Cissus repens* Lam.

圆叶白粉藤 *Cissus rotundifolia* Lam.

四棱白粉藤　*Cissus subtetragona* Planch.

锦屏藤　*Cissus verticillata* (L.) Nicolson & C. E. Jarvis

火筒树属　*Leea*

密花火筒树　*Leea compactiflora* Kurz

火筒树　*Leea indica* (Burm. f.) Merr.

窄叶火筒树　*Leea longifoliola* Merr.

牛果藤属　*Nekemias*

牛果藤　*Nekemias cantoniensis* (Hook. & Arn.) J. Wen & Z. L. Nie

地锦属　*Parthenocissus*

异叶地锦　*Parthenocissus dalzielii* Gagnep.

地锦　*Parthenocissus tricuspidata* (Siebold & Zucc.) Planch.

崖爬藤属　*Tetrastigma*

尾叶崖爬藤　*Tetrastigma caudatum* Merr. & Chun

茎花崖爬藤　*Tetrastigma cauliflorum* Merr.

红枝崖爬藤　*Tetrastigma erubescens* Planch.

柄果崖爬藤　*Tetrastigma godefroyanum* Planch.

三叶崖爬藤　*Tetrastigma hemsleyanum* Diels & Gilg

崖爬藤　*Tetrastigma obtectum* (Wall.) Planch.

厚叶崖爬藤　*Tetrastigma pachyphyllum* (Hemsl.) Chun

海南崖爬藤　*Tetrastigma papillatum* (Hance) C. Y. Wu

扁担藤　*Tetrastigma planicaule* (Hook.) Gagnep.

过山崖爬藤　*Tetrastigma pseudocruciatum* C. L. Li

葡萄属　*Vitis*

小果葡萄　*Vitis balansana* Planchon

葛藟葡萄　*Vitis flexuosa* Thunb.

绵毛葡萄　*Vitis retordii* Rom. Caill. ex Planch.

葡萄　*Vitis vinifera* L.

75. 蒺藜科　Zygophyllaceae

蒺藜属　*Tribulus*

大花蒺藜　*Tribulus cistoides* L.

蒺藜　*Tribulus terrestris* L.

76. 豆科　Fabaceae

相思子属　*Abrus*

相思子　*Abrus precatorius* L.

广州相思子 *Abrus pulchellus* subsp. *cantoniensis* (Hance) Verdc.
毛相思子 *Abrus pulchellus* subsp. *mollis* (Hance) Verdc.
美丽相思子 *Abrus pulchellus* Wall. ex Thwaites
相思树属 *Acacia*
大叶相思 *Acacia auriculiformis* A. Cunn. ex Benth.
台湾相思 *Acacia confusa* Merr.
马占相思 *Acacia mangium* Willd.
黑荆 *Acacia mearnsii* De Wild.
珍珠相思 *Acacia podalyriifolia* A. Cunn. ex Loudon
灰合欢属 *Acaciella*
灰合欢 *Acaciella glauca* (L.) L. Rico
顶果木属 *Acrocarpus*
顶果木 *Acrocarpus fraxinifolius* Wight ex Arn.
海红豆属 *Adenanthera*
海红豆 *Adenanthera microsperma* Teijsm. & Binn.
光海红豆 *Adenanthera pavonina* L.
合萌属 *Aeschynomene*
敏感合萌 *Aeschynomene americana* L.
合萌 *Aeschynomene indica* L.
缅茄属 *Afzelia*
缅茄 *Afzelia xylocarpa* (Kurz) Craib
合欢属 *Albizia*
海南合欢 *Albizia attopeuensis* (Pierre) I. C. Nielsen
楹树 *Albizia chinensis* (Osbeck) Merr.
合欢 *Albizia julibrissin* Durazz.
阔荚合欢 *Albizia lebbeck* (L.) Benth.
香合欢 *Albizia odoratissima* (L. f.) Benth.
黄豆树 *Albizia procera* (Roxb.) Benth.
藏合欢 *Albizia sherriffii* Baker
链荚豆属 *Alysicarpus*
柴胡叶链荚豆 *Alysicarpus bupleurifolius* (L.) DC.
皱缩链荚豆 *Alysicarpus rugosus* (Willd.) DC.
链荚豆 *Alysicarpus vaginalis* (L.) DC.
云南链荚豆 *Alysicarpus yunnanensis* Yen C. Yang & P. H. Huang
紫穗槐属 *Amorpha*
紫穗槐 *Amorpha fruticosa* L.
两型豆属 *Amphicarpaea*
两型豆 *Amphicarpaea edgeworthii* Benth.

落花生属 *Arachis*

落花生 *Arachis hypogaea* L.

遍地黄金 *Arachis pintoi* Krapov. & W. C. Greg.

猴耳环属 *Archidendron*

猴耳环 *Archidendron clypearia* (Jack) I. C. Nielsen

大棋子豆 *Archidendron eberhardtii* I. C. Nielsen

亮叶猴耳环 *Archidendron lucidum* (Benth) I. C. Nielsen

薄叶猴耳环 *Archidendron utile* (Chun & F. C. How) I. C. Nielsen

黄芪属 *Astragalus*

地八角 *Astragalus bhotanensis* Baker

斜茎黄芪 *Astragalus laxmannii* Jacq.

紫云英 *Astragalus sinicus* L.

羊蹄甲属 *Bauhinia*

红花羊蹄甲 *Bauhinia* × *blakeana* Dunn

白花羊蹄甲 *Bauhinia acuminata* L.

嘉氏羊蹄甲 *Bauhinia galpinii* N. E. Br.

羊蹄甲 *Bauhinia purpurea* L.

黄花羊蹄甲 *Bauhinia tomentosa* L.

宫粉羊蹄甲 *Bauhinia variegata* L.

绿花羊蹄甲 *Bauhinia viridescens* Desv.

云实属 *Biancaea*

云实 *Biancaea decapetala* (Roth) O. Deg.

苏木 *Biancaea sappan* (L.) Tod.

二歧山蚂蝗属 *Bouffordia*

二歧山蚂蝗 *Bouffordia dichotoma* (Willd.) H. Ohashi & K. Ohashi

藤槐属 *Bowringia*

藤槐 *Bowringia callicarpa* Camp. ex Benth.

小凤花属 *Caesalpinia*

铁架木 *Caesalpinia ferrea* C. Mart.

洋金凤 *Caesalpinia pulcherrima* (L.) Sw.

木豆属 *Cajanus*

木豆 *Cajanus cajan* (L.) Millsp.

虫豆 *Cajanus crassus* (Prain ex King) Maesen

蔓草虫豆 *Cajanus scarabaeoides* (L.) Graham ex Wall.

鸡血藤属 *Callerya*

香花鸡血藤 *Callerya dielsiana* (Harms) P. K. Lôc ex Z. Wei & Pedley

亮叶鸡血藤 *Callerya nitida* (Bentham) R. Geesink

喙果鸡血藤 *Callerya tsui* (F. P. Metcalf) Z. Wei & Pedley

朱缨花属　*Calliandra*

危地马拉朱缨花　*Calliandra calothyrsus* Meisn.

朱缨花　*Calliandra haematocephala* Hassk.

苏里南朱缨花　*Calliandra surinamensis* Benth.

毛蔓豆属　*Calopogonium*

毛蔓豆　*Calopogonium mucunoides* Desv.

笐子梢属　*Campylotropis*

笐子梢　*Campylotropis macrocarpa*（Bunge）Rehder

绒毛叶笐子梢　*Campylotropis pinetorum* subsp. *velutina*（Dunn）Ohashi

三棱枝笐子梢　*Campylotropis trigonoclada*（Franch.）Schindl.

滇笐子梢　*Campylotropis yunnanensis*（Franch.）Schindl.

刀豆属　*Canavalia*

小刀豆　*Canavalia cathartica* Thou.

直生刀豆　*Canavalia ensiformis*（L.）DC.

刀豆　*Canavalia gladiata*（Jacq.）DC.

海刀豆　*Canavalia rosea*（Sw.）DC.

锦鸡儿属　*Caragana*

锦鸡儿　*Caragana sinica*（Buc'hoz）Rehd.

腊肠树属　*Cassia*

绒果决明　*Cassia bakeriana* Craib

腊肠树　*Cassia fistula* L.

大果铁刀木　*Cassia grandis* L. f.

爪哇腊肠树　*Cassia javanica* L.

节荚腊肠树　*Cassia javanica* subsp. *nodosa*（Buch.-Ham. ex Roxb.）K. Larsen & S. S. Larsen

栗豆树属　*Castanospermum*

栗豆树　*Castanospermum australe* A. Cunn. & Fraser

距瓣豆属　*Centrosema*

大果距瓣豆　*Centrosema macrocarpum* Benth.

距瓣豆　*Centrosema pubescens* Benth.

紫荆属　*Cercis*

紫荆　*Cercis chinensis* Bunge

山扁豆属　*Chamaecrista*

大叶山扁豆　*Chamaecrista leschenaultiana*（DC.）O. Deg.

含羞草山扁豆　*Chamaecrista mimosoides* Standl.

山扁豆　*Chamaecrista nictitans*（L.）Moench

豆茶山扁豆　*Chamaecrista nomame*（Siebold）H. Ohashi

柄腺山扁豆　*Chamaecrista pumila*（Lam.）K. Larsen

圆叶山扁豆　*Chamaecrista rotundifolia*（Pers.）Greene

首冠藤属　*Cheniella*

首冠藤　*Cheniella corymbosa*（Roxb.）R. Clark & Mackinder

粉叶首冠藤　*Cheniella glauca*（Benth.）R. Clark & Mackinder

蝙蝠草属　*Christia*

长管蝙蝠草　*Christia constricta*（Schindl.）T. C. Chen

海南蝙蝠草　*Christia hainanensis* Yen C. Yang & P. H. Huang

铺地蝙蝠草　*Christia obcordata*（Poir.）Bakh. f.

蝙蝠草　*Christia vespertilionis*（L. f.）Bakh. f. ex Meeuwen

蝶豆属　*Clitoria*

巴西木蝶豆　*Clitoria fairchildiana* R. A. Howard

蝶豆　*Clitoria ternatea* L.

旋花豆属　*Cochlianthus*

旋花豆　*Cochlianthus gracilis* Benth.

高山旋花豆　*Cochlianthus montanus*（Diels）Harms

舞草属　*Codoriocalyx*

圆叶舞草　*Codoriocalyx gyroides*（Roxburgh ex Link）Hasskarl

舞草　*Codoriocalyx motorius*（Houttuyn）H. Ohashi

含羞树属　*Cojoba*

含羞树　*Cojoba arborea*（L.）Britton & Rose

毛玉豆属　*Cratylia*

银叶毛玉豆　*Cratylia argentea*（Desv.）Kuntze

猪屎豆属　*Crotalaria*

针状猪屎豆　*Crotalaria acicularis* Buch.-Ham. ex Benth.

翅托叶猪屎豆　*Crotalaria alata* H. Lév.

响铃豆　*Crotalaria albida* B. Heyne ex Roth

银叶猪屎豆　*Crotalaria argyrolobioides* Baker

大猪屎豆　*Crotalaria assamica* Benth.

巴兰萨猪屎豆　*Crotalaria balansae* Micheli

毛果猪屎豆　*Crotalaria bracteata* Roxb.

狭叶野百合　*Crotalaria brevidens* Benth.

中间狭叶野百合　*Crotalaria brevidens* var. *intermedia*（Kotschy）Polhill

短花猪屎豆　*Crotalaria breviflora* DC.

长萼猪屎豆　*Crotalaria calycina* Schrank

中国猪屎豆　*Crotalaria chinensis* L.

黄雀儿　*Crotalaria cytisoides* Roxb. ex DC.

假地蓝　*Crotalaria ferruginea* Graham

掌叶猪屎豆　*Crotalaria grahamiana* Wight & Arn.

海南猪屎豆　*Crotalaria hainanensis* C. C. Huang
硬毛猪屎豆　*Crotalaria hirta* Willd.
匍地猪屎豆　*Crotalaria humifusa* Graham ex Benth.
凹痕猪屎豆　*Crotalaria impressa* Nees ex Walp.
圆叶猪屎豆　*Crotalaria incana* L.
菽麻　*Crotalaria juncea* L.
薄叶猪屎豆　*Crotalaria kurzii* Baker ex Kurz
金链花猪屎豆　*Crotalaria laburnifolia* L.
猪屎豆属一种*　*Crotalaria laburnifolia* subsp. *australis* (Baker f.) Polhill
长果猪屎豆　*Crotalaria lanceolata* E. Mey.
亮度猪屎豆　*Crotalaria leubnitziana* Schinz
线叶猪屎豆　*Crotalaria linifolia* L. f.
长喙猪屎豆　*Crotalaria longirostrata* Hook. & Arn.
卢旺古兰猪屎豆　*Crotalaria lukwangulensis* Harms
头花猪屎豆　*Crotalaria mairei* H. Lév.
假苜蓿　*Crotalaria medicaginea* Lam.
三尖叶猪屎豆　*Crotalaria micans* Link
褐毛猪屎豆　*Crotalaria mysorensis* Roth
小猪屎豆　*Crotalaria nana* Burm. f.
紫花猪屎豆　*Crotalaria occulta* Graham
狭叶猪屎豆　*Crotalaria ochroleuca* G. Don
猪屎豆　*Crotalaria pallida* Ait.
三圆叶猪屎豆　*Crotalaria pallida* var. *obovata* (G. Don) Polhill
柔毛猪屎豆　*Crotalaria pilosa* Mill.
短猪屎豆　*Crotalaria pumila* Ortega
吊裙草　*Crotalaria retusa* L.
翼茎猪屎豆　*Crotalaria sagittalis* L.
萨尔蒂安纳猪屎豆　*Crotalaria saltiana* Andrews
塞内加尔猪屎豆　*Crotalaria senegalensis* (Pers.) Bacle ex DC.
农吉利　*Crotalaria sessiliflora* L.
大托叶猪屎豆　*Crotalaria spectabilis* Roth
针叶猪屎豆　*Crotalaria stipularia* Desv.
四棱猪屎豆　*Crotalaria tetragona* Roxb. ex Andr.
光萼猪屎豆　*Crotalaria trichotoma* Bojer
球果猪屎豆　*Crotalaria uncinella* Lamk.
多疣猪屎豆　*Crotalaria verrucosa* L.
棒枝猪屎豆　*Crotalaria virgulata* subsp. *grantiana* (Harv.) Polhill

补骨脂属　*Cullen*

补骨脂　*Cullen corylifolium* (L.) Medikus

---

* 此品种尚未确定中文名称。——编者注

金雀儿属 *Cytisus*

金雀儿 *Cytisus scoparius*（L.）Link

黄檀属 *Dalbergia*

秧青 *Dalbergia assamica* Benth.

两粤黄檀 *Dalbergia benthamii* Prain

黑黄檀 *Dalbergia cultrata* Benth.

海南黄檀 *Dalbergia hainanensis* Merr. & Chun

藤黄檀 *Dalbergia hancei* Benth.

降香 *Dalbergia odorifera* T. C. Chen

印度黄檀 *Dalbergia sissoo* Roxb.

凤凰木属 *Delonix*

凤凰木 *Delonix regia*（Boj.）Raf.

假木豆属 *Dendrolobium*

单节假木豆 *Dendrolobium lanceolatum*（Dunn）Schindl.

假木豆 *Dendrolobium triangulare*（Retz.）Schindl.

伞花假木豆 *Dendrolobium umbellatum*（L.）Benth.

鱼藤属 *Derris*

毛鱼藤 *Derris elliptica*（Roxb.）Benth.

锈毛鱼藤 *Derris ferruginea*（Roxb.）Benth.

粉叶鱼藤 *Derris glauca* Merr. & Chun

厚果鱼藤 *Derris taiwaniana*（Hayata）Z. Q. Song

鱼藤 *Derris trifoliata* Lour.

合欢草属 *Desmanthus*

多枝草合欢 *Desmanthus virgatus*（L.）Willd.

山蚂蝗属 *Desmodium*

灰色山蚂蝗 *Desmodium incanum*（Sw.）DC.

扭曲山蚂蝗 *Desmodium intortum*（Mill.）Urb.

蝎尾山蚂蝗 *Desmodium scorpiurus*（Sw.）Desv.

南美山蚂蝗 *Desmodium tortuosum*（Sw.）DC.

银叶山蚂蝗 *Desmodium uncinatum*（Jacq.）DC.

大叶山蚂蝗 *Desmodium gangeticum*（L.）DC.

柳叶山蚂蝗 *Desmodium salicifolium*（Poir.）DC.

野扁豆属 *Dunbaria*

腺毛野扁豆 *Dunbaria glandulosa*（Dalzell & A. Gibson）Prain

白背野扁豆 *Dunbaria incana*（Zoll. & Moritzi）Maesen

长柄野扁豆 *Dunbaria podocarpa* Kurz

圆叶野扁豆 *Dunbaria punctata*（Wight & Arn.）Benth.

鸽仔豆 *Dunbaria truncata*（Miq.）Maesen

野扁豆　*Dunbaria villosa*（Thunb.）Makino

镰瓣豆属　*Dysolobium*

毛镰瓣豆　*Dysolobium pilosum*（Klein ex Willd.）Maréchal

榼藤属　*Entada*

榼藤　*Entada phaseoloides*（L.）Merr.

眼镜豆　*Entada rheedei* Spreng.

象耳豆属　*Enterolobium*

青皮象耳豆　*Enterolobium contortisiliquum*（Vell.）Morong

象耳豆　*Enterolobium cyclocarpum*（Jacq.）Griseb.

鸡头薯属　*Eriosema*

鸡头薯　*Eriosema chinense* Vog.

刺桐属　*Erythrina*

鹦哥花　*Erythrina arborescens* Roxb.

龙牙花　*Erythrina corallodendron* L.

鸡冠刺桐　*Erythrina crista-galli* L.

刺桐　*Erythrina variegata* L.

格木属　*Erythrophleum*

格木　*Erythrophleum fordii* Oliv.

山豆根属　*Euchresta*

山豆根　*Euchresta japonica* Hook. f. ex Regel

南洋楹属　*Falcataria*

南洋楹　*Falcataria falcata*（L.）Greuter & R. Rankin

千斤拔属　*Flemingia*

宽叶千斤拔　*Flemingia latifolia* Benth.

海南千斤拔　*Flemingia latifolia* var. *hainanensis* Y. T. Wei & S. K. Lee

细叶千斤拔　*Flemingia lineata*（L.）Roxb. ex W. T. Aiton

大叶千斤拔　*Flemingia macrophylla*（Willd.）Merr.

千斤拔　*Flemingia prostrata* Roxb.

球穗千斤拔　*Flemingia strobilifera*（L.）W. T. Aiton

乳豆属　*Galactia*

乳豆　*Galactia tenuiflora*（Klein ex Willd.）Wight & Arn.

山羊豆属　*Galega*

东方山羊豆　*Galega orientalis* Lam.

皂荚属　*Gleditsia*

小果皂荚　*Gleditsia australis* F. B. Forbes & Hemsl.

华南皂荚　*Gleditsia fera*（Lour.）Merr.

山皂荚　*Gleditsia japonica* Lodd. ex W. Baxter

绒毛皂荚　*Gleditsia japonica* var. *velutina* L. C. Li

皂荚 *Gleditsia sinensis* Lam.

藩篱豆属 *Gliricidia*

毒鼠豆 *Gliricidia sepium* (Jacq.) Steud

大豆属 *Glycine*

大豆 *Glycine max* (L.) Merr.

野大豆 *Glycine soja* Siebold & Zucc.

烟豆 *Glycine tabacina* Benth.

短绒野大豆 *Glycine tomentella* Hayata

甘草属 *Glycyrrhiza*

刺果甘草 *Glycyrrhiza pallidiflora* Maxim.

云南甘草 *Glycyrrhiza yunnanensis* S. H. Cheng & L. K. Dai ex P. C. Li

假地豆属 *Grona*

疏果假地豆 *Grona griffithiana* (Benth.) H. Ohashi & K. Ohashi

假地豆 *Grona heterocarpos* (L.) H. Ohashi & K. Ohashi

糙毛假地豆 *Grona heterocarpos* var. *strigosa* (Meeuwen) H. Ohashi & K. Ohashi

异叶三点金 *Grona heterophylla* (Willd.) H. Ohashi & K. Ohashi

显脉假地豆 *Grona reticulata* (Champ. ex Benth.) H. Ohashi & K. Ohashi

赤三点金 *Grona rubra* (Lour.) H. Ohashi & K. Ohashi

广东金钱草 *Grona styracifolia* (Osbeck) H. Ohashi & K. Ohashi

三点金 *Grona triflora* (L.) H. Ohashi & K. Ohashi

米口袋属 *Gueldenstaedtia*

米口袋 *Gueldenstaedtia verna* (Georgi) Boriss.

鹰叶刺属 *Guilandina*

鹰叶刺 *Guilandina bonduc* L.

喙荚鹰叶刺 *Guilandina minax* (Hance) G. P. Lewis

硬毛宿苞豆属 *Harashuteria*

硬毛宿苞豆 *Harashuteria hirsuta* (Baker) K. Ohashi & H. Ohashi

须弥葛属 *Haymondia*

须弥葛 *Haymondia wallichii* (DC.) A. N. Egan & B. Pan

岩黄芪属 *Hedysarum*

锡金岩黄芪 *Hedysarum sikkimense* Benth. ex Baker

马蹄豆属 *Hippocrepis*

马蹄豆 *Hippocrepis unisiliquosa* L.

肾叶山蚂蝗属 *Huangtcia*

肾叶山蚂蝗 *Huangtcia renifolia* (L.) H. Ohashi & K. Ohashi

长柄山蚂蝗属 *Hylodesmum*

疏花长柄山蚂蝗 *Hylodesmum laxum* (DC.) H. Ohashi & R. R. Mill

长柄山蚂蝗 *Hylodesmum podocarpum* (DC.) H. Ohashi & R. R. Mill

宽卵叶长柄山蚂蝗 *Hylodesmum podocarpum* subsp. *fallax* (Schindl.) H. Ohashi & R. R. Mill

尖叶长柄山蚂蝗 *Hylodesmum podocarpum* subsp. *oxyphyllum* (DC.) H. Ohashi & R. R. Mill

孪叶豆属 *Hymenaea*

孪叶豆 *Hymenaea courbaril* L.

疣果孪叶豆 *Hymenaea verrucosa* Gaertn.

木蓝属 *Indigofera*

多花木蓝 *Indigofera amblyantha* Craib

河北木蓝 *Indigofera bungeana* Walp.

尾叶木蓝 *Indigofera caudata* Dunn

疏花木蓝 *Indigofera colutea* (N. L. Burman) Merrill

庭藤 *Indigofera decora* Lindl.

密果木蓝 *Indigofera densifructa* Y. Y. Fang & C. Z. Zheng

黔南木蓝 *Indigofera esquirolii* H. Lév.

假大青蓝 *Indigofera galegoides* DC.

穗序木蓝 *Indigofera hendecaphylla* Jacq.

硬毛木蓝 *Indigofera hirsuta* L.

岷谷木蓝 *Indigofera lenticellata* Craib

单叶木蓝 *Indigofera linifolia* (L. f.) Retz.

九叶木蓝 *Indigofera linnaei* Ali

滨海木蓝 *Indigofera litoralis* Chun & T. C. Chen

西南木蓝 *Indigofera mairei* H. Lév.

黑叶木蓝 *Indigofera nigrescens* Kurz ex King & Prain

垂序木蓝 *Indigofera pendula* Franch.

多枝木蓝 *Indigofera ramulosissima* Hosok.

茸毛木蓝 *Indigofera stachyodes* Lindl.

野青树 *Indigofera suffruticosa* Mill.

木蓝 *Indigofera tinctoria* L.

三叶木蓝 *Indigofera trifoliata* L.

尖叶木蓝 *Indigofera zollingeriana* Miq.

印加树属 *Inga*

印加豆 *Inga edulis* Mart.

栗檀属 *Inocarpus*

栗檀 *Inocarpus fagifer* (Parkinson ex F. A. Zorn) Fosberg

鸡眼草属 *Kummerowia*

长萼鸡眼草 *Kummerowia stipulacea* (Maxim.) Makino

鸡眼草 *Kummerowia striata* (Thunb.) Schindl.

扁豆属 *Lablab*

扁豆 *Lablab purpureus*（L.）Sweet

山黧豆属 *Lathyrus*

牧地山黧豆 *Lathyrus pratensis* L.

细蚂蝗属 *Leptodesmia*

小叶细蚂蝗 *Leptodesmia microphylla*（Thunb.）H. Ohashi & K. Ohashi

胡枝子属 *Lespedeza*

胡枝子 *Lespedeza bicolor* Turcz.

中华胡枝子 *Lespedeza chinensis* G. Don

截叶铁扫帚 *Lespedeza cuneata*（Dum. Cours.）G. Don

短梗胡枝子 *Lespedeza cyrtobotrya* Miq.

春花胡枝子 *Lespedeza dunnii* Schindl.

多花胡枝子 *Lespedeza floribunda* Bunge

矮生胡枝子 *Lespedeza forrestii* Schindl.

阴山胡枝子 *Lespedeza inschanica*（Maxim.）Schindl.

尖叶铁扫帚 *Lespedeza juncea*（L. f.）Pers.

铁马鞭 *Lespedeza pilosa*（Thunb.）Siebold & Zucc.

美丽胡枝子 *Lespedeza thunbergii* subsp. *formosa*（Vogel）H. Ohashi

绒毛胡枝子 *Lespedeza tomentosa*（Thunb.）Siebold ex Maxim.

细梗胡枝子 *Lespedeza virgata*（Thunb.）DC.

银合欢属 *Leucaena*

变叶银合欢 *Leucaena diversifolia*（Schltdl.）Benth.

银合欢 *Leucaena leucocephala*（Lam.）de Wit

蔓罗豆属 *Listia*

牧用蔓罗豆 *Listia bainesii*（Baker）B.-E. van Wyk & Boatwr.

百脉根属 *Lotus*

百脉根 *Lotus corniculatus* L.

仪花属 *Lysidice*

短萼仪花 *Lysidice brevicalyx* C. F. Wei

仪花 *Lysidice rhodostegia* Hance

大翼豆属 *Macroptilium*

紫花大翼豆 *Macroptilium atropurpureum*（DC.）Urb.

大翼豆 *Macroptilium lathyroides*（L.）Urb.

硬皮豆属 *Macrotyloma*

腋生硬皮豆 *Macrotyloma axillare*（E. Mey.）Verdc.

硬皮豆 *Macrotyloma uniflorum*（Lam.）Verdc.

闭荚藤属 *Mastersia*

闭荚藤 *Mastersia assamica* Benth.

长柄荚属 *Mecopus*

长柄荚 *Mecopus nidulans* Benn.

苜蓿属 *Medicago*

毛荚苜蓿 *Medicago edgeworthii* Širj.

野苜蓿 *Medicago falcata* L.

天蓝苜蓿 *Medicago lupulina* L.

小苜蓿 *Medicago minima* (L.) Lam.

南苜蓿 *Medicago polymorpha* L.

苜蓿 *Medicago sativa* L.

蒺藜苜蓿 *Medicago truncatula* Gaertn.

草木樨属 *Melilotus*

白花草木樨 *Melilotus albus* Desr.

印度草木樨 *Melilotus indicus* (L.) All.

黄香草木樨 *Melilotus officinalis* Pall.

见血飞属 *Mezoneuron*

见血飞 *Mezoneuron cucullatum* (Roxb.) Wight & Arn.

崖豆藤属 *Millettia*

海南崖豆藤 *Millettia pachyloba* Drake

印度崖豆 *Millettia pulchra* (Benth.) Kurz

台湾小叶崖豆 *Millettia pulchra* var. *microphylla* Dunn

锈红崖豆藤 *Millettia rubiginosa* Wight & Arn.

含羞草属 *Mimosa*

光荚含羞草 *Mimosa bimucronata* (DC.) Kuntze

巴西含羞草 *Mimosa diplotricha* C. Wright

无刺含羞草 *Mimosa diplotricha* var. *inermis* (Adelb.) Alam & Yusof

大含羞草 *Mimosa pigra* L.

含羞草 *Mimosa pudica* L.

油麻藤属 *Mucuna*

黄毛黧豆 *Mucuna bracteata* DC.

琼油麻藤 *Mucuna hainanensis* Hayata

褶皮油麻藤 *Mucuna lamellata* Wilmot-Dear

大果油麻藤 *Mucuna macrocarpa* Wall.

刺毛黧豆 *Mucuna pruriens* (L.) DC.

黧豆 *Mucuna pruriens* var. *utilis* (Wall. ex Wight) Baker ex Burck

油麻藤 *Mucuna sempervirens* Hemsl.

香脂豆属 *Myroxylon*

吐鲁胶 *Myroxylon balsamum* (L.) Harms

南海藤属 *Nanhaia*

南海藤 *Nanhaia speciosa* (Champ. ex Benth.) J. Compton & Schrire

爪哇大豆属　*Neonotonia*

长序大豆　*Neonotonia wightii*（Graham ex Wight & Arn.）J. A. Lackey

假含羞草属　*Neptunia*

假含羞草　*Neptunia plena*（L.）Benth.

草葛属　*Neustanthus*

草葛　*Neustanthus phaseoloides*（Roxb.）Benth.

小槐花属　*Ohwia*

小槐花　*Ohwia caudata*（Thunb.）H. Ohashi

红豆属　*Ormosia*

长脐红豆　*Ormosia balansae* Drake

海南红豆　*Ormosia pinnata*（Lour.）Merr.

荔枝叶红豆　*Ormosia semicastrata* f. *litchiifolia* F. C. How

软荚红豆　*Ormosia semicastrata* Hance

饿蚂蝗属　*Ototropis*

饿蚂蝗　*Ototropis multiflora*（DC.）H. Ohashi & K. Ohashi

棘豆属　*Oxytropis*

急弯棘豆　*Oxytropis deflexa*（Pall.）DC.

甘肃棘豆　*Oxytropis kansuensis* Bunge

黄花棘豆　*Oxytropis ochrocephala* Bunge

豆薯属　*Pachyrhizus*

豆薯　*Pachyrhizus erosus*（L.）Urb.

拟鱼藤属　*Paraderris*

海南鱼藤　*Paraderris hainanensis*（Hayata）Adema

球花豆属　*Parkia*

苏门答腊球花豆　*Parkia sumatrana* Miq.

球花豆　*Parkia timoriana*（A. DC.）Merr.

紫雀花属　*Parochetus*

紫雀花　*Parochetus communis* Buch.-Ham. ex D. Don

盾柱木属　*Peltophorum*

粗轴盾柱木　*Peltophorum dasyrrhachis*（Miq.）Kurz

银珠　*Peltophorum dasyrrhachis* var. *tonkinensis*（Pierre）K. Larsen & S. S. Larsen

盾柱木　*Peltophorum pterocarpum*（DC.）Baker ex K. Heyne

火索藤属　*Phanera*

龙须藤　*Phanera championii* Benth.

锈荚藤　*Phanera erythropoda*（Hayata）Mackinder & R. Clark

牛蹄麻　*Phanera khasiana*（Baker）Thoth.

菜豆属　*Phaseolus*

荷包豆　*Phaseolus coccineus* L.

棉豆 *Phaseolus lunatus* L.
菜豆 *Phaseolus vulgaris* L.
苞护豆属 *Phylacium*
苞护豆 *Phylacium majus* Collett & Hemsl.
猴花树属 *Barnebydendron*
猴花树 *Barnebydendron riedelii*（Tul.）J. H. Kirkbr
排钱树属 *Phyllodium*
毛排钱树 *Phyllodium elegans*（Lour.）Desv.
长柱排钱树 *Phyllodium kurzianum*（Kuntze）Ohashi
长叶排钱树 *Phyllodium longipes*（Craib）Schindl.
排钱树 *Phyllodium pulchellum*（L.）Desv.
黄花木属 *Piptanthus*
尼泊尔黄花木 *Piptanthus nepalensis*（Hook.）D. Don
豌豆属 *Pisum*
豌豆 *Pisum sativum* L.
牛蹄豆属 *Pithecellobium*
牛蹄豆 *Pithecellobium dulce*（Roxb.）Benth.
绒毛山蚂蝗属 *Polhillides*
绒毛山蚂蝗 *Polhillides velutina*（Willd.）H. Ohashi & K. Ohashi
水黄皮属 *Pongamia*
水黄皮 *Pongamia pinnata*（L.）Pierre
牧豆树属 *Prosopis*
牧豆树 *Prosopis juliflora*（Swartz）DC.
苍白牧豆树 *Prosopis pallida*（Humb. & Bonpl. ex Willd.）Kunth
四棱豆属 *Psophocarpus*
四棱豆 *Psophocarpus tetragonolobus*（L.）DC.
紫檀属 *Pterocarpus*
紫檀 *Pterocarpus indicus* willd.
大果紫檀 *Pterocarpus macrocarpus* Kurz
囊果紫檀 *Pterocarpus marsupium* Roxb.
檀香紫檀 *Pterocarpus santalinus* L. f.
老虎刺属 *Pterolobium*
大翅老虎刺 *Pterolobium macropterum* Kurz
老虎刺 *Pterolobium punctatum* Hemsl.
葛属 *Pueraria*
食用葛 *Pueraria edulis* Pamp.
山葛 *Pueraria montana*（Lour.）Merr.
葛 *Pueraria montana* var. *lobata*（Ohwi）Maesen & S. M. Almeida

粉葛 *Pueraria montana* var. *thomsonii* (Bentham) M. R. Almeida

瓦子草属 *Puhuaea*

滇南瓦子草 *Puhuaea megaphylla* (Zoll. & Moritzi) H. Ohashi & K. Ohashi

瓦子草 *Puhuaea sequax* (Wall.) H. Ohashi & K. Ohashi

密子豆属 *Pycnospora*

密子豆 *Pycnospora lutescens* (Poir.) Schindl.

鹿藿属 *Rhynchosia*

小鹿藿 *Rhynchosia minima* (L.) DC.

淡红鹿藿 *Rhynchosia rufescens* (Willd.) DC.

鹿藿 *Rhynchosia volubilis* Lour.

刺槐属 *Robinia*

刺槐 *Robinia pseudoacacia* L.

落地豆属 *Rothia*

落地豆 *Rothia indica* (L) Thuan

雨树属 *Samanea*

雨树 *Samanea saman* (Jacq.) Merr.

无忧花属 *Saraca*

无忧花 *Saraca declinata* (Jack) Miq.

中国无忧花 *Saraca dives* Pierre

云南无忧花 *Saraca griffithiana* Prain

中南无忧花 *Saraca indica* L.

泰国无忧花 *Saraca thaipingensis* Cantley ex King

耀花豆属 *Sarcodum*

耀花豆 *Sarcodum scandens* Lour.

离荚豆属 *Schizolobium*

粘叶豆 *Schizolobium parahyba* (Vell.) S. F. Blake

斧荚豆属 *Securigera*

小冠花 *Securigera varia* (L.) Lassen

儿茶属 *Senegalia*

儿茶 *Senegalia catechu* (L. f.) P. J. H. Hurter & Mabb.

印度藤儿茶 *Senegalia pennata* (L.) Maslin

皱荚藤儿茶 *Senegalia rugata* (Lam.) Britton & Rose

决明属 *Senna*

翅荚决明 *Senna alata* (L.) Roxb.

双荚决明 *Senna bicapsularis* (L.) Roxb.

长穗决明 *Senna didymobotrya* (Fresen.) H. S. Irwin & Barneby

毛荚决明 *Senna hirsuta* (L.) H. S. Irwin & Barneby

光亮决明 *Senna nitida* (Rich.) H. S. Irwin & Barneby

钝叶决明　*Senna obtusifolia* (L.) H. S. Irwin & Barneby
望江南　*Senna occidentalis* (L.) Link
光叶决明　*Senna septemtrionalis* (Viv.) H. S. Irwin & Barneby
铁刀木　*Senna siamea* (Lam.) H. S. Irwin & Barneby
槐叶决明　*Senna sophera* (L.) Roxb.
美丽决明　*Senna spectabilis* (DC.) H. S. Irwin & Barneby
粉叶决明　*Senna sulfurea* (Colladon) H. S. Irwin & Barneby
黄槐决明　*Senna surattensis* (Burm. f.) H. S. Irwin & Barneby
决明　*Senna tora* (L.) Roxburgh

田菁属　*Sesbania*

刺田菁　*Sesbania bispinosa* (Jacq.) Spreng. ex Steud.
田菁　*Sesbania cannabina* (Retz.) Poir.
粗糙田菁　*Sesbania exasperata* Kunth
大花田菁　*Sesbania grandiflora* (L.) Pers.
草质田菁　*Sesbania herbacea* (Mill.) McVaugh
沼生田菁　*Sesbania javanica* Miq.
薄果田菁　*Sesbania leptocarpa* DC.
厚果田菁　*Sesbania pachycarpa* DC.
榴红田菁　*Sesbania punicea* (Cav.) Benth.
具喙田菁　*Sesbania rostrata* Bremek. & Oberm.
绢毛田菁　*Sesbania sericea* (Willd.) Link
红花田菁　*Sesbania speciosa* Taub. ex Engl.
四翅田菁　*Sesbania tetraptera* Hochst. ex Baker
多枝田菁　*Sesbania virgata* (Cav.) Poir.

宿苞豆属　*Shuteria*

宿苞豆　*Shuteria involucrata* (Wall.) Wight & Arn.
西南宿苞豆　*Shuteria vestita* Wight & Arn.

油楠属　*Sindora*

油楠　*Sindora glabra* Merr. ex de Wit
泰国油楠　*Sindora siamensis* Miq.
东京油楠　*Sindora tonkinensis* K. Larsen & S. S. Larsen

华扁豆属　*Sinodolichos*

华扁豆　*Sinodolichos lagopus* (Dunn) Verdc.

坡油甘属　*Smithia*

坡油甘　*Smithia sensitiva* Aiton

拿身草属　*Sohmaea*

拿身草　*Sohmaea laxiflora* (DC.) H. Ohashi & K. Ohashi
单叶拿身草　*Sohmaea zonata* (Miq.) H. Ohashi & K. Ohashi

苦参属 *Sophora*

白刺花 *Sophora davidii* Kom. ex Pavol.

苦参 *Sophora flavescens* Alt.

绒毛槐 *Sophora tomentosa* L.

越南槐 *Sophora tonkinensis* Gagnep.

黄花槐 *Sophora xanthoantha* C. Y. Ma

密花豆属 *Spatholobus*

密花豆 *Spatholobus suberectus* Dunn

笔花豆属 *Stylosanthes*

狭叶笔花豆 *Stylosanthes angustifolia* Vogel

喜钙笔花豆 *Stylosanthes calcicola* Small

头状笔花豆 *Stylosanthes capitata* Vogel

直立笔花豆 *Stylosanthes erecta* P. Beauv.

灌状笔花豆 *Stylosanthes fruticosa*（Retz.）Alston

圭亚那笔花豆 *Stylosanthes guianensis*（Aubl.）Sw.

巴西苜蓿 *Stylosanthes guianensis* var. *gracilis*（Kunth）Vogel

笔花豆 *Stylosanthes hamata*（L.）Taub.

马弓形柱花草 *Stylosanthes hippocampoides* Mohlenbr.

矮笔花豆 *Stylosanthes humilis* Kunth

臭味柱花草 *Stylosanthes ingrata* S. F. Blake

光果笔花豆 *Stylosanthes leiocarpa* Vogel

墨西柱花草 *Stylosanthes mexicana* Taub.

蒙特维的亚笔花豆 *Stylosanthes montevidensis* Vogel

西卡柱花草 *Stylosanthes scabra* Vogel

合轴柱花草 *Stylosanthes sympodialis* Taub.

粘毛笔花豆 *Stylosanthes viscosa*（L.）Sw.

锥蚂蝗属 *Sunhangia*

美花锥蚂蝗 *Sunhangia calliantha*（Franch.）H. Ohashi & K. Ohashi

葫芦茶属 *Tadehagi*

蔓茎葫芦茶 *Tadehagi pseudotriquetrum*（DC.）Yen C. Yang & P. H. Huang

葫芦茶 *Tadehagi triquetrum*（L.）Ohashi

酸豆属 *Tamarindus*

酸豆 *Tamarindus indica* L.

灰毛豆属 *Tephrosia*

白灰毛豆 *Tephrosia candida* DC.

西沙灰毛豆 *Tephrosia luzonensis* Vogel

长序灰毛豆 *Tephrosia noctiflora* Bojer

矮灰毛豆 *Tephrosia pumila*（Lam.）Pers.

灰毛豆 *Tephrosia purpurea* (L.) Pers.

云南灰毛豆 *Tephrosia purpurea* var. *yunnanensis* Z. Wei

黄灰毛豆 *Tephrosia vestita* Vogel

西非灰毛豆 *Tephrosia vogelii* Hook. f.

软荚豆属 *Teramnus*

软荚豆 *Teramnus labialis* (L. f.) Spreng.

琼豆属 *Teyleria*

紫花琼豆 *Teyleria stricta* (Kurz) A. N. Egan & B. Pan bis

琼豆 *Teyleria tetragona* (Merr.) J. A. Lackey ex Maesen

野决明属 *Thermopsis*

披针叶野决明 *Thermopsis lanceolata* R. Br.

高山豆属 *Tibetia*

高山豆 *Tibetia himalaica* (Baker) H. P. Tsui

三叉刺属 *Trifidacanthus*

三叉刺 *Trifidacanthus unifoliolatus* Merr.

车轴草属 *Trifolium*

杂种车轴草 *Trifolium hybridum* L.

红车轴草 *Trifolium pratense* L.

白车轴草 *Trifolium repens* L.

胡卢巴属 *Trigonella*

胡卢巴 *Trigonella foenum-graecum* L.

狸尾豆属 *Uraria*

猫尾草 *Uraria crinita* (L.) Desv. ex DC.

狸尾豆 *Uraria lagopodioides* (L.) Desv. ex DC.

长圆叶狸尾豆 *Uraria oblonga* (Wall. ex Benth.) H. Ohashi & K. Ohashi

美花狸尾豆 *Uraria picta* (Jacq.) Desv. ex DC.

钩柄狸尾豆 *Uraria rufescens* (DC.) Schindl.

中华狸尾豆 *Uraria sinensis* (Hemsl.) Franch.

金合欢属 *Vachellia*

金合欢 *Vachellia farnesiana* (L.) Wight & Arnott

阿拉伯金合欢 *Vachellia nilotica* (L.) P. J. H. Hurter & Mabb.

野豌豆属 *Vicia*

广布野豌豆 *Vicia cracca* L.

小巢菜 *Vicia hirsuta* (L.) Gray

兵豆 *Vicia lens* (L.) Coss. & Germ.

救荒野豌豆 *Vicia sativa* L.

窄叶野豌豆 *Vicia sativa* subsp. *nigra* (L.) Ehrh.

野豌豆 *Vicia sepium* L.

四籽野豌豆　*Vicia tetrasperma* (L.) Moench
歪头菜　*Vicia unijuga* A. Br.
长柔毛野豌豆　*Vicia villosa* Roth

豇豆属　*Vigna*

乌头叶豇豆　*Vigna aconitifolia* (Jacq.) Verdc.
赤豆　*Vigna angularis* (Willd.) Ohwi & H. Ohashi
长叶豇豆　*Vigna luteola* (Jacq.) Benth.
滨豇豆　*Vigna marina* (Burm.) Merr.
贼小豆　*Vigna minima* (Roxb.) Ohwi & H. Ohashi
绿豆　*Vigna radiata* (L.) R. Wilczek
三裂叶绿豆　*Vigna radiata* var. *sublobata* (Roxb.) Verdc.
三裂叶豇豆　*Vigna trilobata* (L.) Verdc.
赤小豆　*Vigna umbellata* (Thunb.) Ohwi & Ohashi
豇豆　*Vigna unguiculata* (L.) Walp.
短豇豆　*Vigna unguiculata* subsp. *cylindrica* (L.) Verdc.
长豇豆　*Vigna unguiculata* subsp. *sesquipedalis* (L.) Verdc.
野豇豆　*Vigna vexillata* (L.) A. Rich.

紫藤属　*Wisteria*

紫藤　*Wisteria sinensis* (Sims) Sweet

夏藤属　*Wisteriopsis*

网络夏藤　*Wisteriopsis reticulata* (Benth.) J. Compton & Schrire

任豆属　*Zenia*

任豆　*Zenia insignis* Chun

丁癸草属　*Zornia*

丁癸草　*Zornia gibbosa* Span.

77. 海人树科　Surianaceae

海人树属　*Suriana*

海人树　*Suriana maritima* L.

78. 远志科　Polygalaceae

远志属　*Polygala*

华南远志　*Polygala chinensis* L.
海南远志　*Polygala hainanensis* Chun & F. C. How
瓜子金　*Polygala japonica* Houtt.
小花远志　*Polygala polifolia* C. Presl

西伯利亚远志 *Polygala sibirica* L.
红花远志 *Polygala tricholopha* Chodat
齿果草属 *Salomonia*
齿果草 *Salomonia cantoniensis* Lour.
黄叶树属 *Xanthophyllum*
黄叶树 *Xanthophyllum hainanense* Hu

79. 蔷薇科 Rosaceae

龙牙草属 *Agrimonia*
龙牙草 *Agrimonia pilosa* Ledeb.
蕨麻属 *Argentina*
蕨麻 *Argentina anserina*（L.）Rydb.
西南蕨麻 *Argentina lineata*（Trevir.）Soják
木瓜海棠属 *Chaenomeles*
贴梗海棠 *Chaenomeles speciosa*（Sweet）Nakai
栒子属 *Cotoneaster*
圆叶栒子 *Cotoneaster rotundifolius* Wall. ex Lindl.
山楂属 *Crataegus*
山楂 *Crataegus pinnatifida* Bunge
蛇莓属 *Duchesnea*
皱果蛇莓 *Duchesnea chrysantha*（Zoll. & Mor.）Miq.
蛇莓 *Duchesnea indica*（Andr.）Focke
枇杷属 *Eriobotrya*
台湾枇杷 *Eriobotrya deflexa*（Hemsl.）Nakai
枇杷 *Eriobotrya japonica*（Thunb.）Lindl.
草莓属 *Fragaria*
草莓 *Fragaria* × *ananassa*（Duchesne ex Weston）Duchesne ex Rozier
黄毛草莓 *Fragaria nilgerrensis* Schltdl. ex J. Gay
路边青属 *Geum*
路边青 *Geum aleppicum* Jacq.
柔毛路边青 *Geum japonicum* var. *chinense* F. Bolle
凯利路边青 *Geum quellyon* Sweet
棣棠属 *Kerria*
棣棠 *Kerria japonica*（L.）DC.
石楠属 *Photinia*
闽粤石楠 *Photinia benthamiana* Hance
倒卵叶石楠 *Photinia lasiogyna*（Franch.）C. K. Schneid.

委陵菜属 *Potentilla*

委陵菜 *Potentilla chinensis* Ser.

朝天委陵菜 *Potentilla supina* L.

扁核木属 *Prinsepia*

扁核木 *Prinsepia utilis* Royle

李属 *Prunus*

毛臀形果 *Prunus arborea* (Blume) Kalkman

桃 *Prunus persica* (L.) Batsch

碧桃 *Prunus persica* 'Duplex'

腺叶桂樱 *Prunus phaeosticta* (Hance) Maxim.

尖叶桂樱 *Prunus undulata* Buch. -Ham. ex D. Don

木瓜属 *Pseudocydonia*

木瓜 *Pseudocydonia sinensis* (Thouin) C. K. Schneid.

臀果木属 *Pygeum*

臀果木 *Pygeum topengii* Merr.

火棘属 *Pyracantha*

火棘 *Pyracantha fortuneana* (Maxim.) H. L. Li

梨属 *Pyrus*

沙梨 *Pyrus pyrifolia* (Burm. f.) Nakai

石斑木属 *Rhaphiolepis*

石斑木 *Rhaphiolepis indica* (L.) Lindley

细叶石斑木 *Rhaphiolepis lanceolata* H. H. Hu

蔷薇属 *Rosa*

月季花 *Rosa chinensis* Jacq.

野蔷薇 *Rosa multiflora* Thunb.

玫瑰 *Rosa rugosa* Thunb.

金樱子 *Rosa laevigata* Michx.

悬钩子属 *Rubus*

粗叶悬钩子 *Rubus alceifolius* Poiret

蛇藨筋 *Rubus cochinchinensis* Tratt.

山莓 *Rubus corchorifolius* L. f.

插田藨 *Rubus coreanus* Miq.

白花悬钩子 *Rubus leucanthus* Hance

高砂悬钩子 *Rubus nagasawanus* Koidz.

茅莓 *Rubus parvifolius* L.

梨叶悬钩子 *Rubus pirifolius* Smith

锈毛莓 *Rubus reflexus* Ker Gawl.

红腺悬钩子 *Rubus sumatranus* Miq.

灰白毛莓 *Rubus tephrodes* Hance

地榆属 *Sanguisorba*

地榆 *Sanguisorba officinalis* L.

80. 胡颓子科 Elaeagnaceae

胡颓子属 *Elaeagnus*

密花胡颓子 *Elaeagnus conferta* Roxb.

蔓胡颓子 *Elaeagnus glabra* Thunb.

角花胡颓子 *Elaeagnus gonyanthes* Benth.

牛奶子 *Elaeagnus umbellata* Thunb.

81. 鼠李科 Rhamnaceae

麦珠子属 *Alphitonia*

麦珠子 *Alphitonia incana* (Roxburgh) Teijsmann & Binnendijk ex Kurz

勾儿茶属 *Berchemia*

多花勾儿茶 *Berchemia floribunda* (Wall.) Brongn.

铁包金 *Berchemia lineata* (L.) DC.

多叶勾儿茶 *Berchemia polyphylla* Wall. ex M. A. Lawson

蛇藤属 *Colubrina*

蛇藤 *Colubrina asiatica* (L.) Brongn.

咀签属 *Gouania*

毛咀签 *Gouania javanica* Miquel

枳椇属 *Hovenia*

枳椇 *Hovenia acerba* Lindl.

北枳椇 *Hovenia dulcis* Thunb.

马甲子属 *Paliurus*

马甲子 *Paliurus ramosissimus* (Lour.) Poir.

鼠李属 *Rhamnus*

圆叶鼠李 *Rhamnus globosa* Bunge

尼泊尔鼠李 *Rhamnus napalensis* (Wall.) Laws.

雀梅藤属 *Sageretia*

雀梅藤 *Sageretia thea* (Osbeck) M. C. Johnst.

翼核果属 *Ventilago*

翼核果 *Ventilago leiocarpa* Benth.

枣属 *Ziziphus*

枣 *Ziziphus jujuba* (L.) Lam.

酸枣 *Ziziphus jujuba* var. *spinosa*（Bunge）Hu ex H. F. Chow.
球枣 *Ziziphus laui* Merr.
滇刺枣 *Ziziphus mauritiana* Lam.

82. 大麻科 Cannabaceae

糙叶树属 *Aphananthe*
滇糙叶树 *Aphananthe cuspidata*（Bl.）Planch.
大麻属 *Cannabis*
大麻 *Cannabis sativa* L.
朴属 *Celtis*
朴树 *Celtis sinensis* Pers.
假玉桂 *Celtis timorensis* Span.
白颜树属 *Gironniera*
白颜树 *Gironniera subaequalis* Planch.
葎草属 *Humulus*
葎草 *Humulus scandens*（Lour.）Merr.
山黄麻属 *Trema*
山油麻 *Trema cannabina* var. *dielsiana*（Hand.-Mazz.）C. J. Chen
山黄麻 *Trema tomentosa*（Roxb.）H. Hara

83. 桑科 Moraceae

落叶花桑属 *Allaeanthus*
落叶花桑 *Allaeanthus kurzii* Hook. f.
见血封喉属 *Antiaris*
见血封喉 *Antiaris toxicaria* Lesch.
波罗蜜属 *Artocarpus*
面包树 *Artocarpus altilis*（Parkinson）Fosberg
多籽面包树 *Artocarpus camansi* Blanco
波罗蜜 *Artocarpus heterophyllus* Lam.
白桂木 *Artocarpus hypargyreus* Hance
榴莲蜜 *Artocarpus integer*（Thunb.）Merr.
光叶桂木 *Artocarpus nitidus* Trec.
香波罗 *Artocarpus odoratissimus* Blanco
桂木 *Artocarpus parvus* Gagnep.
胭脂 *Artocarpus tonkinensis* A. Chev. ex Gagnep.
构属 *Broussonetia*
藤构 *Broussonetia kaempferi* Siebold

构　*Broussonetia papyrifera*（L.）L'Hér. ex Vent.

琉桑属　*Dorstenia*

琉桑　*Dorstenia elata* Gardn.

水蛇麻属　*Fatoua*

细齿水蛇麻　*Fatoua pilosa* Gaudich.

水蛇麻　*Fatoua villosa*（Thunb.）Nakai

榕属　*Ficus*

高山榕　*Ficus altissima* Blume

斑叶高山榕　*Ficus altissima* 'Variegata'

大果榕　*Ficus auriculata* Lour.

垂叶榕　*Ficus benjamina* L.

亚里垂榕　*Ficus binnendijkii* 'Alii'

无花果　*Ficus carica* L.

柳叶榕　*Ficus celebensis* Corner

扇叶榕　*Ficus deltoidea* Jack

枕果榕　*Ficus drupacea* Thunb.

黑叶印度榕　*Ficus elastica* 'Abidjan'

美叶印度榕　*Ficus elastica* 'Decora Tricolor'

印度榕　*Ficus elastica* Roxb. ex Hornem.

花叶印度榕　*Ficus elastica* 'Variegata'

天仙果　*Ficus erecta* Thunb.

黄毛榕　*Ficus esquiroliana* H. Lév.

水同木　*Ficus fistulosa* Reinw. ex Bl.

藤榕　*Ficus hederacea* Roxb.

山榕　*Ficus heterophylla* L. f.

尾叶榕　*Ficus heteropleura* Bl.

粗叶榕　*Ficus hirta* Vahl

对叶榕　*Ficus hispida* L. f.

黄金榕　*Ficus microcarpa* 'Golden Leaves'

榕树　*Ficus microcarpa* L. f.

九丁榕　*Ficus nervosa* B. Heyne ex Roth

琴叶榕　*Ficus pandurata* Hance

褐叶榕　*Ficus pubigera*（Wall. ex Miq.）Miq.

薜荔　*Ficus pumila* L.

聚果榕　*Ficus racemosa* L.

菩提树　*Ficus religiosa* L.

羊乳榕　*Ficus sagittata* Vahl

匍茎榕　*Ficus sarmentosa* Buch.-Ham. ex Sm.

爬藤榕　*Ficus sarmentosa* var. *impressa*（Champ.）Corner

鸡嗉子榕 *Ficus semicordata* Buch.-Ham. ex Sm.
极简榕 *Ficus simplicissima* Lour.
竹叶榕 *Ficus stenophylla* Hemsl.
笔管榕 *Ficus subpisocarpa* Gagnepain
地果 *Ficus tikoua* Bur.
染料榕 *Ficus tinctoria* Forst. f.
斜叶榕 *Ficus tinctoria* subsp. *gibbosa* (Blume) Corner
三角榕 *Ficus triangularis* Warb.
杂色榕 *Ficus variegata* Bl.
变叶榕 *Ficus variolosa* Lindl. ex Benth.
白肉榕 *Ficus vasculosa* Wall. ex Miq.
黄葛树 *Ficus virens* Aiton

橙桑属 *Maclura*

构棘 *Maclura cochinchinensis* (Loureiro) Corner

牛筋藤属 *Malaisia*

牛筋藤 *Malaisia scandens* (Lour.) Planch.

桑属 *Morus*

桑 *Morus alba* L.
奶桑 *Morus macroura* Miq.
长穗桑 *Morus wittiorum* Hand.-Mazz.

假鹊肾树属 *Pseudostreblus*

假鹊肾树 *Pseudostreblus indicus* Bureau

鹊肾树属 *Streblus*

鹊肾树 *Streblus asper* Lour.
米扬噎 *Streblus tonkinensis* (Dub. & Eberh.) Corner

刺桑属 *Taxotrophis*

刺桑 *Taxotrophis ilicifolia* (Kurz) S. Vidal
叶被木 *Taxotrophis taxoides* (B. Heyne ex Roth) Chew ex E. M. Gardner

84. 荨麻科 Urticaceae

苎麻属 *Boehmeria*

序叶苎麻 *Boehmeria clidemioides* var. *diffusa* (Wedd.) Hand.-Mazz.
野线麻 *Boehmeria japonica* (L. f.) Miq.
苎麻 *Boehmeria nivea* (L.) Gaudich.
长叶苎麻 *Boehmeria penduliflora* Wedd. ex D. G. Long
八角麻 *Boehmeria platanifolia* Franch. & Sav.

号角树属 *Cecropia*

号角树 *Cecropia peltata* L.

蝎子草属 *Girardinia*

大蝎子草 *Girardinia diversifolia* (Link) Friis

蝎子草 *Girardinia diversifolia* subsp. *suborbiculata* (C. J. Chen) C. J. Chen & Friis

糯米团属 *Gonostegia*

糯米团 *Gonostegia hirta* (Blume) Miq.

五蕊糯米团 *Gonostegia pentandra* (Roxb.) Miq.

艾麻属 *Laportea*

火焰桑叶麻 *Laportea aestuans* (L.) Chew

赤车属 *Pellionia*

长柄赤车 *Pellionia latifolia* (Blume) Boerlage

赤车 *Pellionia radicans* (Sieb. & Zucc.) Wedd.

吐烟花 *Pellionia repens* (Lour.) Merr.

蔓赤车 *Pellionia scabra* Benth.

冷水花属 *Pilea*

花叶冷水花 *Pilea cadierei* Gagnep. & Guillaumin

波缘冷水花 *Pilea cavaleriei* H. Lév.

盾基冷水花 *Pilea insolens* Wedd.

长序冷水花 *Pilea melastomoides* (Poir.) Wedd.

小叶冷水花 *Pilea microphylla* (L.) Liebm.

冷水花 *Pilea notata* C. H. Wright

泡叶冷水花 *Pilea nummulariifolia* (Sw.) Wedd.

透茎冷水花 *Pilea pumila* (L.) A. Gray

毛虾蟆草 *Pilea repens* (Sw.) Wedd.

锥头麻属 *Poikilospermum*

毛叶锥头麻 *Poikilospermum lanceolatum* (Trécul) Merr.

雾水葛属 *Pouzolzia*

美叶雾水葛 *Pouzolzia calophylla* W. T. Wang & C. J. Chen

红雾水葛 *Pouzolzia sanguinea* (Bl.) Merr.

雾水葛 *Pouzolzia zeylanica* (L.) Benn. & R. Br.

多枝雾水葛 *Pouzolzia zeylanica* var. *microphylla* (Wedd.) W. T. Wang

藤麻属 *Procris*

藤麻 *Procris crenata* C. B. Robinson

85. 壳斗科 Fagaceae

栗属 *Castanea*

栗 *Castanea mollissima* Blume

锥属 *Castanopsis*

海南锥 *Castanopsis hainanensis* Merr.

柯属 *Lithocarpus*

烟斗柯 *Lithocarpus corneus*（Lour.）Rehd.

栎属 *Quercus*

托盘青冈 *Quercus patelliformis* Chun

轮叶三棱栎属 *Trigonobalanus*

轮叶三棱栎 *Trigonobalanus verticillata* Forman

86. 杨梅科 Myricaceae

杨梅属 *Morella*

青杨梅 *Morella adenophora*（Hance）J. Herb.

香杨梅属 *Myrica*

杨梅 *Myrica rubra*（Lour.）Siebold & Zucc.

87. 胡桃科 Juglandaceae

黄杞属 *Engelhardia*

黄杞 *Engelhardia roxburghiana* Wall.

云南黄杞 *Engelhardia spicata* Lesch.

毛叶黄杞 *Engelhardia spicata* var. *integra*（Kurz）Grierson & Long

化香树属 *Platycarya*

化香树 *Platycarya strobilacea* Sieb. & Zucc.

88. 木麻黄科 Casuarinaceae

异木麻黄属 *Allocasuarina*

念珠异木麻黄 *Allocasuarina torulosa*（Aiton）L. A. S. Johnson

木麻黄属 *Casuarina*

细枝木麻黄 *Casuarina cunninghamiana* Miquel

木麻黄 *Casuarina equisetifolia* L.

粗枝木麻黄 *Casuarina glauca* Sieber ex Sprengel

89. 桦木科 Betulaceae

鹅耳枥属 *Carpinus*

短尾鹅耳枥 *Carpinus londoniana* H. J. P. Winkl.

海南鹅耳枥 *Carpinus londoniana* var. *lanceolata*（Hand.-Mazz.）P. C. Li

90. 葫芦科 Cucurbitaceae

盒子草属 *Actinostemma*

盒子草 *Actinostemma tenerum* Griff.

冬瓜属 *Benincasa*

冬瓜 *Benincasa hispida* (Thunb.) Cogn.

西瓜属 *Citrullus*

西瓜 *Citrullus lanatus* (Thunb.) Matsum. & Nakai

红瓜属 *Coccinia*

红瓜 *Coccinia grandis* (L.) Voigt

黄瓜属 *Cucumis*

刺角瓜 *Cucumis metuliferus* E. Mey. ex Schrad.

黄瓜 *Cucumis sativus* L.

南瓜属 *Cucurbita*

田野南瓜 *Cucurbita melopepo* L.

南瓜 *Cucurbita moschata* (Duchesne ex Lam.) Duchesne ex Poir.

毒瓜属 *Diplocyclos*

毒瓜 *Diplocyclos palmatus* (L.) C. Jeffrey

三棱瓜属 *Edgaria*

三棱瓜 *Edgaria darjeelingensis* C. B. Clarke

绞股蓝属 *Gynostemma*

绞股蓝 *Gynostemma pentaphyllum* (Thunb.) Makino

油渣果属 *Hodgsonia*

油渣果 *Hodgsonia heteroclita* (Roxb.) Hook. f. & Thomson

葫芦属 *Lagenaria*

葫芦 *Lagenaria siceraria* (Molina) Standl.

丝瓜属 *Luffa*

丝瓜 *Luffa aegyptiaca* Miller

番马爬属 *Melothria*

番马爬 *Melothria pendula* L.

苦瓜属 *Momordica*

短角苦瓜 *Momordica charantia* 'Abbreviata'

苦瓜 *Momordica charantia* L.

木鳖子 *Momordica cochinchinensis* (Lour.) Spreng.

凹萼木鳖 *Momordica subangulata* Bl.

帽儿瓜属 *Mukia*

帽儿瓜 *Mukia maderaspatana* (L.) M. J. Roem.

棒锤瓜属 *Neoalsomitra*

藏棒锤瓜 *Neoalsomitra clavigera* (Wall.) Hutch.

裂瓜属 *Schizopepon*

西藏裂瓜 *Schizopepon xizangensis* A. M. Lu & Z. Y. Zhang

佛手瓜属 *Sechium*

佛手瓜 *Sechium edule* (Jacq.) Swartz

茅瓜属 *Solena*

茅瓜 *Solena heterophylla* Lour.

牡蛎瓜属 *Telfairia*

西非牡蛎瓜 *Telfairia occidentalis* Hook. f.

赤瓟属 *Thladiantha*

大苞赤瓟 *Thladiantha cordifolia* (Bl.) Cogn.

齿叶赤瓟 *Thladiantha dentata* Cogn.

栝楼属 *Trichosanthes*

蛇瓜 *Trichosanthes anguina* L.

金瓜 *Trichosanthes costata* Blume

王瓜 *Trichosanthes cucumeroides* (Ser.) Maxim.

海南栝楼 *Trichosanthes cucumeroides* var. *hainanensis* (Hayata) S. K. Chen

栝楼 *Trichosanthes kirilowii* Maxim.

长萼栝楼 *Trichosanthes laceribractea* Hayata

趾叶栝楼 *Trichosanthes pedata* Merr. & Chun

红花栝楼 *Trichosanthes rubriflos* Thorel ex Cayla

凤瓜 *Trichosanthes scabra* Loureiro

马瓟儿属 *Zehneria*

纽子瓜 *Zehneria bodinieri* (H. Lév.) W. J. de Wilde & Duyfjes

马瓟儿 *Zehneria japonica* (Thunberg) H. Y. Liu

91. 秋海棠科 Begoniaceae

秋海棠属 *Begonia*

枫叶秋海棠 *Begonia acerifolia* Kunth

花叶秋海棠 *Begonia cathayana* Hemsl.

四季秋海棠 *Begonia cucullata* Willd.

巨型秋海棠 *Begonia giganticaulis* D. K. Tian & W. G. Wang

秋海棠 *Begonia grandis* Dryand.

中华秋海棠 *Begonia grandis* subsp. *sinensis* (A. DC.) Irmsch.

海南秋海棠 *Begonia hainanensis* Chun & F. Chun

香花秋海棠 *Begonia handelii* Irmsch.

红毛香花秋海棠 *Begonia handelii* var. *rubropilosa* (S. H. Huang & Y. M. Shui) C. I Peng
独活叶秋海棠 *Begonia heracleifolia* Cham. & Schltdl.
粗喙秋海棠 *Begonia longifolia* Blume
竹节秋海棠 *Begonia maculata* Raddi
斑叶竹节秋海棠 *Begonia maculata* 'Wightii'
中缅秋海棠 *Begonia medogensis* Jian W. Li
紫叶秋海棠 *Begonia palmata* × *versicolor*
裂叶秋海棠 *Begonia palmata* D. Don
盾叶秋海棠 *Begonia peltatifolia* H. L. Li
肾叶秋海棠 *Begonia reniformis* Bedd
大王秋海棠 *Begonia rex* Putz.
喙果秋海棠 *Begonia rhynchocarpa* Y. M. Shui & W. H. Chen
牛耳海棠 *Begonia sanguinea* Raddi
厚壁秋海棠 *Begonia silletensis* (A. DC.) C. B. Clarke
保亭秋海棠 *Begonia sublongipes* Y. M. Shui
大理秋海棠 *Begonia taliensis* Gagnep.
榆叶秋海棠 *Begonia ulmifolia* Willd.
五指山秋海棠 *Begonia wuzhishanensis* C. I Peng

92. 卫矛科 Celastraceae

风车果属 *Arnicratea*

风车果 *Arnicratea cambodiana* (Pierre) N. Hallé

巧茶属 *Catha*

巧茶 *Catha edulis* (Vahl) Forssk. ex Endl.

南蛇藤属 *Celastrus*

过山枫 *Celastrus aculeatus* Merr.
青江藤 *Celastrus hindsii* Benth.
灯油藤 *Celastrus paniculatus* Willd.
皱果南蛇藤 *Celastrus tonkinensis* Pitard

卫矛属 *Euonymus*

卫矛 *Euonymus alatus* (Thunb.) Sieb.
扶芳藤 *Euonymus fortunei* (Turcz.) Hand. -Mazz.
冬青卫矛 *Euonymus japonicus* Thunb.
中华卫矛 *Euonymus nitidus* Benth.
拟游藤卫矛 *Euonymus vaganoides* C. Y. Cheng ex J. S. Ma

沟瓣木属 *Glyptopetalum*

硬果沟瓣木 *Glyptopetalum sclerocarpum* (Kurz) M. A. Lawson

裸实属 *Gymnosporia*

美登木 *Gymnosporia acuminata* Hook. f.

密花美登木 *Gymnosporia confertiflora* (J. Y. Luo & X. X. Chen) M. P. Simmons

变叶裸实 *Gymnosporia diversifolia* Maxim.

吊罗裸实 *Gymnosporia tiaoloshanensis* Chun & F. C. How

假卫矛属 *Microtropis*

隐脉假卫矛 *Microtropis obscurinervia* Merr. & F. L. Freeman

扁蒴藤属 *Reissantia*

扁蒴藤 *Reissantia indica* (Willd.) N. Hallé

五层龙属 *Salacia*

阔叶五层龙 *Salacia amplifolia* Merr. ex Chun & F. C. How

海南五层龙 *Salacia hainanensis* Chun & F. C. How

无柄五层龙 *Salacia sessiliflora* Hand. -Mazz.

93. 牛栓藤科 Connaraceae

牛栓藤属 *Connarus*

牛栓藤 *Connarus paniculatus* Roxb.

单叶豆属 *Ellipanthus*

单叶豆 *Ellipanthus glabrifolius* Merr.

红叶藤属 *Rourea*

小叶红叶藤 *Rourea microphylla* (Hook. & Arn.) Planch.

94. 酢浆草科 Oxalidaceae

阳桃属 *Averrhoa*

三敛 *Averrhoa bilimbi* L.

阳桃 *Averrhoa carambola* L.

感应草属 *Biophytum*

分枝感应草 *Biophytum fruticosum* Bl.

感应草 *Biophytum sensitivum* (L.) DC.

酢浆草属 *Oxalis*

硬枝酢浆草 *Oxalis barrelieri* L.

酢浆草 *Oxalis corniculata* L.

红花酢浆草 *Oxalis corymbosa* DC.

三角紫叶酢浆草 *Oxalis triangularis* A. St. -Hil.

紫叶酢浆草 *Oxalis triangularis* 'Urpurea'

堇色酢浆草 *Oxalis violacea* L.

95. 杜英科 Elaeocarpaceae

杜英属 *Elaeocarpus*

狭叶杜英 *Elaeocarpus angustifolius* Blume

大叶杜英 *Elaeocarpus balansae* DC.

杜英 *Elaeocarpus decipiens* Hemsl.

显脉杜英 *Elaeocarpus dubius* DC.

水石榕 *Elaeocarpus hainanensis* Oliver

日本杜英 *Elaeocarpus japonicus* Sieb. & Zucc.

灰毛杜英 *Elaeocarpus limitaneus* Hand. -Mazz.

绢毛杜英 *Elaeocarpus nitentifolius* Merr. & Chun

毛果杜英 *Elaeocarpus rugosus* Roxb.

锡兰榄 *Elaeocarpus serratus* L.

大果杜英 *Elaeocarpus sikkimensis* Masters

山杜英 *Elaeocarpus sylvestris* (Lour.) Poir.

猴欢喜属 *Sloanea*

猴欢喜 *Sloanea sinensis* (Hance) Hemsl.

96. 小盘木科 Pandaceae

小盘木属 *Microdesmis*

小盘木 *Microdesmis caseariifolia* Planch. ex Hook. f.

97. 红树科 Rhizophoraceae

竹节树属 *Carallia*

竹节树 *Carallia brachiata* (Lour.) Merr.

锯叶竹节树 *Carallia diplopetala* Hand. -Mazz.

98. 古柯科 Erythroxylaceae

古柯属 *Erythroxylum*

古柯 *Erythroxylum novogranatense* (D. Morris) Hier.

东方古柯 *Erythroxylum sinense* Y. C. Wu

99. 金莲木科 Ochnaceae

赛金莲木属 *Campylospermum*

赛金莲木 *Campylospermum striatum* (Tieghem) M. C. E. Amaral

金莲木属 *Ochna*

金莲木 *Ochna integerrima* (Lour.) Merr.

桂叶黄梅 *Ochna thomasiana* Engl. & Gilg

100. 藤黄科 Clusiaceae

藤黄属 *Garcinia*

山凤果 *Garcinia celebica* L.

黄金山竹 *Garcinia humilis* (Vahl) C. D. Adams

小柠檬山竹 *Garcinia intermedia* (Pittier) Hammel

莽吉柿 *Garcinia mangostana* L.

木竹子 *Garcinia multiflora* Champ. ex Benth.

岭南山竹子 *Garcinia oblongifolia* Champ. ex Benth.

单花山竹子 *Garcinia oligantha* Merr.

金丝李 *Garcinia paucinervis* Chun ex F. C. How

大果藤黄 *Garcinia pedunculata* Roxb. ex Buch. -Ham.

菲岛福木 *Garcinia subelliptica* Merr.

油山竹 *Garcinia tonkinensis* (Baill.) Vesque

大叶藤黄 *Garcinia xanthochymus* Hook. f. ex T. Anders.

猪油果属 *Pentadesma*

猪油果 *Pentadesma butyracea* Sabine

101. 红厚壳科 Calophyllaceae

红厚壳属 *Calophyllum*

红厚壳 *Calophyllum inophyllum* L.

薄叶红厚壳 *Calophyllum membranaceum* Gardn. & Champ.

铁力木属 *Mesua*

铁力木 *Mesua ferrea* L.

102. 金丝桃科 Hypericaceae

黄牛木属 *Cratoxylum*

黄牛木 *Cratoxylum cochinchinense* (Lour.) Bl.

越南黄牛木 *Cratoxylum formosum* (Jack) Dyer

金丝桃属 *Hypericum*

地耳草 *Hypericum japonicum* Thunb. ex Murray

103. 核果木科 Putranjivaceae

核果木属 *Drypetes*

海南核果木 *Drypetes hainanensis* Merr.

104. 沟繁缕科 Elatinaceae

沟繁缕属 *Elatine*

三蕊沟繁缕 *Elatine triandra* Schkuhr

105. 金虎尾科 Malpighiaceae

盾翅藤属 *Aspidopterys*

多花盾翅藤 *Aspidopterys floribunda* Hutch.

盾翅藤 *Aspidopterys glabriuscula* (Wall.) A. Juss.

倒心盾翅藤 *Aspidopterys obcordata* Hemsl.

林咖啡属 *Bunchosia*

文雀西亚木 *Bunchosia armeniaca* DC.

异翅藤属 *Heteropterys*

狭叶异翅藤 *Heteropterys glabra* Hook. & Arn.

风筝果属 *Hiptage*

风筝果 *Hiptage benghalensis* (L.) Kurz

金虎尾属 *Malpighia*

小叶金虎尾 *Malpighia glabra* 'Fairchild'

亮叶金虎尾 *Malpighia glabra* L.

三星果属 *Tristellateia*

三星果 *Tristellateia australasiae* A. Rich.

106. 毒鼠子科 Dichapetalaceae

毒鼠子属 *Dichapetalum*

毒鼠子 *Dichapetalum gelonioides* (Roxb.) Engl.

海南毒鼠子 *Dichapetalum longipetalum* (Turcz.) Engl.

107. 可可李科 Chrysobalanaceae

可可李属 *Chrysobalanus*

可可李 *Chrysobalanus icaco* L.

108. 青钟麻科 Achariaceae

大风子属 *Hydnocarpus*

泰国大风子 *Hydnocarpus anthelminthicus* Pierre

海南大风子 *Hydnocarpus hainanensis* (Merr.) Sleum.

黑羹树属 *Pangium*

黑羹树 *Pangium edule* Reinw.

109. 堇菜科 Violaceae

鼠鞭堇属 *Afrohybanthus*

鼠鞭堇 *Afrohybanthus enneaspermus* (L.) Flicker

三角车属 *Rinorea*

三角车 *Rinorea bengalensis* (Wall.) O. Ktze.

鳞隔堇 *Rinorea virgata* (Thwaites) Kuntze

堇菜属 *Viola*

七星莲 *Viola diffusa* Ging.

长萼堇菜 *Viola inconspicua* Blume

犁头草 *Viola japonica* Langsd. ex DC.

紫花地丁 *Viola philippica* Cav.

三色堇 *Viola tricolor* L.

云南堇菜 *Viola yunnanensis* W. Becker & H. Boissieu

110. 西番莲科 Passifloraceae

蒴莲属 *Adenia*

异叶蒴莲 *Adenia heterophylla* (Bl.) Koord.

西番莲属 *Passiflora*

西番莲 *Passiflora caerulea* L.

蝙蝠西番莲 *Passiflora capsularis* L.

红苞西番莲 *Passiflora coccinea* Aubl.

蛇王藤 *Passiflora cochinchinensis* Sprengel

鸡蛋果 *Passiflora edulis* Sims

龙珠果 *Passiflora foetida* L.

尖峰西番莲 *Passiflora jianfengensis* S. M. Hwang & Q. Huang

甜百香果 *Passiflora ligularis* Juss.

红花西番莲 *Passiflora miniata* Vanderpl.

蝴蝶藤 *Passiflora papilio* H. L. Li

大果西番莲 *Passiflora quadrangularis* L.
细柱西番莲 *Passiflora suberosa* L.
时钟花属 *Turnera*
白时钟花 *Turnera subulata* Smith
时钟花 *Turnera ulmifolia* L.

111. 杨柳科 Salicaceae

山桂花属 *Bennettiodendron*
山桂花 *Bennettiodendron leprosipes* (Clos) Merr.
脚骨脆属 *Casearia*
膜叶脚骨脆 *Casearia membranacea* Hance
刺篱木属 *Flacourtia*
刺篱木 *Flacourtia indica* (Burm. f.) Merr.
大叶刺篱木 *Flacourtia rukam* Zoll. & Mor.
天料木属 *Homalium*
斯里兰卡天料木 *Homalium ceylanicum* (Gardner) Benth.
天料木 *Homalium cochinchinense* (Lour.) Druce
阔瓣天料木 *Homalium kainantense* Masamune
毛天料木 *Homalium mollissimum* Merr.
柳属 *Salix*
垂柳 *Salix babylonica* L.
台湾水柳 *Salix warburgii* Seemen
箣柊属 *Scolopia*
黄杨叶箣柊 *Scolopia buxifolia* Gagnep.
箣柊 *Scolopia chinensis* (Lour.) Clos
广东箣柊 *Scolopia saeva* (Hance) Hance

112. 大戟科 Euphorbiaceae

铁苋菜属 *Acalypha*
铁苋菜 *Acalypha australis* L.
陈氏铁苋菜 *Acalypha chuniana* H. G. Ye, Y. S. Ye, X. S. Qin & F. W. Xing
红穗铁苋菜 *Acalypha hispida* Burm. f.
热带铁苋菜 *Acalypha indica* L.
麻叶铁苋菜 *Acalypha lanceolata* Willd.
红桑 *Acalypha wilkesiana* Müll. Arg.
银边红桑 *Acalypha wilkesiana* 'Mustrata'

山麻秆属　*Alchornea*

羽脉山麻秆　*Alchornea rugosa*（Lour.）Müll. Arg.

红背山麻秆　*Alchornea trewioides*（Benth.）Müll. Arg.

石栗属　*Aleurites*

石栗　*Aleurites moluccanus*（L.）Willd.

斑籽木属　*Baliospermum*

西藏斑籽木　*Baliospermum bilobatum* T. L. Chin

斑籽木　*Baliospermum solanifolium*（Burm.）Suresh

留萼木属　*Blachia*

留萼木　*Blachia pentzii*（Müll. Arg.）Benth.

海南留萼木　*Blachia siamensis* Gagnepain

肥牛树属　*Cephalomappa*

肥牛树　*Cephalomappa sinensis*（Chun & F. C. How）Kosterm.

白桐树属　*Claoxylon*

海南白桐树　*Claoxylon hainanense* Pax & Hoffm.

白桐树　*Claoxylon indicum*（Reinw. ex Bl.）Hassk.

蝴蝶果属　*Cleidiocarpon*

蝴蝶果　*Cleidiocarpon cavaleriei*（H. Lév.）Airy Shaw

棒柄花属　*Cleidion*

棒柄花　*Cleidion brevipetiolatum* Pax & K. Hoffm.

粗毛藤属　*Cnesmone*

灰岩粗毛藤　*Cnesmone tonkinensis*（Gagnep.）Croiz.

花棘麻属　*Cnidoscolus*

乌头叶花棘麻　*Cnidoscolus aconitifolius* I. M. Johnst.

变叶木属　*Codiaeum*

变叶木　*Codiaeum variegatum*（L.）Blume

撒金变叶木　*Codiaeum variegatum* 'Aureo Maculatum'

金光变叶木　*Codiaeum variegatum* 'Chrysophyllum'

戟叶变叶木　*Codiaeum variegatum* 'Excellent'

扭叶变叶木　*Codiaeum variegatum* f. *crispum* Müll. Arg.

彩霞变叶木　*Codiaeum variegatum* 'Indian Blanket'

飞燕变叶木　*Codiaeum variegatum* 'Interruptum'

砂子剑变叶木　*Codiaeum variegatum* 'Maculatum'

螺旋叶变叶木　*Codiaeum variegatum* 'Tortilis Major'

巴豆属　*Croton*

银叶巴豆　*Croton cascarilloides* Raeusch.

鸡骨香　*Croton crassifolius* Geisel.

硬毛巴豆　*Croton hirtus* L'Hér.

越南巴豆 *Croton kongensis* Gagnep.
光叶巴豆 *Croton laevigatus* Vahl
海南巴豆 *Croton laui* Merr. & Metc.
榄绿巴豆 *Croton lauioides* Radcliffe-Smith & Govaerts
曼哥龙巴豆 *Croton persimilis* Müll. Arg.
巴豆 *Croton tiglium* L.

东京桐属 *Deutzianthus*

东京桐 *Deutzianthus tonkinensis* Gagnep.

黄桐属 *Endospermum*

黄桐 *Endospermum chinense* Benth.

苞轮桐属 *Epiprinus*

风轮桐 *Epiprinus siletianus*（Baill.）Croiz.

轴花木属 *Erismanthus*

轴花木 *Erismanthus sinensis* Oliv.

大戟属 *Euphorbia*

大戟阁 *Euphorbia ammak* Schweinf.
火殃簕 *Euphorbia antiquorum* L.
海滨大戟 *Euphorbia atoto* G. Forst.
紫锦木 *Euphorbia cotinifolia* L.
猩猩草 *Euphorbia cyathophora* Murr.
禾叶大戟 *Euphorbia graminea* Jacq.
麒麟冠 *Euphorbia grandicornis* Blanc
海南大戟 *Euphorbia hainanensis* Croizat
白苞猩猩草 *Euphorbia heterophylla* L.
飞扬草 *Euphorbia hirta* L.
通奶草 *Euphorbia hypericifolia* L.
彩春峰 *Euphorbia lactea* f. *cristata* Hort. Haw.
续随子 *Euphorbia lathyris* L.
白雪木 *Euphorbia leucocephala* Lotsy
银边翠 *Euphorbia marginata* Pursh
铁海棠 *Euphorbia milii* Des Moul.
虎刺梅 *Euphorbia milii* var. *splendens*（Bojer ex Hook.）Ursch & Leandri
金刚纂 *Euphorbia neriifolia* L.
匍匐大戟 *Euphorbia prostrata* Ait.
深红一品红 *Euphorbia pulcherrima* 'Annette Hegg'
一品红 *Euphorbia pulcherrima* Willd. ex Klotzsch
霸王鞭 *Euphorbia royleana* Boiss.
千根草 *Euphorbia thymifolia* L.

绿玉树　*Euphorbia tirucalli* L.
彩云阁　*Euphorbia trigona* Mill.
海漆属　*Excoecaria*
红背桂　*Excoecaria cochinchinensis* Lour.
绿背桂花　*Excoecaria cochinchinensis* var. *formosana* (Hayata) Hurus.
异序乌桕属　*Falconeria*
异序乌桕　*Falconeria insignis* Royle
构桐属　*Garcia*
嘎西木　*Garcia nutans* Roht
粗毛野桐属　*Hancea*
粗毛野桐　*Hancea hookeriana* Seem.
橡胶树属　*Hevea*
本氏橡胶树　*Hevea benthamiana* Müll. Arg.
橡胶树　*Hevea brasiliensis* (Willd. ex A. Juss.) Müll. Arg.
光叶橡胶树　*Hevea nitida* Mart. ex Müll. Arg.
漆状橡胶树　*Hevea nitida* var. *toxicodendroides* (R. E. Schult. & Vinton) R. E. Schult.
少花橡胶树　*Hevea pauciflora* (Spruce ex Benth.) Müll. Arg.
亚马孙橡胶树　*Hevea spruceana* (Benth.) Müll. Arg.
水柳属　*Homonoia*
水柳　*Homonoia riparia* Lour.
响盒子属　*Hura*
响盒子　*Hura crepitans* L.
麻风树属　*Jatropha*
麻风树　*Jatropha curcas* L.
棉叶珊瑚花　*Jatropha gossypiifolia* L.
变叶珊瑚花　*Jatropha integerrima* Jacq.
红珊瑚　*Jatropha multifida* L.
佛肚树　*Jatropha podagrica* Hook.
白茶树属　*Koilodepas*
白茶树　*Koilodepas hainanense* (Merr.) Airy Shaw.
血桐属　*Macaranga*
中平树　*Macaranga denticulata* (Bl.) Müll. Arg.
鼎湖血桐　*Macaranga sampsonii* Hance
光血桐　*Macaranga tanarius* (L.) Müll. Arg.
血桐　*Macaranga tanarius* var. *tomentosa* (Blume) Müll. Arg.
野桐属　*Mallotus*
锈毛野桐　*Mallotus anomalus* Merr. & Chun
白背叶　*Mallotus apelta* (Lour.) Müll. Arg.

海南野桐 *Mallotus lanceolatus* (Gagnep.) Airy Shaw
白楸 *Mallotus paniculatus* (Lam.) Müll. Arg.
山苦茶 *Mallotus peltatus* (Geiseler) Müll. Arg.
粗糠柴 *Mallotus philippensis* (Lam.) Müll. Arg.
石岩枫 *Mallotus repandus* (Willd.) Müll. Arg.
野桐 *Mallotus tenuifolius* Pax
云南野桐 *Mallotus yunnanensis* Pax & K. Hoffm.

木薯属 *Manihot*

木薯 *Manihot esculenta* Crantz
花叶木薯 *Manihot esculenta* 'Variegata'

地构桐属 *Micrococca*

地构桐 *Micrococca mercurialis* (L.) Benth.

地杨桃属 *Microstachys*

地杨桃 *Microstachys chamaelea* (L.) Müll. Arg.

叶轮木属 *Ostodes*

叶轮木 *Ostodes paniculata* Bl.

红雀珊瑚属 *Pedilanthus*

红雀珊瑚 *Pedilanthus tithymaloides* (L.) Poit.
蜈蚣珊瑚 *Pedilanthus tithymaloides* 'Nanus'
斑叶红雀珊瑚 *Pedilanthus tithymaloides* 'Variegata'

星油藤属 *Plukenetia*

星油藤 *Plukenetia volubilis* L. f.

三籽桐属 *Reutealis*

三籽桐 *Reutealis trisperma* (Blanco) Airy Shaw

蓖麻桐属 *Ricinodendron*

蓖麻桐 *Ricinodendron heudelotii* (Baill.) Heckel

蓖麻属 *Ricinus*

蓖麻 *Ricinus communis* L.

守宫木属 *Sauropus*

守宫木 *Sauropus androgynus* (L.) Merr.
长梗守宫木 *Sauropus macranthus* Hassk.
龙脷叶 *Sauropus spatulifolius* Beille

宿萼木属 *Strophioblachia*

宿萼木 *Strophioblachia fimbricalyx* Boerl.

白树属 *Suregada*

白树 *Suregada multiflora* (A. Juss.) Baill.

滑桃树属 *Trevia*

滑桃树 *Trevia nudiflora* L.

乌桕属 *Triadica*

山乌桕 *Triadica cochinchinensis* Lour.

乌桕 *Triadica sebifera*（L.）Small

三宝木属 *Trigonostemon*

三宝木 *Trigonostemon chinensis* Merr.

异叶三宝木 *Trigonostemon flavidus* Gagnepain

黄花三宝木 *Trigonostemon fragilis*（Gagnepain）Airy Shaw

长梗三宝木 *Trigonostemon thyrsoideus* Stapf

剑叶三宝木 *Trigonostemon xyphophylloides*（Croiz.）L. K. Dai & T. L. Wu

油桐属 *Vernicia*

木油桐 *Vernicia montana* Lour.

113. 亚麻科 Linaceae

异腺草属 *Anisadenia*

异腺草 *Anisadenia pubescens* Griff.

石海椒属 *Reinwardtia*

石海椒 *Reinwardtia indica* Dumort.

114. 叶下珠科 Phyllanthaceae

喜光花属 *Actephila*

喜光花 *Actephila merrilliana* Chun

短柄喜光花 *Actephila subsessilis* Gagnep.

五月茶属 *Antidesma*

西南五月茶 *Antidesma acidum* Retz.

五月茶 *Antidesma bunius*（L.）Spreng.

黄毛五月茶 *Antidesma fordii* Hemsl.

方叶五月茶 *Antidesma ghaesembilla* Gaertn.

海南五月茶 *Antidesma hainanense* Merr.

多花五月茶 *Antidesma maclurei* Merr.

山地五月茶 *Antidesma montanum* Bl.

银柴属 *Aporosa*

银柴 *Aporosa dioica*（Roxb.）Müll. Arg.

大沙木 *Aporosa octandra*（Buch. -Ham. ex D. Don）Vickery

木奶果属 *Baccaurea*

木奶果 *Baccaurea ramiflora* Loureiro

秋枫属 *Bischofia*

秋枫 *Bischofia javanica* Blume

重阳木 *Bischofia polycarpa* (H. Lév.) Airy Shaw

黑面神属 *Breynia*

丽叶守宫木 *Breynia amoebiflora* (Airy Shaw) Welzen & Pruesapan

二列黑面神 *Breynia disticha* J. R. Forst. & G. Forst.

黑面神 *Breynia fruticosa* (L.) Hook. f.

长圆叶黑面神 *Breynia oblongifolia* (Müll. Arg.) Müll. Arg.

小叶黑面神 *Breynia vitis-idaea* (Burm. f.) C. E. C. Fisch.

土蜜树属 *Bridelia*

禾串树 *Bridelia balansae* Tutcher

土蜜树 *Bridelia tomentosa* Bl.

闭花木属 *Cleistanthus*

东方闭花木 *Cleistanthus concinnus* Croizat

闭花木 *Cleistanthus sumatranus* (Miq.) Müll. Arg.

白饭树属 *Flueggea*

白饭树 *Flueggea virosa* (Roxb. ex Willd.) Voigt

算盘子属 *Glochidion*

红算盘子 *Glochidion coccineum* (Buch.-Ham.) Müll. Arg.

毛果算盘子 *Glochidion eriocarpum* Champ. ex Benth.

厚叶算盘子 *Glochidion hirsutum* (Roxb.) Voigt

艾胶算盘子 *Glochidion lanceolarium* (Roxb.) Voigt

算盘子 *Glochidion puberum* (L.) Hutch.

圆果算盘子 *Glochidion sphaerogynum* (Müll. Arg.) Kurz

里白算盘子 *Glochidion triandrum* (Blanco) C. B. Rob.

白背算盘子 *Glochidion wrightii* Benth.

香港算盘子 *Glochidion zeylanicum* (Gaertn.) A. Juss.

雀舌木属 *Leptopus*

雀儿舌头 *Leptopus chinensis* (Bunge) Pojark.

海南雀舌木 *Leptopus hainanensis* (Merr. & chun) Pojark.

红叶下珠属 *Nymphanthus*

海南叶下珠 *Nymphanthus hainanensis* (Merr.) R. W. Bouman

单花水油甘 *Nymphanthus nanellus* (P. T. Li) R. W. Bouman

叶下珠属 *Phyllanthus*

西印度醋栗 *Phyllanthus acidus* (L.) Skeel

苦味叶下珠 *Phyllanthus amarus* Schumacher & Thonning

越南叶下珠 *Phyllanthus cochinchinensis* (Lour.) Spreng.

余甘子 *Phyllanthus emblica* L.

瘤腺叶下珠 *Phyllanthus myrtifolius* (Wight) Müll. Arg.

珠子草 *Phyllanthus niruri* L.

小果叶下珠 *Phyllanthus reticulatus* Poir.
水油甘 *Phyllanthus rheophyticus* M. G. Gilbert & P. T. Li
纤梗叶下珠 *Phyllanthus tenellus* Roxb.
红叶下珠 *Phyllanthus tsiangii* P. T. Li
叶下珠 *Phyllanthus urinaria* L.
黄珠子草 *Phyllanthus virgatus* G. Forst.

115. 牻牛儿苗科 Geraniaceae

老鹳草属 *Geranium*
野老鹳草 *Geranium carolinianum* L.
尼泊尔老鹳草 *Geranium nepalense* Sweet
鼠掌老鹳草 *Geranium sibiricum* L.
天竺葵属 *Pelargonium*
香叶天竺葵 *Pelargonium graveolens* L'Hér.
天竺葵 *Pelargonium hortorum* L. H. Bailey
小花天竺葵 *Pelargonium inquinans*（L.）L'Hér.
盾叶天竺葵 *Pelargonium peltatum*（L.）L'Hér.

116. 使君子科 Combretaceae

榆绿木属 *Anogeissus*
榆绿木 *Anogeissus acuminata*（Roxb. ex DC.）Guill.
风车子属 *Combretum*
泰国粉扑藤 *Combretum constrictum*（Benth.）M. A. Lawson
使君子 *Combretum indicum*（L.）Jongkind
长毛风车子 *Combretum pilosum* Roxb.
盾鳞风车子 *Combretum punctatum* Bl.
桤果木属 *Conocarpus*
桤果木 *Conocarpus erectus* L.
对叶榄李属 *Laguncularia*
对叶榄李 *Laguncularia racemosa*（L.）C. F. Gaertn.
榄李属 *Lumnitzera*
榄李 *Lumnitzera racemosa* Willd.
榄仁属 *Terminalia*
阿江榄仁 *Terminalia arjuna*（Roxb. ex DC.）Wight & Arn.
毗黎勒 *Terminalia bellirica*（Gaertn.）Roxb.
红叶榄仁 *Terminalia carolinensis* Kaneh.

榄仁 *Terminalia catappa* L.
诃子 *Terminalia chebula* Retz.
微毛诃子 *Terminalia chebula* var. *tomentella* (Kurz) C. B. Clarke
卵果榄仁 *Terminalia muelleri* Benth.
千果榄仁 *Terminalia myriocarpa* Van Heurck & Müll. Arg.
小叶榄仁 *Terminalia neotaliala* Capuron
海南榄仁 *Terminalia nigrovenulosa* Pierre
萨摩亚榄仁 *Terminalia samoensis* Rech.
艳丽榄仁 *Terminalia superba* Engl. & Diels
毛榄仁 *Terminalia tomentosa* Wight & Arn.

117. 千屈菜科 Lythraceae

水苋菜属 *Ammannia*
耳基水苋菜 *Ammannia auriculata* Willdenow
多花水苋菜 *Ammannia multiflora* Roxb.
萼距花属 *Cuphea*
香膏萼距花 *Cuphea carthagenensis* (Jacq.) J. F. Macbr.
细叶萼距花 *Cuphea hyssopifolia* Kunth
火红萼距花 *Cuphea platycentra* Lem.
八宝树属 *Duabanga*
八宝树 *Duabanga grandiflora* (Roxb. ex DC.) Walp.
紫薇属 *Lagerstroemia*
毛萼紫薇 *Lagerstroemia balansae* Koehne
紫薇 *Lagerstroemia indica* L.
红薇 *Lagerstroemia indica* 'Rubra'
小果紫薇 *Lagerstroemia minuticarpa* Debb. ex P. C. Kanjilal
大花紫薇 *Lagerstroemia speciosa* (L.) Pers.
毛紫薇 *Lagerstroemia villosa* Wall. ex Kurz
散沫花属 *Lawsonia*
散沫花 *Lawsonia inermis* L.
千屈菜属 *Lythrum*
千屈菜 *Lythrum salicaria* L.
水芫花属 *Pemphis*
水芫花 *Pemphis acidula* J. R. Forst. & G. Forst.
石榴属 *Punica*
石榴 *Punica granatum* L.
节节菜属 *Rotala*
圆叶节节菜 *Rotala rotundifolia* (Buch.-Ham. ex Roxb.) Koehne

海桑属 *Sonneratia*

杯萼海桑 *Sonneratia alba* J. Smith

无瓣海桑 *Sonneratia apetala* Buch. -Ham.

海桑 *Sonneratia caseolaris* (L.) Engl.

虾子花属 *Woodfordia*

虾子花 *Woodfordia fruticosa* (L.) Kurz

118. 柳叶菜科 Onagraceae

柳兰属 *Chamerion*

柳兰 *Chamerion angustifolium* (L.) Holub

仙女扇属 *Clarkia*

古代稀 *Clarkia amoena* (Lehm.) A. Nelson & J. F. Macbr.

仙女扇 *Clarkia pulchella* Pursh

柳叶菜属 *Epilobium*

柳叶菜 *Epilobium hirsutum* L.

倒挂金钟属 *Fuchsia*

倒挂金钟 *Fuchsia hybrida* Hort. ex Sieb. & Voss.

丁香蓼属 *Ludwigia*

台湾水龙 *Ludwigia* × *taiwanensis* C. I. Peng

水龙 *Ludwigia adscendens* (L.) Hara

翼茎水龙 *Ludwigia decurrens* Walter

草龙 *Ludwigia hyssopifolia* (G. Don) Exell

毛草龙 *Ludwigia octovalvis* (Jacq.) Raven

细花丁香蓼 *Ludwigia perennis* L.

丁香蓼 *Ludwigia prostrata* Roxb.

菱叶丁香蓼 *Ludwigia sedioides* (Humb. & Bonpl.) H. Hara

月见草属 *Oenothera*

粉花月见草 *Oenothera rosea* L'Hér. ex Ait.

119. 桃金娘科 Myrtaceae

岗松属 *Baeckea*

岗松 *Baeckea frutescens* L.

红千层属 *Callistemon*

美花红千层 *Callistemon citrinus* (Curtis) Skeels

阔叶红千层 *Callistemon citrinus* 'Splendens'

红千层 *Callistemon rigidus* R. Br.

垂枝红千层 *Callistemon viminalis* (Soland.) Cheel.

伞房桉属 *Corymbia*

伞房桉 *Corymbia gummifera* (Gaertn.) K. D. Hill & L. A. S. Johnson

子楝树属 *Decaspermum*

子楝树 *Decaspermum gracilentum* (Hance) Merr. & L. M. Perry

海南子楝树 *Decaspermum hainanense* (Merrill) Merrill

桉属 *Eucalyptus*

栓皮桉 *Eucalyptus beyeri* R. T. Baker

赤桉 *Eucalyptus camaldulensis* Dehnh.

柠檬桉 *Eucalyptus citriodora* Hook.

大桉 *Eucalyptus grandis* W. Hill ex Maiden

斑皮桉 *Eucalyptus maculata* Hook.

圆锥花桉 *Eucalyptus paniculata* Smith

斑叶桉 *Eucalyptus punctata* DC.

桉 *Eucalyptus robusta* Smith

野桉 *Eucalyptus rudis* Endl.

柳叶桉 *Eucalyptus saligna* Smith

细叶桉 *Eucalyptus tereticornis* Smith

番樱桃属 *Eugenia*

巴西番樱桃 *Eugenia brasiliensis* Lam.

短萼番樱桃 *Eugenia reinwardtiana* (Blume) DC.

具柄番樱桃 *Eugenia stipitata* McVaugh

番樱桃属一种* *Eugenia tinifolia* Lam.

红果仔 *Eugenia uniflora* L.

红胶木属 *Lophostemon*

红胶木 *Lophostemon confertus* (R. Brown) Peter G. Wilson & J. T. Waterhouse

白千层属 *Melaleuca*

互叶白千层 *Melaleuca alternifolia* Cheel

原白千层 *Melaleuca cajuputi* Maton & Sm. ex R. Powell

白千层 *Melaleuca cajuputi* subsp. *cumingiana* (Turczaninow) Barlow

多香果属 *Pimenta*

药用多香果 *Pimenta officinalis* Lindl.

众香 *Pimenta racemosa* (Mill.) J. W. Moore

树番樱属 *Plinia*

嘉宝果 *Plinia cauliflora* (Mart.) Kausel

番石榴属 *Psidium*

草莓番石榴 *Psidium cattleianum* Afzel. ex Sabine

番石榴 *Psidium guajava* L.

---

* 此品种尚未确定中文名称。——编者注

玫瑰木属 *Rhodamnia*

玫瑰木 *Rhodamnia dumetorum* (DC.) Merr. & L. M. Perry

海南玫瑰木 *Rhodamnia dumetorum* var. *hainanensis* Merr. & Perry

桃金娘属 *Rhodomyrtus*

桃金娘 *Rhodomyrtus tomentosa* (Ait.) Hassk.

蒲桃属 *Syzygium*

肖蒲桃 *Syzygium acuminatissimum* (Blume) DC.

丁香蒲桃 *Syzygium aromaticum* (L.) Merr. & L. M. Perry

白果莲雾 *Syzygium* 'Baiguo'

黑嘴蒲桃 *Syzygium bullockii* (Hance) Merr. & L. M. Perry

赤楠 *Syzygium buxifolium* Hook. & Arn.

钟花蒲桃 *Syzygium campanulatum* Korth.

大叶丁香蒲桃 *Syzygium caryophyllatum* Alston

乌墨 *Syzygium cumini* (L.) Skeels

水竹蒲桃 *Syzygium fluviatile* (Hemsl.) Merr. & L. M. Perry

短药蒲桃 *Syzygium globiflorum* (Craib) Chantaran. & J. Parn.

海南蒲桃 *Syzygium hainanense* H. T. Chang & R. H. Miao

红鳞蒲桃 *Syzygium hancei* Merr. & L. M. Perry

蒲桃 *Syzygium jambos* (L.) Alston

山蒲桃 *Syzygium levinei* (Merr.) Merr. & L. M. Perry

马六甲蒲桃 *Syzygium malaccense* (L.) Merr. & L. M. Perry

阔叶蒲桃 *Syzygium megacarpum* (Craib) Rathakrishnan & N. C. Nair

水翁蒲桃 *Syzygium nervosum* DC.

红枝蒲桃 *Syzygium rehderianum* Merr. & L. M. Perry

洋蒲桃 *Syzygium samarangense* (Blume) Merr. & L. M. Perry

硬叶蒲桃 *Syzygium sterrophyllum* Merr. & L. M. Perry

方枝蒲桃 *Syzygium tephrodes* (Hance) Merr. & L. M. Perry

西藏蒲桃 *Syzygium xizangense* H. T. Chang & R. H. Miao

金缨木属 *Xanthostemon*

金蒲桃 *Xanthostemon chrysanthus* (F. Muell.) Benth.

120. 野牡丹科 Melastomataceae

柏拉木属 *Blastus*

柏拉木 *Blastus cochinchinensis* Lour.

肋藤丹属 *Dissochaeta*

藤牡丹 *Dissochaeta barbata* (Triana ex C. B. Clarke) Karton.

湿地棯属 *Heterotis*

蔓性野牡丹 *Heterotis rotundifolia* (Smith.) Jacq. -Fél.

美丁花属 *Medinilla*

附生美丁花 *Medinilla arboricola* F. C. How

粉苞酸脚杆 *Medinilla magnifica* Lindl.

野牡丹属 *Melastoma*

枝毛野牡丹 *Melastoma dendrisetosum* C. Chen

地棯 *Melastoma dodecandrum* Lour.

细叶野牡丹 *Melastoma intermedium* Dunn

印度野牡丹 *Melastoma malabathricum* L.

紫毛野牡丹 *Melastoma penicillatum* Naud.

毛棯 *Melastoma sanguineum* Sims

谷木属 *Memecylon*

谷木 *Memecylon ligustrifolium* Champ.

黑叶谷木 *Memecylon nigrescens* Hook. & Arn.

细叶谷木 *Memecylon scutellatum* (Lour.) Hook. & Arn.

金锦香属 *Osbeckia*

蚂蚁花 *Osbeckia nepalensis* Hook. f.

白蚂蚁花 *Osbeckia nepalensis* var. *albiflora* Lindl.

星毛金锦香 *Osbeckia stellata* Buch.-Ham. ex D. Don

尖子木属 *Oxyspora*

墨脱尖子木 *Oxyspora cernua* (Roxburgh) J. D. Hooker & Thomson ex Triana

尖子木 *Oxyspora paniculata* (D. Don) DC.

锦香草属 *Phyllagathis*

平卧锦香草 *Phyllagathis prostrata* C. Hansen

光荣树属 *Pleroma*

艳紫光荣树 *Pleroma urvilleanum* (DC.) P. J. F. Guim. & Michelang.

肉穗草属 *Sarcopyramis*

肉穗草 *Sarcopyramis bodinieri* H. Lév. & Vaniot

楮头红 *Sarcopyramis napalensis* Wallich

卷花丹属 *Scorpiothyrsus*

红毛卷花丹 *Scorpiothyrsus erythrotrichus* (Merr. & Chun) H. L. Li

卷花丹 *Scorpiothyrsus xanthostictus* (Merr. & Chun) H. L. Li

蜂斗草属 *Sonerila*

蜂斗草 *Sonerila cantonensis* Stapf

直立蜂斗草 *Sonerila erecta* Jack

海南蜂斗草 *Sonerila hainanensis* Merr.

蒂牡花属 *Tibouchina*

蒂牡花 *Tibouchina aspera* Aubl.

银毛蒂牡花 *Tibouchina aspera* var. *asperrima* Cogn.

角茎野牡丹　*Tibouchina granulosa*（Desr.）Cogn.

巴西野牡丹　*Tibouchina semidecandra*（Mart. & Schrank ex DC.）Cogn.

121. 省沽油科　Staphyleaceae

野鸦椿属　*Euscaphis*

野鸦椿　*Euscaphis japonica*（Thunb.）Kanitz

山香圆属　*Turpinia*

山香圆　*Turpinia montana*（Bl.）Kurz

122. 橄榄科　Burseraceae

乳香树属　*Boswellia*

乳香树　*Boswellia serrata* Roxb.

橄榄属　*Canarium*

橄榄　*Canarium album*（Lour.）DC.

爪哇橄榄　*Canarium indicum* L.

乌榄　*Canarium pimela* K. D. Koenig

毛叶榄　*Canarium subulatum* Guill.

锡兰橄榄　*Canarium zeylanicum*（Retz.）Blume

梨榄属　*Pachylobus*

梨榄　*Pachylobus edulis* G. Don

123. 漆树科　Anacardiaceae

岭南酸枣属　*Allospondias*

岭南酸枣　*Allospondias lakonensis*（Pierre）Stapf

腰果属　*Anacardium*

腰果　*Anacardium occidentale* L.

士打树属　*Bouea*

枇杷杧果　*Bouea macrophylla* Griff.

山檨子属　*Buchanania*

小叶山檨子　*Buchanania microphylla* Engl.

南酸枣属　*Choerospondias*

南酸枣　*Choerospondias axillaris*（Roxb.）B. L. Burtt & A. W. Hill

人面子属　*Dracontomelon*

人面子　*Dracontomelon duperreanum* Pierre

大果人面子　*Dracontomelon macrocarpum* H. L. Li

厚皮树属 *Lannea*

厚皮树 *Lannea coromandelica*（Houtt.）Merr.

杧果属 *Mangifera*

异味杧果 *Mangifera foetida* Lour.

杧果 *Mangifera indica* L.

长梗杧果 *Mangifera laurina* Blume

香花芒 *Mangifera odorata* Griff.

天桃木 *Mangifera persiciforma* C. Y. Wu & T. L. Ming

黄连木属 *Pistacia*

乳香黄连木 *Pistacia lentiscus* L.

清香木 *Pistacia weinmanniifolia* J. Poisson ex Franchet

盐麸木属 *Rhus*

盐麸木 *Rhus chinensis* Mill.

滨盐麸木 *Rhus chinensis* var. *roxburghii*（DC）. Rehd.

肖乳香属 *Schinus*

肖乳香 *Schinus molle* L.

巴西肖乳香 *Schinus terebinthifolia* Raddi

槟榔青属 *Spondias*

食用槟榔青 *Spondias dulcis* Parkinson

槟榔青 *Spondias pinnata*（L. f.）Kurz

漆树属 *Toxicodendron*

野漆 *Toxicodendron succedaneum*（L.）Kuntze

124. 无患子科 Sapindaceae

槭属 *Acer*

罗浮槭 *Acer fabri* Hance

十蕊槭 *Acer laurinum* Hasskarl

红枫 *Acer palmatum* 'Atropurpureum'

异木患属 *Allophylus*

异木患 *Allophylus viridis* Radlk.

细子龙属 *Amesiodendron*

细子龙 *Amesiodendron chinense*（Merr.）Hu

滨木患属 *Arytera*

滨木患 *Arytera littoralis* Bl.

咸鱼果属 *Blighia*

西非荔枝果 *Blighia sapida* K. D. Koenig

倒地铃属　*Cardiospermum*

倒地铃　*Cardiospermum halicacabum* L.

茶条木属　*Delavaya*

茶条木　*Delavaya toxocarpa* Franch.

龙眼属　*Dimocarpus*

龙眼　*Dimocarpus longan* Lour.

车桑子属　*Dodonaea*

车桑子　*Dodonaea viscosa*（L.）Jacq.

栾属　*Koelreuteria*

复羽叶栾　*Koelreuteria bipinnata* Franch.

台湾栾　*Koelreuteria elegans* subsp. *formosana*（Hayata）F. G. Mey.

栾　*Koelreuteria paniculata* Laxm.

鳞花木属　*Lepisanthes*

可爱鳞花木　*Lepisanthes amoena*（Hassk.）Leenh.

鳞花木　*Lepisanthes hainanensis* H. S. Lo

赛木患　*Lepisanthes oligophylla*（Merrill & Chun）N. H. Xia & Gadek

赤才　*Lepisanthes rubiginosa*（Roxburgh）Leenhouts

爪耳木　*Lepisanthes unilocularis* Leenh.

荔枝属　*Litchi*

妃子笑　*Litchi chinensis* 'Feizixiao'

荔枝　*Litchi chinensis* Sonn.

凤目栾属　*Majidea*

凤目栾　*Majidea zanguebarica* J. Kirk ex Oliv.

柄果木属　*Mischocarpus*

柄果木　*Mischocarpus sundaicus* Bl.

韶子属　*Nephelium*

红毛丹　*Nephelium lappaceum* L.

葡萄山荔枝　*Nephelium ramboutan-ake*（Labill.）Leenh.

海南韶子　*Nephelium topengii*（Merr.）H. S. Lo

假韶子属　*Paranephelium*

海南假韶子　*Paranephelium hainanense* H. S. Lo

醒神藤属　*Paullinia*

醒神藤　*Paullinia cupana* Kunth

番龙眼属　*Pometia*

番龙眼　*Pometia pinnata* J. R. Forst. & G. Forst.

无患子属　*Sapindus*

无患子　*Sapindus saponaria* L.

三叶无患子　*Sapindus trifoliatus* L.

125. 芸香科 Rutaceae

山油柑属 *Acronychia*

山油柑 *Acronychia pedunculata* (L.) Miq.

木橘属 *Aegle*

木橘 *Aegle marmelos* (L.) Corrêa

酒饼簕属 *Atalantia*

酒饼簕 *Atalantia buxifolia* (Poir.) Oliv.

广东酒饼簕 *Atalantia kwangtungensis* Merr.

香肉果属 *Casimiroa*

香肉果 *Casimiroa edulis* La Llave

柑橘属 *Citrus*

酸橙 *Citrus* × *aurantium* Siebold & Zucc. ex Engl.

香水柠檬 *Citrus* × *limon* 'Rosso'

四季橘 *Citrus* × *microcarpa* Bunge

指橙 *Citrus australasica* F. Muell.

金柑 *Citrus japonica* Thunb.

黎檬 *Citrus limonia* Osb.

柚 *Citrus maxima* (Burm.) Merr.

沙田柚 *Citrus maxima* 'Shatian Yu'

佛手 *Citrus medica* 'Fingered'

香橼 *Citrus medica* L.

柑橘 *Citrus reticulata* Blanco

甜橙 *Citrus sinensis* (L.) Osbeck

黄皮属 *Clausena*

细叶黄皮 *Clausena anisum-olens* (Blanco) Merr.

齿叶黄皮 *Clausena dunniana* H. Lév.

小黄皮 *Clausena emarginata* C. C. Huang

假黄皮 *Clausena excavata* Burm. f.

海南黄皮 *Clausena hainanensis* C. C. Huang & F. W. Xing

黄皮 *Clausena lansium* (Lour.) Skeels

光滑黄皮 *Clausena lenis* Drake

山小橘属 *Glycosmis*

山橘树 *Glycosmis cochinchinensis* (Lour.) Pierre ex Engl.

毛山小橘 *Glycosmis craibii* Tanaka

海南山小橘 *Glycosmis montana* Pierre

光叶山小橘 *Glycosmis ovoidea* Pierre

山小橘 *Glycosmis pentaphylla* (Retz.) DC.

牛筋果属 *Harrisonia*

牛筋果 *Harrisonia perforata* (Blanco) Merr.

象橘属 *Limonia*

象橘 *Limonia acidissima* L.

三叶藤橘属 *Luvunga*

三叶藤橘 *Luvunga scandens* (Roxb.) Buch.-Ham. ex Wight & Arn.

贡甲属 *Maclurodendron*

贡甲 *Maclurodendron oligophlebium* (Merrill) T. G. Hartley

蜜茱萸属 *Melicope*

海南蜜茱萸 *Melicope chunii* T. G. Hartley

三椏苦 *Melicope pteleifolia* (Champ. ex Benth.) T. G. Hartley

小芸木属 *Micromelum*

大管 *Micromelum falcatum* (Lour.) Tan.

九里香属 *Murraya*

翼叶九里香 *Murraya alata* Drake

豆叶九里香 *Murraya euchrestifolia* Hayata

九里香 *Murraya exotica* L.

调料九里香 *Murraya koenigii* (L.) Spreng.

小叶九里香 *Murraya microphylla* (Merr. & Chun) Swingle

单叶藤橘属 *Paramignya*

单叶藤橘 *Paramignya confertifolia* Swing.

芸香属 *Ruta*

芸香 *Ruta graveolens* L.

吴茱萸属 *Tetradium*

无腺吴萸 *Tetradium fraxinifolium* (Hook. f.) T. G. Hartley

楝叶吴萸 *Tetradium glabrifolium* (Champ. ex Benth.) T. G. Hartley

吴茱萸 *Tetradium ruticarpum* (A. Jussieu) T. G. Hartley

飞龙掌血属 *Toddalia*

飞龙掌血 *Toddalia asiatica* (L.) Lam.

锦橘果属 *Triphasia*

锦橘果 *Triphasia trifolia* (Burm. f.) P. Wilson

花椒属 *Zanthoxylum*

刺花椒 *Zanthoxylum acanthopodium* DC.

竹叶花椒 *Zanthoxylum armatum* DC.

簕欓花椒 *Zanthoxylum avicennae* (Lam.) DC.

琉球花椒 *Zanthoxylum beecheyanum* K. Koch

异叶花椒 *Zanthoxylum dimorphophyllum* Hemsl.

墨脱花椒 *Zanthoxylum motuoense* C. C. Huang

两面针 *Zanthoxylum nitidum* (Roxb.) DC.
青花椒 *Zanthoxylum schinifolium* Sieb. & Zucc.

126. 苦木科 Simaroubaceae

鸦胆子属 *Brucea*
鸦胆子 *Brucea javanica* (L.) Merr.
柔毛鸦胆子 *Brucea mollis* Wall. ex Kurz

127. 楝科 Meliaceae

米仔兰属 *Aglaia*
望谟崖摩 *Aglaia lawii* (Wight) C. J. Saldanha & Ramamorthy
米仔兰 *Aglaia odorata* Lour.
山楝属 *Aphanamixis*
山楝 *Aphanamixis polystachya* (Wall.) R. Parker
印楝属 *Azadirachta*
印楝 *Azadirachta indica* A. Juss.
洋椿属 *Cedrela*
洋椿 *Cedrela odorata* L.
麻楝属 *Chukrasia*
麻楝 *Chukrasia tabularis* A. Juss.
浆果楝属 *Cipadessa*
浆果楝 *Cipadessa baccifera* (Roth.) Miq.
樫木属 *Dysoxylum*
红果樫木 *Dysoxylum gotadhora* (Buch.-Ham.) Mabberley
鹧鸪花属 *Heynea*
鹧鸪花 *Heynea trijuga* Roxb.
非洲楝属 *Khaya*
非洲楝 *Khaya senegalensis* (Desr.) A. Juss.
龙宫果属 *Lansium*
龙宫果 *Lansium domesticum* Corrêa
楝属 *Melia*
楝 *Melia azedarach* L.
仙都果属 *Sandoricum*
仙都果 *Sandoricum koetjape* (Burm. f.) Merr.
桃花心木属 *Swietenia*
大叶桃花心木 *Swietenia macrophylla* King

桃花心木 *Swietenia mahagoni*（L.）Jacq.

香椿属 *Toona*

红椿 *Toona ciliata* M. Roem.

香椿 *Toona sinensis*（Juss.）Roem.

杜楝属 *Turraea*

杜楝 *Turraea pubescens* Hellen

割舌树属 *Walsura*

越南割舌树 *Walsura pinnata* Hasskarl

割舌树 *Walsura robusta* Roxb.

木果楝属 *Xylocarpus*

木果楝 *Xylocarpus granatum* Koenig

128. 文定果科 Muntingiaceae

文定果属 *Muntingia*

文定果 *Muntingia calabura* L.

129. 锦葵科 Malvaceae

秋葵属 *Abelmoschus*

咖啡黄葵 *Abelmoschus esculentus*（L.）Moench

黄蜀葵 *Abelmoschus manihot*（L.）Medicus

黄葵 *Abelmoschus moschatus* Medik.

箭叶秋葵 *Abelmoschus sagittifolius*（Kurz）Merr.

昂天莲属 *Abroma*

昂天莲 *Abroma augustum*（L.）L. f.

苘麻属 *Abutilon*

长耳苘麻 *Abutilon auritum*（Wall. ex Link）Sweet

磨盘草 *Abutilon indicum*（L.）Sweet

金铃花 *Abutilon pictum*（Gillies ex Hook. & Arn.）Walp.

苘麻 *Abutilon theophrasti* Medicus

猴面包树属 *Adansonia*

猴面包树 *Adansonia digitata* L.

蜀葵属 *Alcea*

蜀葵 *Alcea rosea* L.

木棉属 *Bombax*

木棉 *Bombax ceiba* L.

樟叶槿属 *Bombycidendron*

樟叶槿 *Bombycidendron grewiifolium*（Hassk.）Zoll. & Moritzi

酒瓶树属 *Brachychiton*

槭叶瓶干树 *Brachychiton acerifolius*（A. Cunn. ex G. Don）F. Muell.

瓶树 *Brachychiton rupestris*（Lindl.）K. Schum

刺果藤属 *Byttneria*

刺果藤 *Byttneria grandifolia* DC.

纺锤树属 *Cavanillesia*

瓶子树 *Cavanillesia arborea*（Willd.）K. Schum.

吉贝属 *Ceiba*

吉贝 *Ceiba pentandra*（L.）Gaertn.

美丽异木棉 *Ceiba speciosa*（A. St.-Hil.）Ravenna

可乐果属 *Cola*

可乐果 *Cola acuminata*（P. Beauv.）Schott & Endl.

山麻树属 *Commersonia*

山麻树 *Commersonia bartramia*（L.）Merr.

黄麻属 *Corchorus*

甜麻 *Corchorus aestuans* L.

黄麻 *Corchorus capsularis* L.

长蒴黄麻 *Corchorus olitorius* L.

三室黄麻 *Corchorus trilocularis* L.

独子椴属 *Diplodiscus*

海南椴 *Diplodiscus trichospermus* (Merrill) Y. Tang

非洲芙蓉属 *Dombeya*

非洲芙蓉 *Dombeya wallichii*（Lindl.）K. Schum.

榴梿属 *Durio*

榴梿 *Durio zibethinus* Rumph. ex Murray

梧桐属 *Firmiana*

海南梧桐 *Firmiana hainanensis* Kosterm.

美丽火桐 *Firmiana pulcherrima* H. H. Hsue

牛轭麻属 *Glyphaea*

短牛轭麻 *Glyphaea brevis*（Spreng.）Monach.

棉属 *Gossypium*

海岛棉 *Gossypium barbadense* L.

陆地棉 *Gossypium hirsutum* L.

扁担杆属 *Grewia*

扁担杆 *Grewia biloba* G. Don

毛果扁担杆 *Grewia eriocarpa* Juss.

山芝麻属　*Helicteres*

山芝麻　*Helicteres angustifolia* L.

雁婆麻　*Helicteres hirsuta* Lour.

火索麻　*Helicteres isora* L.

剑叶山芝麻　*Helicteres lanceolata* DC.

黏毛山芝麻　*Helicteres viscida* Blume

脬果苘属　*Herissantia*

脬果苘　*Herissantia crispa*（L.）Brizicky

银叶树属　*Heritiera*

长柄银叶树　*Heritiera angustata* Pierre

银叶树　*Heritiera littoralis* Dryand.

蝴蝶树　*Heritiera parvifolia* Merr.

木槿属　*Hibiscus*

紫叶槿　*Hibiscus acetosella* Welw. ex Fic.

大麻槿　*Hibiscus cannabinus* L.

芙蓉葵　*Hibiscus moscheutos* L.

木芙蓉　*Hibiscus mutabilis* L.

白花朱槿　*Hibiscus rosa-sinensis* 'Albus'

金塔朱槿　*Hibiscus rosa-sinensis* 'Golden Pagoda'

粉花扶桑　*Hibiscus rosa-sinensis* 'Kermesinus'

朱槿　*Hibiscus rosa-sinensis* L.

三色朱槿　*Hibiscus rosa-sinensis* 'Tricolor'

重瓣朱槿　*Hibiscus rosa-sinensis* var. *rubro-plenus* Sweet

彩叶朱槿　*Hibiscus rosa-sinensis* 'Variegata'

玫瑰茄　*Hibiscus sabdariffa* L.

吊灯扶桑　*Hibiscus schizopetalus*（Dyer）Hook. f.

刺芙蓉　*Hibiscus surattensis* L.

木槿　*Hibiscus syriacus* L.

花叶木槿　*Hibiscus syriacus* 'Variegata'

野西瓜苗　*Hibiscus trionum* L.

闭果桐属　*Hildegardia*

古巴闭果桐　*Hildegardia cubensis*（Urb.）Kosterm.

鹧鸪麻属　*Kleinhovia*

鹧鸪麻　*Kleinhovia hospita* L.

锦葵属　*Malva*

野葵　*Malva verticillata* L.

冬葵　*Malva verticillata* var. *crispa* L.

赛葵属　*Malvastrum*

赛葵　*Malvastrum coromandelianum*（L.）Garcke

悬铃花属 *Malvaviscus*

悬铃花 *Malvaviscus arboreus* Cav.

垂花悬铃花 *Malvaviscus penduliflorus* DC.

南瓜榄属 *Matisia*

南瓜榄 *Matisia cordata* Bonpl.

马松子属 *Melochia*

马松子 *Melochia corchorifolia* L.

破布叶属 *Microcos*

海南破布叶 *Microcos chungii* (Merr.) Chun

破布叶 *Microcos paniculata* L.

轻木属 *Ochroma*

轻木 *Ochroma lagopus* Swartz

瓜栗属 *Pachira*

瓜栗 *Pachira aquatica* AuBlume

马拉巴栗 *Pachira glabra* Pasq.

粉葵属 *Pavonia*

帕蓬花 *Pavonia intermedia* A. St.-Hil.

番木棉属 *Pseudobombax*

龟纹木棉 *Pseudobombax ellipticum* (Kunth) Dugand

翅子树属 *Pterospermum*

异叶翅子树 *Pterospermum diversifolium* Blume

翻白叶树 *Pterospermum heterophyllum* Hance

翅苹婆属 *Pterygota*

翅苹婆 *Pterygota alata* (Roxb.) R. Br.

梭罗树属 *Reevesia*

长柄梭罗树 *Reevesia longipetiolata* Merr. & Chun

胖大海属 *Scaphium*

胖大海 *Scaphium wallichii* (Wall. ex G. Don) Schott & Endl.

黄花棯属 *Sida*

黄花棯 *Sida acuta* Burm. f.

桤叶黄花棯 *Sida alnifolia* L.

倒卵叶黄花棯 *Sida alnifolia* var. *obovata* (Wall.) S. Y. Hu

圆叶黄花棯 *Sida alnifolia* var. *orbiculata* S. Y. Hu

中华黄花棯 *Sida chinensis* Retz.

长梗黄花棯 *Sida cordata* (Burm. f.) Borss. Waalk.

心叶黄花棯 *Sida cordifolia* L.

白背黄花棯 *Sida rhombifolia* L.

刺黄花棯 *Sida spinosa* L.

棒叶黄花棯　*Sida subcordata* Span.
拔毒散　*Sida szechuensis* Matsuda
苹婆属　*Sterculia*
香苹婆　*Sterculia foetida* L.
海南苹婆　*Sterculia hainanensis* Merr. & Chun
假苹婆　*Sterculia lanceolata* Cav.
苹婆　*Sterculia monosperma* Ventenat
黄槿属　*Talipariti*
黄槿　*Talipariti tiliaceum* (L.) Fryxell
可可属　*Theobroma*
二色可可　*Theobroma bicolor* Bonpl.
可可　*Theobroma cacao* L.
大花可可　*Theobroma grandiflorum* (Willd. ex Spreng.) K. Schum.
桐棉属　*Thespesia*
白脚桐棉　*Thespesia lampas* (Cavan.) Dalz. & Gibs.
桐棉　*Thespesia populnea* (L.) Soland. ex Corr.
刺蒴麻属　*Triumfetta*
毛刺蒴麻　*Triumfetta cana* Bl.
粗齿刺蒴麻　*Triumfetta grandidens* Hance
铺地刺蒴麻　*Triumfetta procumbens* G. Forst.
刺蒴麻　*Triumfetta rhomboidea* Jacq.
梵天花属　*Urena*
地桃花　*Urena lobata* L.
梵天花　*Urena procumbens* L.
蛇婆子属　*Waltheria*
蛇婆子　*Waltheria indica* L.

130. 瑞香科　Thymelaeaceae

沉香属　*Aquilaria*
土沉香　*Aquilaria sinensis* (Lour.) Spreng.
云南沉香　*Aquilaria yunnanensis* S. C. Huang
瑞香属　*Daphne*
藏东瑞香　*Daphne bholua* Buch.-Ham. ex D. Don
结香属　*Edgeworthia*
滇结香　*Edgeworthia gardneri* (Wall.) Meisn.
荛花属　*Wikstroemia*
海南荛花　*Wikstroemia hainanensis* Merr.

了哥王　*Wikstroemia indica*（L.）C. A. Mey.
细轴荛花　*Wikstroemia nutans* Champ. ex Benth.

131. 红木科　Bixaceae

红木属　*Bixa*

红木　*Bixa orellana* L.

弯子木属　*Cochlospermum*

弯子木　*Cochlospermum religiosum*（L.）Alston

132. 龙脑香科　Dipterocarpaceae

龙脑香属　*Dipterocarpus*

羯布罗香　*Dipterocarpus turbinatus* C. F. Gaertn.

坡垒属　*Hopea*

坡垒　*Hopea hainanensis* Merr. & Chun
铁凌　*Hopea reticulata* Tardieu

柳安属　*Parashorea*

望天树　*Parashorea chinensis* H. Wang

娑罗双属　*Shorea*

娑罗双　*Shorea robusta* C. F. Gaertn.

青梅属　*Vatica*

青梅　*Vatica mangachapoi* Blanco

133. 叠珠树科　Akaniaceae

伯乐树属　*Bretschneidera*

伯乐树　*Bretschneidera sinensis* Hemsl.

134. 旱金莲科　Tropaeolaceae

旱金莲属　*Tropaeolum*

旱金莲　*Tropaeolum majus* L.

135. 辣木科　Moringaceae

辣木属　*Moringa*

象腿树　*Moringa drouhardii* Jum.

辣木 *Moringa oleifera* Lam.

136. 番木瓜科 Caricaceae

番木瓜属 *Carica*

番木瓜 *Carica papaya* L.

137. 刺茉莉科 Salvadoraceae

刺茉莉属 *Azima*

刺茉莉 *Azima sarmentosa* (Bl.) Benth. & Hook. f.

牙刷树属 *Salvadora*

牙刷树 *Salvadora persica* L.

138. 木樨草科 Resedaceae

斑果藤属 *Stixis*

斑果藤 *Stixis suaveolens* (Roxb.) Pierre

139. 白花菜科 Cleomaceae

黄花草属 *Arivela*

黄花草 *Arivela viscosa* (L.) Rafinesque

鸟足菜属 *Cleome*

皱子鸟足菜 *Cleome rutidosperma* DC.

白花菜属 *Gynandropsis*

白花菜 *Gynandropsis gynandra* (L.) Briq.

醉蝶花属 *Tarenaya*

醉蝶花 *Tarenaya hassleriana* (Chodat) Iltis

140. 山柑科 Capparaceae

山柑属 *Capparis*

野香橼花 *Capparis bodinieri* H. Lév.

广州山柑 *Capparis cantoniensis* Lour.

海南山柑 *Capparis hainanensis* Oliv.

马槟榔 *Capparis masaikai* H. Lév.

小刺山柑 *Capparis micracantha* DC.

刺山柑 *Capparis spinosa* L.
屈头鸡 *Capparis versicolor* Griff.
鱼木属 *Crateva*
鱼木 *Crateva religiosa* G. Forster
钝叶鱼木 *Crateva trifoliata* (Roxburgh) B. S. Sun

141. 十字花科 Brassicaceae

芸薹属 *Brassica*
芥菜 *Brassica juncea* (L.) Czern.
欧洲油菜 *Brassica napus* L.
野甘蓝 *Brassica oleracea* L.
白花甘蓝 *Brassica oleracea* var. *albiflora* Kuntze
甘蓝 *Brassica oleracea* var. *capitata* L.
擘蓝 *Brassica oleracea* var. *gongylodes* L.
蔓菁 *Brassica rapa* L.
青菜 *Brassica rapa* var. *chinensis* (L.) Kitam.
白菜 *Brassica rapa* var. *glabra* Regel
芸薹 *Brassica rapa* var. *oleifera* DC.
荠属 *Capsella*
荠 *Capsella bursa-pastoris* (L.) Medik.
碎米荠属 *Cardamine*
粗毛碎米荠 *Cardamine hirsuta* L.
垂果南芥属 *Catolobus*
垂果南芥 *Catolobus pendulus* (L.) Al-Shehbaz
播娘蒿属 *Descurainia*
播娘蒿 *Descurainia sophia* (L.) Webb ex Prantl
独行菜属 *Lepidium*
独行菜 *Lepidium apetalum* Willd.
北美独行菜 *Lepidium virginicum* L.
香雪球属 *Lobularia*
香雪球 *Lobularia maritima* (L.) Desvaux
紫罗兰属 *Matthiola*
紫罗兰 *Matthiola incana* (L.) W. T. Aiton
豆瓣菜属 *Nasturtium*
豆瓣菜 *Nasturtium officinale* R. Br. ex W. T. Aiton
萝卜属 *Raphanus*
萝卜 *Raphanus sativus* L.

蔊菜属 *Rorippa*

广州蔊菜 *Rorippa cantoniensis* (Lour.) Ohwi

无瓣蔊菜 *Rorippa dubia* (Pers.) H. Hara

高蔊菜 *Rorippa elata* (Hook. f. & Thomson) Hand.-Mazz.

风花菜 *Rorippa globosa* (Turcz. ex Fisch. & C. A. Mey.) Hayek

蔊菜 *Rorippa indica* (L.) Hiern

白芥属 *Sinapis*

白芥 *Sinapis alba* L.

菥蓂属 *Thlaspi*

菥蓂 *Thlaspi arvense* L.

142. 铁青树科 Olacaceae

赤苍藤属 *Erythropalum*

赤苍藤 *Erythropalum scandens* Bl.

铁青树属 *Olax*

疏花铁青树 *Olax austrosinensis* Y. R. Ling

铁青树 *Olax imbricata* Roxb.

143. 蛇菰科 Balanophoraceae

蛇菰属 *Balanophora*

疏花蛇菰 *Balanophora laxiflora* Hemsl.

144. 山柚子科 Opiliaceae

山柑藤属 *Cansjera*

山柑藤 *Cansjera rheedei* J. F. Gmel.

145. 檀香科 Santalaceae

寄生藤属 *Dendrotrophe*

寄生藤 *Dendrotrophe varians* (Blume) Miquel

沙针属 *Osyris*

沙针 *Osyris lanceolata* Hochst. & Steud.

檀香属 *Santalum*

檀香 *Santalum album* L.

硬核属 *Scleropyrum*

硬核 *Scleropyrum wallichianum* (Wight & Arn.) Arn.

槲寄生属 *Viscum*

扁枝槲寄生 *Viscum articulatum* Burm. f.

枫香槲寄生 *Viscum liquidambaricola* Hayata

瘤果槲寄生 *Viscum ovalifolium* DC.

146. 桑寄生科 Loranthaceae

离瓣寄生属 *Helixanthera*

离瓣寄生 *Helixanthera parasitica* Lour.

鞘花属 *Macrosolen*

鞘花 *Macrosolen cochinchinensis* (Lour.) Tiegh.

梨果寄生属 *Scurrula*

小叶梨果寄生 *Scurrula notothixoides* (Hance) Danser

红花寄生 *Scurrula parasitica* L.

小红花寄生 *Scurrula parasitica* var. *graciliflora* (Wall. ex DC.) H. S. Kiu

钝果寄生属 *Taxillus*

广寄生 *Taxillus chinensis* (DC.) Danser

147. 柽柳科 Tamaricaceae

柽柳属 *Tamarix*

柽柳 *Tamarix chinensis* Lour.

148. 白花丹科 Plumbaginaceae

蓝雪花属 *Ceratostigma*

蓝雪花 *Ceratostigma plumbaginoides* Bunge

补血草属 *Limonium*

补血草 *Limonium sinense* (Girard) Kuntze

白花丹属 *Plumbago*

蓝花丹 *Plumbago auriculata* Lam.

紫花丹 *Plumbago indica* L.

白花丹 *Plumbago zeylanica* L.

149. 蓼科 Polygonaceae

珊瑚藤属 *Antigonon*

珊瑚藤 *Antigonon leptopus* Hook. & Arn.

拳参属 *Bistorta*

抱茎蓼 *Bistorta amplexicaulis* (D. Don) Greene

中华抱茎蓼 *Bistorta amplexicaulis* subsp. *sinensis* (Forbes & Hemsl. ex Steward) Soják

圆穗蓼 *Bistorta macrophylla* (D. Don) Soják

支柱蓼 *Bistorta suffulta* (Maxim.) H. Gross

珠芽蓼 *Bistorta vivipara* (L.) Gray

海葡萄属 *Coccoloba*

海葡萄 *Coccoloba uvifera* (L.) Jacq.

荞麦属 *Fagopyrum*

金荞麦 *Fagopyrum dibotrys* (D. Don) Hara

荞麦 *Fagopyrum esculentum* Moench

细柄野荞麦 *Fagopyrum gracilipes* (Hemsl.) Damm. ex Diels

冰岛蓼属 *Koenigia*

叉分蓼 *Koenigia divaricata* (L.) T. M. Schust. & Reveal

绢毛蓼 *Koenigia mollis* (D. Don) T. M. Schust. & Reveal

光叶蓼 *Koenigia mollis* var. *frondosa* (Meisn.) T. M. Schust. & Reveal

叉枝蓼 *Koenigia tortuosa* (D. Don) T. M. Schust. & Reveal

千叶兰属 *Muehlenbeckia*

竹节蓼 *Muehlenbeckia platyclada* (F. Muell. ex Hook.) Meisn.

蓼属 *Persicaria*

毛蓼 *Persicaria barbata* (L.) H. Hara

头花蓼 *Persicaria capitata* (Buch.-Ham. ex D. Don) H. Gross

火炭母 *Persicaria chinensis* (L.) H. Gross

蓼子草 *Persicaria criopolitana* (Hance) Migo

二歧蓼 *Persicaria dichotoma* (Blume) Masam.

金线草 *Persicaria filiformis* (Thunb.) Nakai

光蓼 *Persicaria glabra* (Willd.) M. Gómez

长箭叶蓼 *Persicaria hastatosagittata* (Makino) Nakai ex T. Mori

水蓼 *Persicaria hydropiper* (L.) Spach

愉悦蓼 *Persicaria jucunda* (Meisn.) Migo

酸模叶蓼 *Persicaria lapathifolia* (L.) Delarbre

绵毛酸模叶蓼 *Persicaria lapathifolia* var. *salicifolia* (Sibth.) Miyabe

长鬃蓼 *Persicaria longiseta* (Bruijn) Moldenke

春蓼 *Persicaria maculosa* Gray

小蓼 *Persicaria minor* (Huds.) Opiz
小蓼花 *Persicaria muricata* (Meisn.) Nemoto
尼泊尔蓼 *Persicaria nepalensis* (Meisn.) H. Gross
红蓼 *Persicaria orientalis* (L.) Spach
扛板归 *Persicaria perfoliata* (L.) H. Gross
丛枝蓼 *Persicaria posumbu* (Buch. -Ham. ex D. Don) H. Gross
羽叶蓼 *Persicaria runcinata* (Buch. -Ham. ex D. Don) H. Gross
赤胫散 *Persicaria runcinata* var. *sinensis* (Hemsl.) Bo Li
箭头蓼 *Persicaria sagittata* (L.) H. Gross
戟叶蓼 *Persicaria thunbergii* (Siebold & Zucc.) H. Gross
香蓼 *Persicaria viscosa* (Buch. -Ham. ex D. Don) H. Gross ex Nakai

何首乌属 *Pleuropterus*

何首乌 *Pleuropterus multiflorus* (Thunb.) Nakai

萹蓄属 *Polygonum*

习见萹蓄 *Polygonum plebeium* R. Br.
伏毛蓼 *Polygonum pubescens* Blume

虎杖属 *Reynoutria*

虎杖 *Reynoutria japonica* Houtt.

大黄属 *Rheum*

小大黄 *Rheum pumilum* Maxim.

酸模属 *Rumex*

酸模 *Rumex acetosa* L.
齿果酸模 *Rumex dentatus* L.
戟叶酸模 *Rumex hastatus* D. Don
羊蹄 *Rumex japonicus* Houtt.
尼泊尔酸模 *Rumex nepalensis* Spreng.
钝叶酸模 *Rumex obtusifolius* L.
巴天酸模 *Rumex patientia* L.
长刺酸模 *Rumex trisetifer* Stokes

150. 茅膏菜科 Droseraceae

茅膏菜属 *Drosera*

锦地罗 *Drosera burmanni* Vahl
长叶茅膏菜 *Drosera indica* L.
茅膏菜 *Drosera peltata* Thunb.
光萼茅膏菜 *Drosera peltata* var. *glabrata* Y. Z. Ruan
匙叶茅膏菜 *Drosera spatulata* Labillardiere

151. 猪笼草科 Nepenthaceae

猪笼草属 *Nepenthes*

猪笼草 *Nepenthes mirabilis*（Lour.）Druce

莱佛士猪笼草 *Nepenthes rafflesiana* Jack

152. 钩枝藤科 Ancistrocladaceae

钩枝藤属 *Ancistrocladus*

钩枝藤 *Ancistrocladus tectorius*（Lour.）Merr.

153. 石竹科 Caryophyllaceae

卷耳属 *Cerastium*

簇生泉卷耳 *Cerastium fontanum* subsp. *vulgare*（Hartm.）Greuter & Burdet

石竹属 *Dianthus*

须苞石竹 *Dianthus barbatus* L.

香石竹 *Dianthus caryophyllus* L.

石竹 *Dianthus chinensis* L.

荷莲豆草属 *Drymaria*

荷莲豆草 *Drymaria cordata*（L.）Willdenow ex Schultes

白鼓钉属 *Polycarpaea*

白鼓钉 *Polycarpaea corymbosa*（L.）Lamarck

多荚草属 *Polycarpon*

多荚草 *Polycarpon prostratum*（Forsskal）Ascherson & Schweinfurth

漆姑草属 *Sagina*

无毛漆姑草 *Sagina saginoides*（L.）H. Karst.

肥皂草属 *Saponaria*

肥皂草 *Saponaria officinalis* L.

蝇子草属 *Silene*

狗筋蔓 *Silene baccifera*（L.）Roth

麦瓶草 *Silene conoidea* L.

细蝇子草 *Silene gracilicaulis* C. L. Tang

繁缕属 *Stellaria*

鹅肠菜 *Stellaria aquatica*（L.）Scop.

繁缕 *Stellaria media*（L.）Vill.

154. 苋科 Amaranthaceae

牛膝属 *Achyranthes*

土牛膝 *Achyranthes aspera* L.

牛膝 *Achyranthes bidentata* Blume

柳叶牛膝 *Achyranthes longifolia* (Makino) Makino

千针苋属 *Acroglochin*

千针苋 *Acroglochin persicarioides* (Poir.) Moq.

砂苋属 *Allmania*

砂苋 *Allmania nodiflora* (L.) R. Br. ex Wight

莲子草属 *Alternanthera*

锦绣苋 *Alternanthera bettzickiana* (Regel) Nichols.

巴西莲子草 *Alternanthera brasiliana* (L.) Kuntze

绿苋草 *Alternanthera ficoidea* (L.) Sm.

红苋草 *Alternanthera paronychioides* 'Picta'

喜旱莲子草 *Alternanthera philoxeroides* (Mart.) Griseb.

莲子草 *Alternanthera sessilis* (L.) R. Br. ex DC.

苋属 *Amaranthus*

白苋 *Amaranthus albus* L.

凹头苋 *Amaranthus blitum* L.

尾穗苋 *Amaranthus caudatus* L.

老鸦谷 *Amaranthus cruentus* L.

绿穗苋 *Amaranthus hybridus* L.

千穗谷 *Amaranthus hypochondriacus* L.

反枝苋 *Amaranthus retroflexus* L.

刺苋 *Amaranthus spinosus* L.

苋 *Amaranthus tricolor* L.

皱果苋 *Amaranthus viridis* L.

滨藜属 *Atriplex*

匍匐滨藜 *Atriplex repens* Roth

沙冰藜属 *Bassia*

地肤 *Bassia scoparia* (L.) A. J. Scott

青葙属 *Celosia*

青葙 *Celosia argentea* L.

鸡冠花 *Celosia cristata* L.

凤尾鸡冠 *Celosia cristata* 'Plumosa'

藜属 *Chenopodium*

藜 *Chenopodium album* L.

藜麦 *Chenopodium quinoa* Willd.

杯苋属 *Cyathula*

杯苋 *Cyathula prostrata* (L.) Blume

浆果苋属 *Deeringia*

浆果苋 *Deeringia amaranthoides* (Lamarck) Merrill

白浆果苋 *Deeringia polysperma* (Roxb.) Moq.

腺毛藜属 *Dysphania*

土荆芥 *Dysphania ambrosioides* (L.) Mosyakin & Clemants

菊叶香藜 *Dysphania schraderiana* (Roem. & Schult.) Mosyakin & Clemants

千日红属 *Gomphrena*

焰火千日红 *Gomphrena* 'Fireworks Coated'

千日红 *Gomphrena globosa* L.

血苋属 *Iresine*

血苋 *Iresine herbstii* Hook. f. ex Lindl.

地肤属 *Kochia*

扫帚菜 *Kochia scoparia* f. *trichophylla* (Hort.) Schinz. & Thell.

红叶藜属 *Oxybasis*

灰绿藜 *Oxybasis glauca* (L.) S. Fuentes

菠菜属 *Spinacia*

菠菜 *Spinacia oleracea* L.

碱蓬属 *Suaeda*

碱蓬 *Suaeda glauca* (Bunge) Bunge

盐地碱蓬 *Suaeda salsa* (L.) Pall.

刺藜属 *Teloxys*

刺藜 *Teloxys aristata* (L.) Moq.

针叶苋属 *Trichuriella*

针叶苋 *Trichuriella monsoniae* (L. f.) Bennet

155. 番杏科 Aizoaceae

海马齿属 *Sesuvium*

海马齿 *Sesuvium portulacastrum* (L.) L.

番杏属 *Tetragonia*

番杏 *Tetragonia tetragonioides* (Pall.) Kuntze

假海马齿属 *Trianthema*

假海马齿 *Trianthema portulacastrum* L.

156. 商陆科 Phytolaccaceae

商陆属 *Phytolacca*

商陆 *Phytolacca acinosa* Roxb.

垂序商陆 *Phytolacca americana* L.

157. 蒜香草科 Petiveriaceae

数珠珊瑚属 *Rivina*

数珠珊瑚 *Rivina humilis* L.

158. 紫茉莉科 Nyctaginaceae

黄细心属 *Boerhavia*

白花黄细心 *Boerhavia albiflora* Fosberg

红细心 *Boerhavia coccinea* Miller

黄细心 *Boerhavia diffusa* L.

匍匐黄细心 *Boerhavia repens* L.

四蕊黄细心 *Boerhavia tetrandra* G. Forst.

叶子花属 *Bougainvillea*

巴特叶子花 *Bougainvillea* × *buttiana* Holttum & Standl.

拉塔拉三角梅 *Bougainvillea* 'Foxtail Purple'

光叶子花 *Bougainvillea glabra* Choisy

秘鲁三角梅 *Bougainvillea peruviana* Nees & Mart.

叶子花 *Bougainvillea spectabilis* Willd.

黏腺果属 *Commicarpus*

中华黏腺果 *Commicarpus chinensis* (L.) Heimerl

紫茉莉属 *Mirabilis*

紫茉莉 *Mirabilis jalapa* L.

避霜花属 *Pisonia*

避霜花 *Pisonia aculeata* L.

抗风桐 *Pisonia grandis* R. Br.

胶果木 *Pisonia umbellifera* (J. R. Forster & G. Forster) Seemann

159. 粟米草科 Molluginaceae

星粟草属 *Glinus*

星粟草 *Glinus lotoides* L.

长梗星粟草 *Glinus oppositifolius*（L.）A. DC.

粟米草属 *Trigastrotheca*

粟米草 *Trigastrotheca stricta*（L.）Thulin

160. 刺戟木科 Didiereaceae

树马齿苋属 *Portulacaria*

树马齿苋 *Portulacaria afra* Jacq.

161. 落葵科 Basellaceae

落葵薯属 *Anredera*

落葵薯 *Anredera cordifolia*（Tenore）Steenis

落葵属 *Basella*

落葵 *Basella alba* L.

162. 土人参科 Talinaceae

土人参属 *Talinum*

棱轴土人参 *Talinum fruticosum*（L.）Juss.

土人参 *Talinum paniculatum*（Jacq.）Gaertn.

163. 马齿苋科 Portulacaceae

马齿苋属 *Portulaca*

大花马齿苋 *Portulaca grandiflora* Hook.

马齿苋 *Portulaca oleracea* L.

毛马齿苋 *Portulaca pilosa* L.

四瓣马齿苋 *Portulaca quadrifida* L.

环翅马齿苋 *Portulaca umbraticola* Kunth

164. 仙人掌科 Cactaceae

鼠尾掌属 *Aporocactus*

鼠尾掌 *Aporocactus flagelliformis*（L.）Lem.

翁柱属 *Cephalocereus*

白头翁柱 *Cephalocereus senilis*（Haw.）Pfeiff.

仙人柱属 *Cereus*

六棱柱 *Cereus hexagonus*（L.）Mill.

山影拳 *Cereus pitajaya* DC.

管花柱属 *Cleistocactus*

金纽 *Cleistocactus winteri* D. R. Hunt

圆柱掌属 *Cylindropuntia*

锁链掌 *Cylindropuntia imbricata* (Haw.) Knuth

红尾令箭属 *Disocactus*

令箭荷花 *Disocactus ackermannii* (Haw.) Ralf Bauer

鞭形鼠尾掌 *Disocactus flagelliformis* (L.) Barthlott

小令箭荷花 *Disocactus phyllanthoides* (DC.) Barthlott

鹿角柱属 *Echinocereus*

美花角 *Echinocereus pentalophus* (DC.) Lem.

匍匐鹿角柱 *Echinocereus pentalophus* subsp. *procumbens* (Engelm.) Blum & Lange

仙人球属 *Echinopsis*

金盛球 *Echinopsis calochlora* K. Schum.

白檀柱 *Echinopsis chamaecereus* H. Friedrich & Glaetzle

短毛丸 *Echinopsis eyriesii* Pfeiff. & Otto

旺盛球 *Echinopsis multiplex* (Pfeiff.) Zucc. ex Pfeiff. & Otto

仙人球 *Echinopsis tubiflora* (Pfeiff.) Zucc. ex A. Dietr.

昙花属 *Epiphyllum*

昙花 *Epiphyllum oxypetalum* (DC.) Haw.

裸萼球属 *Gymnocalycium*

红瑞云 *Gymnocalycium mihanovichii* (Fric & Gürke) Britton & Rose

量天尺属 *Hylocereus*

黄麒麟量天尺 *Hylocereus megalanthus* (K. Schum. ex Vaupel) Ralf Bauer

红肉火龙果 *Hylocereus polyrhizus* (F. A. C. Weber) Britton & Rose

量天尺 *Hylocereus undatus* (Haw.) Britton & Rose

金琥属 *Kroenleinia*

金琥 *Kroenleinia grusonii* (Hildm.) Lodé

狂刺金琥 *Kroenleinia grusonii* 'Intertextus'

乳突球属 *Mammillaria*

棉花球 *Mammillaria bocasana* Poselger

金手指 *Mammillaria elongata* DC.

白珠丸 *Mammillaria geminispina* Haw.

玉翁 *Mammillaria hahniana* Werderm.

海王星 *Mammillaria longimamma* DC.

龙神柱属 *Myrtillocactus*

龙神木 *Myrtillocactus geometrizans* (Mart. ex Pfeiff.) Console

仙人掌属　*Opuntia*

海狸团扇　*Opuntia basilaris* Engelm. & J. M. Bigelow

胭脂掌　*Opuntia cochenillifera*（L.）Miller

大蛇掌　*Opuntia cylindrica*（Lam.）DC.

仙人掌　*Opuntia dillenii*（Ker Gawl.）Haw.

黄毛掌　*Opuntia microdasys*（Lehm.）Pfeiff.

单刺仙人掌　*Opuntia monacantha*（Willd.）Haw.

缩刺仙人掌　*Opuntia stricta*（Haw.）Haw.

锦绣玉属　*Parodia*

雪光　*Parodia haselbergii*（F. Haage）F. H. Brandt

小町　*Parodia scopa*（Spreng.）N. P. Taylor

木麒麟属　*Pereskia*

木麒麟　*Pereskia aculeata* Mill.

大叶木麒麟　*Pereskia grandifolia* Haw.

子孙球属　*Rebutia*

子孙球　*Rebutia minuscula* K. Schum.

丝苇属　*Rhipsalis*

垂枝绿珊瑚　*Rhipsalis baccifera*（J. S. Muell.）Stearn

仙人指属　*Schlumbergera*

仙人指　*Schlumbergera bridgesii*（Lem.）Loefgr.

蟹爪兰　*Schlumbergera truncata*（Haw.）Moran

蛇鞭柱属　*Selenicereus*

蛇鞭柱　*Selenicereus anthonyanus*（Alexander）D. R. Hunt

大花蛇鞭柱　*Selenicereus grandiflorus*（L.）Britton & Rose

黄龙果　*Selenicereus megalanthus*（K. Schum. ex Vaupel）Moran

新绿柱属　*Stenocereus*

朝雾阁　*Stenocereus pruinosus*（Otto）Buxb.

165. 蓝果树科　Nyssaceae

喜树属　*Camptotheca*

喜树　*Camptotheca acuminata* Decne.

166. 绣球科　Hydrangeaceae

常山属　*Dichroa*

常山　*Dichroa febrifuga* Lour.

海南常山　*Dichroa mollissima* Merrill

绣球属 *Hydrangea*

中国绣球 *Hydrangea chinensis* Maxim.

绣球 *Hydrangea macrophylla*（Thunb.）Ser.

圆锥绣球 *Hydrangea paniculata* Siebold

167. 山茱萸科 Cornaceae

八角枫属 *Alangium*

髯毛八角枫 *Alangium barbatum*（R. Br.）Baill.

八角枫 *Alangium chinense*（Lour.）Harms

小花八角枫 *Alangium faberi* Oliv.

毛八角枫 *Alangium kurzii* Craib

土坛树 *Alangium salviifolium*（L. f.）Wanger.

山茱萸属 *Cornus*

灯台树 *Cornus controversa* Hemsl.

香港四照花 *Cornus hongkongensis* Hemsl.

日本四照花 *Cornus kousa* F. Buerger ex Hance

四照花 *Cornus kousa* subsp. *chinensis*（Osborn）Q. Y. Xiang

168. 凤仙花科 Balsaminaceae

水角属 *Hydrocera*

水角 *Hydrocera triflora*（L.）Wight. & Arn.

凤仙花属 *Impatiens*

锐齿凤仙花 *Impatiens arguta* Hook. f. & Thoms.

凤仙花 *Impatiens balsamina* L.

华凤仙 *Impatiens chinensis* L.

金凤花 *Impatiens cyathiflora* Hook. f.

镰萼凤仙花 *Impatiens drepanophora* Hook. f.

喜马拉雅凤仙花 *Impatiens glandulifera* Royle

海南凤仙花 *Impatiens hainanensis* Y. L. Chen

新几内亚凤仙花 *Impatiens hawkeri* W. Bull

墨脱凤仙花 *Impatiens medogensis* Y. L. Chen

南迦巴瓦凤仙花 *Impatiens namchabarwensis* R. J. Morgan

总状凤仙花 *Impatiens racemosa* DC.

窄花凤仙花 *Impatiens stenantha* Hook. f.

单花凤仙花 *Impatiens uniflora* Hayata

苏丹凤仙花 *Impatiens walleriana* J. D. Hooker

169. 花荵科 Polemoniaceae

福禄考属 *Phlox*

福禄考 *Phlox drummondii* Hook.

170. 玉蕊科 Lecythidaceae

玉蕊属 *Barringtonia*

红花玉蕊 *Barringtonia acutangula*（L.）Gaertn.

滨玉蕊 *Barringtonia asiatica*（L.）Kurz

密花玉蕊 *Barringtonia edulis* Seem.

梭果玉蕊 *Barringtonia fusicarpa* Hu

大穗玉蕊 *Barringtonia macrostachya*（Jack）Kurz

玉蕊 *Barringtonia racemosa*（L.）Spreng.

巴西栗属 *Bertholletia*

巴西栗 *Bertholletia excelsa* Bonpl.

171. 肋果茶科 Sladeniaceae

肋果茶属 *Sladenia*

肋果茶 *Sladenia celastrifolia* Kurz

172. 五列木科 Pentaphylacaceae

杨桐属 *Adinandra*

海南杨桐 *Adinandra hainanensis* Hayata

柃属 *Eurya*

细齿叶柃 *Eurya nitida* Korthals

五列木属 *Pentaphylax*

五列木 *Pentaphylax euryoides* Gardn. & Champ.

厚皮香属 *Ternstroemia*

厚皮香 *Ternstroemia gymnanthera*（Wight & Arn.）Beddome

173. 山榄科 Sapotaceae

星苹果属 *Chrysophyllum*

星苹果 *Chrysophyllum cainito* L.

金叶树属 *Donella*

多花金叶树 *Donella lanceolata*（Blume）Aubrév.

金叶树　*Donella lanceolata* var. *stellatocarpa* (P. Royen) X. Y. Zhuang

梭子果属　*Eberhardtia*

锈毛梭子果　*Eberhardtia aurata* (Pierre ex Dubard) Lec.

梭子果　*Eberhardtia tonkinensis* Lec.

紫荆木属　*Madhuca*

海南紫荆木　*Madhuca hainanensis* Chun & F. C. How

长叶马府油树　*Madhuca longifolia* (J. Koenig ex L.) J. F. Macbr.

铁线子属　*Manilkara*

铁线子　*Manilkara hexandra* (Roxb.) Dubard

人心果　*Manilkara zapota* (L.) P. Royen

香榄属　*Mimusops*

香榄　*Mimusops elengi* L.

山榄属　*Planchonella*

山榄　*Planchonella obovata* (R. Br.) Pierre

桃榄属　*Pouteria*

桃榄　*Pouteria annamensis* (Pierre) Baehni

黄晶果　*Pouteria caimito* (Ruiz & Pav.) Radlk.

蛋黄果　*Pouteria campechiana* (Kunth) Baehni

美桃榄　*Pouteria sapota* (Jacq.) H. E. Moore & Stearn

肉实树属　*Sarcosperma*

肉实树　*Sarcosperma laurinum* (Benth.) Hook. f.

铁榄属　*Sinosideroxylon*

铁榄　*Sinosideroxylon pedunculatum* (Hemsl.) H. Chuang

神秘果属　*Synsepalum*

神秘果　*Synsepalum dulcificum* (Schumach. & Thonn.) Daniell

刺榄属　*Xantolis*

琼刺榄　*Xantolis longispinosa* (Merr.) H. S. Lo

174. 柿科　Ebenaceae

柿属　*Diospyros*

白肉法国柿　*Diospyros argentea* Griff.

黄果柿　*Diospyros decandra* Lour.

光叶柿　*Diospyros diversilimba* Merr. & Chun

岩柿　*Diospyros dumetorum* W. W. Smith

乌材　*Diospyros eriantha* Champ. ex Benth.

象牙树　*Diospyros ferrea* (Willd.) Bakh.

海南柿　*Diospyros hainanensis* Merr.

琼南柿 *Diospyros howii* Merr. & Chun
柿 *Diospyros kaki* Thunb.
长苞柿 *Diospyros longibracteata* Lec.
琼岛柿 *Diospyros maclurei* Merr.
罗浮柿 *Diospyros morrisiana* Hance
文柿 *Diospyros mun* (A. Chev.) Lecomte
黑肉柿 *Diospyros nigra* (J. F. Gmel.) M. R. Almeida
黑柿 *Diospyros nitida* Merr.
油柿 *Diospyros oleifera* Cheng
异色柿 *Diospyros philippinensis* A. DC.
毛柿 *Diospyros strigosa* Hemsl.
延平柿 *Diospyros tsangii* Merr.
小果柿 *Diospyros vaccinioides* Lindl.

175. 报春花科 Primulaceae

点地梅属 *Androsace*
直立点地梅 *Androsace erecta* Maxim.
紫金牛属 *Ardisia*
凹脉紫金牛 *Ardisia brunnescens* Walker
郐叶紫金牛 *Ardisia bullata* G. H. Huang & G. Hao
粗脉紫金牛 *Ardisia crassinervosa* E. Walker
朱砂根 *Ardisia crenata* Sims
百两金 *Ardisia crispa* (Thunb.) A. DC.
密鳞紫金牛 *Ardisia densilepidotula* Merr.
东方紫金牛 *Ardisia elliptica* Thunberg
小乔木紫金牛 *Ardisia garrettii* H. R. Fletcher
走马胎 *Ardisia gigantifolia* Stapf
大罗伞树 *Ardisia hanceana* Mez
矮紫金牛 *Ardisia humilis* Vahl
紫金牛 *Ardisia japonica* (Thunb.) Blume
山血丹 *Ardisia lindleyana* D. Dietrich
心叶紫金牛 *Ardisia maclurei* Merr.
虎舌红 *Ardisia mamillata* Hance
铜盆花 *Ardisia obtusa* Mez
轮叶紫金牛 *Ardisia ordinata* Walker
纽子果 *Ardisia polysticta* Miq.
细孔紫金牛 *Ardisia porifera* E. Walker
莲座紫金牛 *Ardisia primulifolia* Gardner & Champion

块根紫金牛 *Ardisia pseudocrispa* Pit.
毛脉紫金牛 *Ardisia pubivenula* E. Walker
九节龙 *Ardisia pusilla* A. DC.
罗伞树 *Ardisia quinquegona* Blume
弯梗紫金牛 *Ardisia retroflexa* E. Walker
长毛紫金牛 *Ardisia verbascifolia* Mez
雪下红 *Ardisia villosa* Roxb.

仙客来属 *Cyclamen*

仙客来 *Cyclamen persicum* Mill.

酸藤子属 *Embelia*

多花酸藤子 *Embelia floribunda* Wall.
酸藤子 *Embelia laeta* (L.) Mez
白花酸藤果 *Embelia ribes* Burm. f.

珍珠菜属 *Lysimachia*

广西过路黄 *Lysimachia alfredii* Hance
泽珍珠菜 *Lysimachia candida* Lindl.
过路黄 *Lysimachia christinae* Hance
延叶珍珠菜 *Lysimachia decurrens* G. Forst.
小茄 *Lysimachia japonica* Thunb.

杜茎山属 *Maesa*

顶花杜茎山 *Maesa balansae* Mez
金珠柳 *Maesa montana* A. DC.
鲫鱼胆 *Maesa perlarius* (Lour.) Merr.

铁仔属 *Myrsine*

打铁树 *Myrsine linearis* (Loureiro) Poiret
密花树 *Myrsine seguinii* H. Léveillé

176. 山茶科 Theaceae

山茶属 *Camellia*

越南抱茎茶 *Camellia amplexicaulis* Cohen Stuart
抱茎短蕊茶 *Camellia amplexifolia* Merr. & Chun
安龙瘤果茶 *Camellia anlungensis* Chang
大萼毛蕊茶 *Camellia assimiloides* Sealy
杜鹃叶山茶 *Camellia azalea* C. F. Wei
短柱茶 *Camellia brevistyla* (Hayata) Cohen-Stuart
白毛蕊茶 *Camellia candida* H. T. Chang
长尾毛蕊茶 *Camellia caudata* Wall.

浙江红山茶　*Camellia chekiangoleosa* Hu
薄叶金花茶　*Camellia chrysanthoides* H. T. Chang
心叶毛蕊茶　*Camellia cordifolia* (F. P. Metcalf) Nakai
突肋茶　*Camellia costata* Hu & S. Y. Liang ex H. T. Chang
贵州连蕊茶　*Camellia costei* H. Lév.
红皮糙果茶　*Camellia crapnelliana* Tutcher
厚轴茶　*Camellia crassicolumna* Chang
厚柄连蕊茶　*Camellia crassipes* Sealy
滇南连蕊茶　*Camellia cupiformis* T. L. Ming
尖连蕊茶　*Camellia cuspidata* (Kochs) H. J. Veitch
越南油茶　*Camellia drupifera* Loureiro
尖萼红山茶　*Camellia edithae* Hance
长管连蕊茶　*Camellia elongata* (Rehder & E. H. Wilson) Rehder
显脉金花茶　*Camellia euphlebia* Merr. ex Sealy
柃叶连蕊茶　*Camellia euryoides* Lindl.
防城茶　*Camellia fangchengensis* S. Ye Liang & Y. C. Zhong
簇蕊金花茶　*Camellia fascicularis* H. T. Chang
淡黄金花茶　*Camellia flavida* H. T. Chang
窄叶短柱茶　*Camellia fluviatilis* Hand. -Mazz.
蒙自连蕊茶　*Camellia forrestii* (Diels) Cohen-Stuart
毛柄连蕊茶　*Camellia fraterna* Hance
糙果茶　*Camellia furfuracea* (Merr.) Cohen-Stuart
硬叶糙果茶　*Camellia gaudichaudii* (Gagn.) Sealy
中越短蕊茶　*Camellia gilbertii* (A. Chevalier) Sealy
秃肋连蕊茶　*Camellia glabricostata* T. L. Ming
狭叶长梗茶　*Camellia gracilipes* Merrill ex Sealy
大苞茶　*Camellia grandibracteata* H. T. Chang & F. L. Yu
大苞山茶　*Camellia granthamiana* Sealy
长瓣短柱茶　*Camellia grijsii* Hance
秃房茶　*Camellia gymnogyna* H. T. Chang
河口超长柄茶　*Camellia hekouensis* C. J. Wang & G. S. Fan
香港红山茶　*Camellia hongkongensis* Seem.
贵州金花茶　*Camellia huana* T. L. Ming & W. J. Zhang
冬青叶山茶　*Camellia ilicifolia* Y. K. Li ex H. T. Chang
凹脉金花茶　*Camellia impressinervis* Chang & S. Y. Liang
中越金花茶　*Camellia indochinensis* Merr.
山茶　*Camellia japonica* L.
落瓣油茶　*Camellia kissii* Wallich
广西茶　*Camellia kwangsiensis* H. T. Chang

四川毛蕊茶 *Camellia lawii* Sealy
膜叶茶 *Camellia leptophylla* S. Ye Liang ex Hung T. Chang
长萼连蕊茶 *Camellia longicalyx* H. T. Chang
长梗茶 *Camellia longipedicellata* (Hu) H. T. Chang & D. Fang
超长柄茶 *Camellia longissima* H. T. Chang & S. Ye Liang ex H. T. Chang
台湾连蕊茶 *Camellia lutchuensis* T. Ito
小黄花茶 *Camellia luteoflora* Y. K. Li ex H. T. Chang & F. A. Zeng
毛蕊红山茶 *Camellia mairei* (H. Lév.) Melch.
广东毛蕊茶 *Camellia melliana* Hand.-Mazz.
小花金花茶 *Camellia micrantha* S. Ye Liang & Y. C. Zhong
弥勒糙果茶 *Camellia mileensis* T. L. Ming
油茶 *Camellia oleifera* Abel
厚短蕊茶 *Camellia pachyandra* Hu
细花短蕊茶 *Camellia parviflora* Merr. & Chun ex Sealy
小瘤果茶 *Camellia parvimuricata* H. T. Chang
腺叶离蕊茶 *Camellia paucipunctata* (Merr. & Chun) Chun
金花茶 *Camellia petelotii* (Merr.) Sealy
毛籽短蕊茶 *Camellia pilosperma* S. Ye Liang
平果金花茶 *Camellia pingguoensis* D. Fang
西南红山茶 *Camellia pitardii* Cohen-Stuart
多齿红山茶 *Camellia polyodonta* F. C. How ex Hu
毛叶茶 *Camellia ptilophylla* H. T. Chang
毛糙果茶 *Camellia pubifurfuracea* Y. C. Zhong
毛瓣金花茶 *Camellia pubipetala* Y. Wan & S. Z. Huang
斑枝毛蕊茶 *Camellia punctata* (Kochs) Cohen-Stuart
三江瘤果茶 *Camellia pyxidiacea* Z. R. Xu, F. P. Chen & C. Y. Deng
滇山茶 *Camellia reticulata* Lindl.
皱果茶 *Camellia rhytidocarpa* H. T. Chang & S. Y. Liang
川鄂连蕊茶 *Camellia rosthorniana* Handel-Mazz.
柳叶毛蕊茶 *Camellia salicifolia* Champ. ex Benth.
怒江红山茶 *Camellia saluenensis* Stapf ex Bean
茶梅 *Camellia sasanqua* Thunb.
南山茶 *Camellia semiserrata* C. W. Chi
茶 *Camellia sinensis* (L.) Kuntze
普洱茶 *Camellia sinensis* var. *assamica* (J. W. Masters) Kitamura
德宏茶 *Camellia sinensis* var. *dehungensis* (Hung T. Chang & B. H. Chen) T. L. Ming
白毛茶 *Camellia sinensis* var. *pubilimba* Hung T. Chang
五室连蕊茶 *Camellia stuartiana* Sealy
全缘红山茶 *Camellia subintegra* P. C. Huang ex H. T. Chang

川滇连蕊茶 *Camellia synaptica* Sealy
半宿萼茶 *Camellia szechuanensis* C. W. Chi
思茅短蕊茶 *Camellia szemaoensis* H. T. Chang
大厂茶 *Camellia tachangensis* F. C. Zhang
大理茶 *Camellia taliensis* (W. W. Smith.) Melch.
大姚短柱茶 *Camellia tenii* Sealy
阿里山连蕊茶 *Camellia transarisanensis* (Hayata) Cohen-Stuart
毛枝连蕊茶 *Camellia trichoclada* (Rehd.) Chien
云南连蕊茶 *Camellia tsaii* Hu
金屏连蕊茶 *Camellia tsingpienensis* Hu
瘤果茶 *Camellia tuberculata* Chien
小果毛蕊茶 *Camellia villicarpa* Chien
绿萼连蕊茶 *Camellia viridicalyx* H. T. Chang & S. Y. Liang
滇缅离蕊茶 *Camellia wardii* Kobuski
黄花短蕊茶 *Camellia xanthochroma* K. M. Feng & L. S. Xie
五柱滇山茶 *Camellia yunnanensis* (Pit. ex Diels) Cohen-Stuart

大头茶属 *Polyspora*

大头茶 *Polyspora axillaris* (Roxburgh ex Ker Gawler) Sweet

核果茶属 *Pyrenaria*

印藏核果茶 *Pyrenaria khasiana* R. N. Paul
石笔木 *Pyrenaria spectabilis* (Champ.) C. Y. Wu & S. X. Yang

木荷属 *Schima*

木荷 *Schima superba* Gardn. & Champ.

177. 山矾科 Symplocaceae

山矾属 *Symplocos*

华山矾 *Symplocos chinensis* (Lour.) Druce
越南山矾 *Symplocos cochinchinensis* (Lour.) S. Moore
火灰山矾 *Symplocos dung* Eberh. & Dub.
柃叶山矾 *Symplocos euryoides* Hand.-Mazz.
单花山矾 *Symplocos ovatilobata* Noot.
日本白檀 *Symplocos paniculata* (Thunb.) Miq.
老鼠屎 *Symplocos stellaris* Brand
山矾 *Symplocos sumuntia* Buch.-Ham. ex D. Don
白檀 *Symplocos tanakana* Nakai

178. 安息香科 Styracaceae

赤杨叶属 *Alniphyllum*

赤杨叶 *Alniphyllum fortunei* (Hemsl.) Makino

安息香属 *Styrax*

喙果安息香 *Styrax agrestis* (Lour.) G. Don

印度安息香 *Styrax benzoin* Dryand.

大果安息香 *Styrax macrocarpus* Cheng

栓叶安息香 *Styrax suberifolius* Hook. & Arn.

越南安息香 *Styrax tonkinensis* (Pierre) Craib ex Hartw.

179. 瓶子草科 Sarraceniaceae

瓶子草属 *Sarracenia*

红花瓶子草 *Sarracenia rubra* Planch.

180. 猕猴桃科 Actinidiaceae

猕猴桃属 *Actinidia*

中华猕猴桃 *Actinidia chinensis* Planch.

阔叶猕猴桃 *Actinidia latifolia* (Gardn. & Champ.) Merr.

美丽猕猴桃 *Actinidia melliana* Hand. -Mazz.

水东哥属 *Saurauia*

绵毛水东哥 *Saurauia griffithii* Dyer

大花水东哥 *Saurauia punduana* Wall.

水东哥 *Saurauia tristyla* DC.

181. 杜鹃花科 Ericaceae

吊钟花属 *Enkianthus*

吊钟花 *Enkianthus quinqueflorus* Lour.

白珠属 *Gaultheria*

白果白珠 *Gaultheria leucocarpa* Bl.

白珠树 *Gaultheria leucocarpa* var. *cumingiana* (Vidal) T. Z. Hsu

滇白珠 *Gaultheria leucocarpa* var. *yunnanensis* (Franchet) T. Z. Hsu & R. C. Fang

铜钱叶白珠 *Gaultheria nummularioides* D. Don

珍珠花属 *Lyonia*

小果珍珠花 *Lyonia ovalifolia* var. *elliptica* (Sieb. & Zucc.) Hand. -Mazz.

杜鹃花属 *Rhododendron*

尖叶美容杜鹃 *Rhododendron calophytum* var. *openshawianum* (Rehder & E. H. Wilson) D. F. Chamberlain

海南杜鹃 *Rhododendron hainanense* Merr.

皋月杜鹃 *Rhododendron indicum* (L.) Sweet

毛棉杜鹃 *Rhododendron moulmainense* Hook.

白花杜鹃 *Rhododendron mucronatum* (Blume) G. Don

岩谷杜鹃 *Rhododendron rupivalleculatum* Tam

杜鹃 *Rhododendron simsii* Planch.

182. 茶茱萸科 Icacinaceae

微花藤属 *Iodes*

小果微花藤 *Iodes vitiginea* (Hance) Hemsl.

薄核藤属 *Natsiatum*

薄核藤 *Natsiatum herpeticum* Buch.-Ham. ex Arn.

肖榄属 *Platea*

阔叶肖榄 *Platea latifolia* Blume

东方肖榄 *Platea parvifolia* Merr. & Chun

刺核藤属 *Pyrenacantha*

刺核藤 *Pyrenacantha volubilis* Wight

183. 丝缨花科 Garryaceae

桃叶珊瑚属 *Aucuba*

桃叶珊瑚 *Aucuba chinensis* Benth.

184. 茜草科 Rubiaceae

水团花属 *Adina*

细叶水团花 *Adina rubella* Hance

茜树属 *Aidia*

茜树 *Aidia cochinchinensis* Lour.

毛茶属 *Antirhea*

毛茶 *Antirhea chinensis* (Champ. ex Benth.) Benth. & Hook. f. ex F. B. Forbes & Hemsl.

雪花属 *Argostemma*

异色雪花 *Argostemma discolor* Merr.

岩雪花 *Argostemma saxatile* Chun & F. C. How ex W. C. Ko

穴果木属 *Caelospermum*

穴果木 *Caelospermum truncatum* (Wallich) Baillon ex K. Schumann

猪肚木属 *Canthium*

猪肚木 *Canthium horridum* Bl. Bijdr.

山石榴属 *Catunaregam*

山石榴 *Catunaregam spinosa* (Thunb.) Tirveng.

风箱树属 *Cephalanthus*

风箱树 *Cephalanthus tetrandrus* (Roxb.) Ridsdale & Bakh. f.

雪脂木属 *Chione*

多脉雪脂木 *Chione venosa* (Sw.) Urb.

咖啡属 *Coffea*

小粒咖啡 *Coffea arabica* L.

中粒咖啡 *Coffea canephora* Pierre ex A. Froehner

埃塞尔萨种咖啡 *Coffea excelsa* A. Chev.

大粒咖啡 *Coffea liberica* W. Bull ex Hiern

总序咖啡 *Coffea racemosa* Lour.

虎刺属 *Damnacanthus*

海南虎刺 *Damnacanthus hainanensis* (H. S. Lo) H. S. Lo ex Y. Z. Ruan

虎刺 *Damnacanthus indicus* (L.) Gaertn. f.

小牙草属 *Dentella*

小牙草 *Dentella repens* (L.) J. R. Forst. & G. Forst.

狗骨柴属 *Diplospora*

狗骨柴 *Diplospora dubia* (Lindl.) Masam.

长柱山丹属 *Duperrea*

长柱山丹 *Duperrea pavettifolia* (Kurz) Pitard

拉拉藤属 *Galium*

拉拉藤 *Galium spurium* L.

栀子属 *Gardenia*

海南栀子 *Gardenia hainanensis* Merr.

大花栀子 *Gardenia jasminoides* 'Grandiflorum'

栀子 *Gardenia jasminoides* J. Ellis

白蟾 *Gardenia jasminoides* var. *fortuneana* (Lindley) H. Hara

花叶栀子 *Gardenia jasminoides* 'Variegata'

狭叶栀子 *Gardenia stenophylla* Merr.

爱地草属 *Geophila*

爱地草 *Geophila repens* (L.) I. M. Johnston

海岸桐属 *Guettarda*

海岸桐 *Guettarda speciosa* L.

长隔木属　*Hamelia*

长隔木　*Hamelia patens* Jacq.

耳草属　*Hedyotis*

广花耳草　*Hedyotis ampliflora* Hance

耳草　*Hedyotis auricularia* L.

保亭耳草　*Hedyotis baotingensis* W. C. Ko

中华耳草　*Hedyotis cathayana* W. C. Ko

大众耳草　*Hedyotis communis* W. C. Ko

伞房花耳草　*Hedyotis corymbosa*（L.）Lam.

闭花耳草　*Hedyotis cryptantha* Dunn

定安耳草　*Hedyotis dinganensis* Qing L. Wang

海南耳草　*Hedyotis hainanensis*（Chun）W. C. Ko

延龄耳草　*Hedyotis paridifolia* Dunn

纤花耳草　*Hedyotis tenelliflora* Blume

顶花耳草　*Hedyotis terminaliflora* Merr. & Chun

五指山耳草　*Hedyotis wuzhishanensis* R. J. Wang

龙船花属　*Ixora*

大王龙船花　*Ixora casei* 'Super King'

龙船花　*Ixora chinensis* Lam.

黄花龙船花　*Ixora coccinea* f. *lutea*（Hutch.）F. R. Fosberg & H. H. Sachet

小叶龙船花　*Ixora coccinea* 'Xiaoye'

散花龙船花　*Ixora effusa* Chun & F. C. How ex W. C. Ko

薄叶龙船花　*Ixora finlaysoniana* Wall. ex G. Don

海南龙船花　*Ixora hainanensis* Merr.

白花龙船花　*Ixora henryi* H. Lév.

泡叶龙船花　*Ixora nienkui* Merr. & Chun

矮红仙丹花　*Ixora williamsii* 'Sunkist'

粗叶木属　*Lasianthus*

斜基粗叶木　*Lasianthus attenuatus* Jack

粗叶木　*Lasianthus chinensis*（Champ. ex Benth.）Benth.

犀牛粗叶木　*Lasianthus rhinocerotis* Blume

黄毛粗叶木　*Lasianthus rhinocerotis* subsp. *pedunculatus*（Pitard）H. Zhu

报春茜属　*Leptomischus*

报春茜　*Leptomischus primuloides* Drake

滇丁香属　*Luculia*

滇丁香　*Luculia pinceana* Hooker

盖裂果属　*Mitracarpus*

盖裂果　*Mitracarpus hirtus*（L.）DC.

巴戟天属 *Morinda*

短柄鸡眼藤 *Morinda brevipes* S. Y. Hu

海滨木巴戟 *Morinda citrifolia* L.

大果巴戟 *Morinda cochinchinensis* DC.

黄茎巴戟 *Morinda lucida* Benth.

巴戟天 *Morinda officinalis* F. C. How

毛巴戟天 *Morinda officinalis* var. *hirsuta* How

鸡眼藤 *Morinda parvifolia* Bartl. ex DC.

羊角藤 *Morinda umbellata* subsp. *obovata* Y. Z. Ruan

玉叶金花属 *Mussaenda*

粉纸扇 *Mussaenda* ‘Alicia’

短裂玉叶金花 *Mussaenda breviloba* S. Moore

墨脱玉叶金花 *Mussaenda decipiens* H. Li

楠藤 *Mussaenda erosa* Champ. ex Benth.

红纸扇 *Mussaenda erythrophylla* Schumach. & Thonn.

海南玉叶金花 *Mussaenda hainanensis* Merr.

粗毛玉叶金花 *Mussaenda hirsutula* Miq.

乐东玉叶金花 *Mussaenda lotungensis* Chun & W. C. Ko

大叶玉叶金花 *Mussaenda macrophylla* Wall.

多脉玉叶金花 *Mussaenda multinervis* C. Y. Wu ex H. H. Hsue & H. Wu

玉叶金花 *Mussaenda pubescens* W. T. Aiton

腺萼木属 *Mycetia*

毛腺萼木 *Mycetia hirta* Hutch.

华腺萼木 *Mycetia sinensis* (Hemsl.) Craib

密脉木属 *Myrioneuron*

越南密脉木 *Myrioneuron tonkinense* Pitard

乌檀属 *Nauclea*

乌檀 *Nauclea officinalis* (Pierre ex Pit.) Merr. & Chun

团花属 *Neolamarckia*

团花 *Neolamarckia cadamba* (Roxb.) Bosser

新乌檀属 *Neonauclea*

新乌檀 *Neonauclea griffithii* (Hook. f.) Merr.

薄柱草属 *Nertera*

红果薄柱草 *Nertera granadensis* (Mutis ex L. f.) Druce

薄柱草 *Nertera sinensis* Hemsl.

藏咖啡属 *Nostolachma*

藏咖啡 *Nostolachma jenkinsii* (Hook. f.) Deb & J. Lahiri

蛇根草属 *Ophiorrhiza*

广州蛇根草 *Ophiorrhiza cantonensis* Hance

日本蛇根草 *Ophiorrhiza japonica* Bl.
长萼蛇根草 *Ophiorrhiza medogensis* H. Li
美丽蛇根草 *Ophiorrhiza rosea* Hook. f.
变红蛇根草 *Ophiorrhiza subrubescens* Drake

鸡屎藤属 *Paederia*

污浊鸡屎藤 *Paederia farinosa* (Baker) Puff
鸡屎藤 *Paederia foetida* L.
绒毛鸡屎藤 *Paederia lanuginosa* Wall.
狭序鸡屎藤 *Paederia stenobotrya* Merr.

大沙叶属 *Pavetta*

光萼大沙叶 *Pavetta arenosa* f. *glabrituba* Chun & K. C. How ex W. C. Ko
大沙叶 *Pavetta arenosa* Lour.
香港大沙叶 *Pavetta hongkongensis* Bremek.

五星花属 *Pentas*

五星花 *Pentas lanceolata* (Forssk.) K. Schum.

南山花属 *Prismatomeris*

南山花 *Prismatomeris tetrandra* (Roxb.) K. Schum.

九节属 *Psychotria*

九节 *Psychotria asiatica* L.
美果九节 *Psychotria calocarpa* Kurz
海南九节 *Psychotria hainanensis* H. L. Li
蔓九节 *Psychotria serpens* L.
黄脉九节 *Psychotria straminea* Hutchins.
云南九节 *Psychotria yunnanensis* Hutch.

鱼骨木属 *Psydrax*

鱼骨木 *Psydrax dicocca* Gaertner

墨苜蓿属 *Richardia*

墨苜蓿 *Richardia scabra* L.

郎德木属 *Rondeletia*

郎德木 *Rondeletia odorata* Jacq.

茜草属 *Rubia*

金剑草 *Rubia alata* Wall.
茜草 *Rubia cordifolia* L.
梵茜草 *Rubia manjith* Roxb. ex Flem.

染木树属 *Saprosma*

染木树 *Saprosma ternata* (Wallich) J. D. Hooker

裂果金花属 *Schizomussaenda*

裂果金花 *Schizomussaenda henryi* (Hutch.) X. F. Deng & D. X. Zhang

蛇舌草属 *Scleromitrion*

白花蛇舌草 *Scleromitrion diffusum*（Willd.）R. J. Wang

松叶耳草 *Scleromitrion pinifolium*（Wall. ex G. Don）R. J. Wang

白马骨属 *Serissa*

六月雪 *Serissa japonica*（Thunb.）Thunb.

钮扣草属 *Spermacoce*

阔叶丰花草 *Spermacoce alata* Aubl.

二萼丰花草 *Spermacoce exilis*（L. O. Williams）C. D. Adams

糙叶丰花草 *Spermacoce hispida* L.

丰花草 *Spermacoce pusilla* Wallich

光叶丰花草 *Spermacoce remota* Lam.

螺序草属 *Spiradiclis*

海南螺序草 *Spiradiclis hainanensis* H. S. Lo

钩藤属 *Uncaria*

毛钩藤 *Uncaria hirsuta* Havil.

大叶钩藤 *Uncaria macrophylla* Wall.

钩藤 *Uncaria rhynchophylla*（Miq.）Miq. ex Havil.

攀茎钩藤 *Uncaria scandens*（Smith）Hutchins.

水锦树属 *Wendlandia*

广东水锦树 *Wendlandia guangdongensis* W. C. Chen

水锦树 *Wendlandia uvariifolia* Hance

185. 龙胆科 Gentianaceae

穿心草属 *Canscora*

罗星草 *Canscora andrographioides* Griffith ex C. B. Clarke

喉毛花属 *Comastoma*

喉毛花 *Comastoma pulmonarium*（Turcz.）Toyok.

洋桔梗属 *Eustoma*

洋桔梗 *Eustoma grandiflorum*（Raf.）Shinners

藻百年属 *Exacum*

紫芳草 *Exacum affine* Balf. f.

灰莉属 *Fagraea*

灰莉 *Fagraea ceilanica* Thunb.

龙胆属 *Gentiana*

华南龙胆 *Gentiana loureiroi*（G. Don）Grisebach

秦艽 *Gentiana macrophylla* Pall.

扁蕾属 *Gentianopsis*

湿生扁蕾 *Gentianopsis paludosa*（Hook. f.）Ma

花锚属 *Halenia*

卵萼花锚 *Halenia elliptica* D. Don

铜币草属 *Obolaria*

铜币草 *Obolaria virginica* L.

双蝴蝶属 *Tripterospermum*

双蝴蝶 *Tripterospermum chinense*（Migo）H. Smith

186. 马钱科 Loganiaceae

尖帽草属 *Mitrasacme*

水田白 *Mitrasacme pygmaea* R. Br.

翅子草属 *Spigelia*

石竹参 *Spigelia anthelmia* L.

马钱属 *Strychnos*

牛眼马钱 *Strychnos angustiflora* Benth.

华马钱 *Strychnos cathayensis* Merr.

马钱子 *Strychnos nux-vomica* L.

密花马钱 *Strychnos ovata* A. W. Hill

伞花马钱 *Strychnos umbellata*（Loureiro）Merrill

187. 钩吻科 Gelsemiaceae

钩吻属 *Gelsemium*

钩吻 *Gelsemium elegans*（Gardn. & Champ.）Benth.

常绿钩吻藤 *Gelsemium sempervirens*（L.）J. St.-Hil.

188. 夹竹桃科 Apocynaceae

沙漠玫瑰属 *Adenium*

沙漠玫瑰 *Adenium obesum*（Forssk.）Roem. & Schult.

榄叶沙漠玫瑰 *Adenium oleifolium* Stapf

香花藤属 *Aganosma*

香花藤 *Aganosma marginata*（Roxburgh）G. Don

黄蝉属 *Allamanda*

紫蝉花 *Allamanda blanchetii* A. DC.

软枝黄蝉 *Allamanda cathartica* L.

重瓣软枝黄蝉 *Allamanda cathartica* 'Williamsii Flore-pleno'
黄蝉 *Allamanda schottii* Pohl
鸡骨常山属 *Alstonia*
盆架树 *Alstonia rostrata* C. E. C. Fischer
糖胶树 *Alstonia scholaris*（L.）R. Br.
链珠藤属 *Alyxia*
橄榄果链珠藤 *Alyxia balansae* Pitard
链珠藤 *Alyxia sinensis* Champ. ex Benth.
鳝藤属 *Anodendron*
鳝藤 *Anodendron affine*（Hook. & Arn.）Druce
保亭鳝藤 *Anodendron howii* Tsiang
马利筋属 *Asclepias*
马利筋 *Asclepias curassavica* L.
清明花属 *Beaumontia*
断肠花 *Beaumontia brevituba* Oliv.
清明花 *Beaumontia grandiflora* Wall.
箭药藤属 *Belostemma*
箭药藤 *Belostemma hirsutum* Wall. ex Wight
牛角瓜属 *Calotropis*
牛角瓜 *Calotropis gigantea*（L.）W. T. Aiton
圆果牛角瓜 *Calotropis procera*（Aiton）W. T. Aiton
假虎刺属 *Carissa*
刺黄果 *Carissa carandas* L.
大花假虎刺 *Carissa macrocarpa*（Eckl.）A. DC.
长春花属 *Catharanthus*
长春花 *Catharanthus roseus*（L.）G. Don
白长春花 *Catharanthus roseus* 'Albus'
海杧果属 *Cerbera*
海杧果 *Cerbera manghas* L.
海檬树 *Cerbera odollam* Gaertn.
吊灯花属 *Ceropegia*
狭叶吊灯花 *Ceropegia stenophylla* C. K. Schneid.
吊灯花 *Ceropegia trichantha* Hemsl.
吊金钱 *Ceropegia woodii* Schltr.
鹿角藤属 *Chonemorpha*
大叶鹿角藤 *Chonemorpha fragrans*（Moon）Alston
海南鹿角藤 *Chonemorpha splendens* Chun & Tsiang

荟蔓藤属 *Cosmostigma*

荟蔓藤 *Cosmostigma hainanense* Tsiang

白叶藤属 *Cryptolepis*

白叶藤 *Cryptolepis sinensis* (Lour.) Merr.

桉叶藤属 *Cryptostegia*

桉叶藤 *Cryptostegia grandiflora* R. Br.

橡胶紫茉莉 *Cryptostegia madagascariensis* Bojer ex Decne.

鹅绒藤属 *Cynanchum*

肉珊瑚 *Cynanchum acidum* (Roxb.) Oken

牛皮消 *Cynanchum auriculatum* Royle ex Wight

刺瓜 *Cynanchum corymbosum* Wight

天星藤 *Cynanchum graphistemmatoides* Liede & Khanum

海南杯冠藤 *Cynanchum insulanum* (Hance) Hemsl.

马兰藤属 *Dischidanthus*

马兰藤 *Dischidanthus urceolatus* (Decne.) Tsiang

眼树莲属 *Dischidia*

眼树莲 *Dischidia chinensis* Champ. ex Benth.

圆叶眼树莲 *Dischidia nummularia* R. Br.

南山藤属 *Dregea*

南山藤 *Dregea volubilis* (L. f.) Benth. ex Hook. f.

钉头果属 *Gomphocarpus*

钉头果 *Gomphocarpus fruticosus* (L.) W. T. Aiton

钝钉头果 *Gomphocarpus physocarpus* E. Mey.

纤冠藤属 *Gongronema*

纤冠藤 *Gongronema nepalense* (Wall.) Decne.

匙羹藤属 *Gymnema*

广东匙羹藤 *Gymnema inodorum* (Lour.) Decne.

匙羹藤 *Gymnema sylvestre* (Retz.) R. Br. ex Sm.

醉魂藤属 *Heterostemma*

醉魂藤 *Heterostemma alatum* Wight

台湾醉魂藤 *Heterostemma brownii* Hayata

催乳藤 *Heterostemma oblongifolium* Cost.

秉滔醉魂藤 *Heterostemma pingtaoi* S. Y. He & J. Y. Lin

止泻木属 *Holarrhena*

止泻木 *Holarrhena pubescens* Wallich ex G. Don

球兰属 *Hoya*

翅冠球兰 *Hoya acuminata* (Wight) Benth. ex Hook. f.

淡味球兰 *Hoya callistophylla* T. Green

球兰　*Hoya carnosa*（L. f.）R. Br.
花叶球兰　*Hoya carnosa* var. *marmorata* Hort.
心叶球兰　*Hoya cordata* P. T. Li & S. Z. Huang
厚花球兰　*Hoya dasyantha* Tsiang
护耳草　*Hoya fungii* Merr.
黄花球兰　*Hoya fusca* Wall.
小球球兰　*Hoya globulosa* Hook. f.
荷秋藤　*Hoya griffithii* J. D. Hooker
毛叶球兰　*Hoya hypolasia* Schltr.
橙花球兰　*Hoya lasiogynostegia* P. T. Li
崖县球兰　*Hoya liangii* Tsiang
荔坡球兰　*Hoya lipoensis* P. T. Li & Z. R. Xu
蜂出巢　*Hoya multiflora* Blume
凸脉球兰　*Hoya nervosa* Tsiang & P. T. Li
卵叶球兰　*Hoya ovalifolia* Wight & Arn.
铁草鞋　*Hoya pottsii* J. Traill
猴王球兰　*Hoya praetorii* Miq.
毛球兰　*Hoya villosa* Cost.

仔榄树属　*Hunteria*

仔榄树　*Hunteria zeylanica*（Retz.）Gard. ex Thwaites

腰骨藤属　*Ichnocarpus*

腰骨藤　*Ichnocarpus frutescens*（L.）W. T. Aiton
小花藤　*Ichnocarpus polyanthus* (Blume) P. I. Forster

蕊木属　*Kopsia*

蕊木　*Kopsia arborea* Blume
红花蕊木　*Kopsia fruticosa*（Roxb.）A. DC.
海南蕊木　*Kopsia hainanensis* Tsiang

折冠藤属　*Lygisma*

折冠藤　*Lygisma inflexum*（Costantin）Kerr

飘香藤属　*Mandevilla*

飘香藤　*Mandevilla laxa*（Ruiz & Pavon）Woodson
红蝉花　*Mandevilla sanderi*（Hemsl.）Woodson

牛奶菜属　*Marsdenia*

海南牛奶菜　*Marsdenia hainanensis* Tsiang
墨脱牛奶菜　*Marsdenia medogensis* P. T. Li
蓝叶藤　*Marsdenia tinctoria* R. Br.

山橙属　*Melodinus*

思茅山橙　*Melodinus cochinchinensis*（Lour.）Merr.

驼峰藤属 *Merrillanthus*

驼峰藤 *Merrillanthus hainanensis* Chun & Tsiang

翅果藤属 *Myriopteron*

翅果藤 *Myriopteron extensum*（Wight & Arnott）K. Schum.

夹竹桃属 *Nerium*

夹竹桃 *Nerium oleander* L.

白花夹竹桃 *Nerium oleander* 'Paihua'

玫瑰树属 *Ochrosia*

玫瑰树 *Ochrosia maculata* Jacq.

豹皮花属 *Orbea*

豹皮花 *Orbea pulchella*（Masson）L. C. Leach

尖槐藤属 *Oxystelma*

尖槐藤 *Oxystelma esculentum*（L. f.）Smith

棒锤树属 *Pachypodium*

非洲霸王树 *Pachypodium lamerei* Drake

同心结属 *Parsonsia*

海南同心结 *Parsonsia alboflavescens*（Dennstedt）Mabberley

石萝藦属 *Pentasachme*

石萝藦 *Pentasachhme caudatum* Wallich ex Wight

白水藤属 *Pentastelma*

白水藤 *Pentastelma auritum* Tsiang & P. T. Li

杠柳属 *Periploca*

青蛇藤 *Periploca calophylla*（Wight）Falc.

黑龙骨 *Periploca forrestii* Schltr.

鸡蛋花属 *Plumeria*

白花鸡蛋花 *Plumeria alba* L.

钝叶鸡蛋花 *Plumeria obtusa* L.

缅雪花 *Plumeria pudica* Jacq.

鸡蛋花 *Plumeria rubra* 'Acutifolia'

多普佩诺红鸡蛋花 *Plumeria rubra* 'Dompano'

红鸡蛋花 *Plumeria rubra* L.

尖叶鸡蛋花 *Plumeria tatraphylla* L.

帘子藤属 *Pottsia*

帘子藤 *Pottsia laxiflora*（Bl.）Kuntze

萝芙木属 *Rauvolfia*

蛇根木 *Rauvolfia serpentina*（L.）Benth. ex Kurz

四叶萝芙木 *Rauvolfia tetraphylla* L.

萝芙木 *Rauvolfia verticillata*（Lour.）Baill.

催吐萝芙木 *Rauvolfia vomitoria* Afzel.

鲫鱼藤属 *Secamone*

鲫鱼藤 *Secamone elliptica* R. Brown

犀角属 *Stapelia*

巨花犀角 *Stapelia gigantea* N. E. Br.

须药藤属 *Stelmacrypton*

须药藤 *Stelmacrypton khasianum* (Kurz) Baillon

耳药藤属 *Stephanotis*

多花耳药藤 *Stephanotis floribunda* Brongn.

泥藤属 *Streptoechites*

泥藤 *Streptoechites chinensis* (Merr.) D. J. Middleton & Livsh.

羊角拗属 *Strophanthus*

羊角拗 *Strophanthus divaricatus* (Lour.) Hook. & Arn.

箭毒羊角拗 *Strophanthus hispidus* DC.

西非羊角拗 *Strophanthus sarmentosus* DC.

山辣椒属 *Tabernaemontana*

药用狗牙花 *Tabernaemontana bovina* Loureiro

尖蕾狗牙花 *Tabernaemontana bufalina* Loureiro

狗牙花 *Tabernaemontana divaricata* (L.) R. Br. ex Roem. & Schult.

重瓣狗牙花 *Tabernaemontana divaricata* 'Flore Pleno'

夜来香属 *Telosma*

夜来香 *Telosma cordata* (Burm. f.) Merr.

黄花夹竹桃属 *Thevetia*

黄花夹竹桃 *Thevetia peruviana* (Pers.) K. Schum.

弓果藤属 *Toxocarpus*

广花弓果藤 *Toxocarpus patens* Tsiang

弓果藤 *Toxocarpus wightianus* Hook. & Arn.

络石属 *Trachelospermum*

亚洲络石 *Trachelospermum asiaticum* (Siebold & Zucc.) Nakai

络石 *Trachelospermum jasminoides* (Lindl.) Lem.

娃儿藤属 *Tylophora*

虎须娃儿藤 *Tylophora arenicola* Merr.

轮环娃儿藤 *Tylophora cycleoides* Tsiang

七层楼 *Tylophora floribunda* Miquel

长梗娃儿藤 *Tylophora glabra* Costantin

娃儿藤 *Tylophora ovata* (Lindl.) Hook. ex Steud.

紫叶娃儿藤 *Tylophora picta* Tsiang

水壶藤属 *Urceola*

华南杜仲藤 *Urceola quintaretii* (Pierre) D. J. Middleton

酸叶胶藤 *Urceola rosea* (Hooker & Arnott) D. J. Middleton

白前属 *Vincetoxicum*

柳叶白前 *Vincetoxicum stauntonii* (Decne.) C. Y. Wu & D. Z. Li

马铃果属 *Voacanga*

非洲马铃果 *Voacanga africana* Stapf

马铃果 *Voacanga chalotiana* Pierre ex Stapf

倒吊笔属 *Wrightia*

蓝树 *Wrightia laevis* Hook. f.

倒吊笔 *Wrightia pubescens* R. Br.

无冠倒吊笔 *Wrightia religiosa* (Teijsmann & Binnendijk) Bentham

189. 紫草科 Boraginaceae

斑种草属 *Bothriospermum*

柔弱斑种草 *Bothriospermum zeylanicum* (J. Jacq.) Druce

基及树属 *Carmona*

基及树 *Carmona microphylla* (Lam.) G. Don

双柱紫草属 *Coldenia*

双柱紫草 *Coldenia procumbens* L.

破布木属 *Cordia*

蒜味破布木 *Cordia alliodora* (Ruiz & Pav.) Oken

破布木 *Cordia dichotoma* G. Forst.

毛叶破布木 *Cordia myxa* L.

红花破布木 *Cordia sebestena* L.

橙花破布木 *Cordia subcordata* Lam.

琉璃草属 *Cynoglossum*

倒提壶 *Cynoglossum amabile* Stapf & Drumm.

琉璃草 *Cynoglossum furcatum* Wall.

小花琉璃草 *Cynoglossum lanceolatum* Forssk.

厚壳树属 *Ehretia*

厚壳树 *Ehretia acuminata* R. Brown

宿苞厚壳树 *Ehretia asperula* Zoll. & Mor.

天芥菜属 *Heliotropium*

大尾摇 *Heliotropium indicum* L.

伏毛天芹菜 *Heliotropium procumbens* var. *depressum* (Cham.) H. Y. Liu

微孔草属 *Microula*

微孔草 *Microula sikkimensis* (C. B. Clarke) Hemsl.

勿忘草属 *Myosotis*

勿忘草 *Myosotis alpestris* F. W. Schmidt

聚合草属 *Symphytum*

聚合草 *Symphytum officinale* L.

紫丹属 *Tournefortia*

银毛树 *Tournefortia argentea* L. f.

190. 旋花科 Convolvulaceae

银背藤属 *Argyreia*

白鹤藤 *Argyreia acuta* Lour.

头花银背藤 *Argyreia capitiformis* (Poir.) Ooststr.

台湾银背藤 *Argyreia formosana* Ishigami ex T. Yamazaki

银背藤 *Argyreia mollis* (Burm. f.) Choisy

美丽银背藤 *Argyreia nervosa* (Burm. f.) Boj.

东京银背藤 *Argyreia pierreana* Bois

茉栾藤属 *Camonea*

茉栾藤 *Camonea pilosa* (Houtt.) A. R. Simões & Staples

菟丝子属 *Cuscuta*

南方菟丝子 *Cuscuta australis* R. Br.

菟丝子 *Cuscuta chinensis* Lam.

马蹄金属 *Dichondra*

马蹄金 *Dichondra micrantha* Urban

飞蛾藤属 *Dinetus*

飞蛾藤 *Dinetus racemosus* (Wall.) Buch.-Ham. ex Sweet

丁公藤属 *Erycibe*

九来龙 *Erycibe elliptilimba* Merr. & Chun

锈毛丁公藤 *Erycibe expansa* Wall. ex G. Don

毛叶丁公藤 *Erycibe hainanensis* Merrill

丁公藤 *Erycibe obtusifolia* Benth.

土丁桂属 *Evolvulus*

土丁桂 *Evolvulus alsinoides* (L.) L.

银丝草 *Evolvulus alsinoides* var. *decumbens* (R. Br.) Ooststr.

蓝星花 *Evolvulus nuttallianus* Schult.

猪菜藤属 *Hewittia*

猪菜藤 *Hewittia malabarica* (L.) Suresh

番薯属 *Ipomoea*

葵叶茑萝 *Ipomoea* × *sloteri*（Raf.）Shinners

夜花薯藤 *Ipomoea aculeata* var. *mollissima*（Zollinger）H. Hallier ex van Ooststroom

蕹菜 *Ipomoea aquatica* Forsskal

番薯 *Ipomoea batatas*（L.）Lam.

花叶番薯 *Ipomoea batatas* 'Tricolor'

毛牵牛 *Ipomoea biflora*（L.）Pers.

五爪金龙 *Ipomoea cairica*（L.）Sweet

印度旋花 *Ipomoea carnea* Jacquin

树牵牛 *Ipomoea carnea* subsp. *fistulosa*（Mart. ex Choisy）D. F. Austin

毛茎薯 *Ipomoea marginata*（Desrousseaux）Verdcourt

牵牛 *Ipomoea nil*（L.）Roth

小心叶薯 *Ipomoea obscura*（L.）Ker Gawl.

厚藤 *Ipomoea pes-caprae*（L.）R. Brown

虎掌藤 *Ipomoea pes-tigridis* L.

帽苞薯藤 *Ipomoea pileata* Roxb.

圆叶牵牛 *Ipomoea purpurea*（L.）Roth

茑萝 *Ipomoea quamoclit* L.

海南薯 *Ipomoea sumatrana*（Miq.）Ooststr.

三裂叶薯 *Ipomoea triloba* L.

管花薯 *Ipomoea violacea* L.

小牵牛属 *Jacquemontia*

小牵牛 *Jacquemontia paniculata*（Burm. f.）Hallier f.

披针叶小牵牛 *Jacquemontia paniculata* var. *lanceolata* S. H. Huang

鳞蕊藤属 *Lepistemon*

鳞蕊藤 *Lepistemon binectariferum*（Wall.）Kuntze

鱼黄草属 *Merremia*

金钟藤 *Merremia boisiana*（Gagnep.）Ooststr.

多裂鱼黄草 *Merremia dissecta*（Jacq.）Hallier f.

篱栏网 *Merremia hederacea*（Burm. f.）Hallier f.

毛山猪菜 *Merremia hirta*（L.）Merr.

木玫瑰 *Merremia tuberosa*（L.）Rendle

掌叶鱼黄草 *Merremia vitifolia*（Burm. f.）Hall. f.

盾苞藤属 *Neuropeltis*

盾苞藤 *Neuropeltis racemosa* Wall.

盒果藤属 *Operculina*

盒果藤 *Operculina turpethum*（L.）S. Manso

腺叶藤属 *Stictocardia*

腺叶藤 *Stictocardia tiliifolia*（Desr.）Hall. f.

地旋花属 ***Xenostegia***

地旋花 *Xenostegia tridentata* (L.) D. F. Austin & Staples

191. 茄科 Solanaceae

酸浆属 ***Alkekengi***

酸浆 *Alkekengi officinarum* Moench

颠茄属 ***Atropa***

颠茄 *Atropa belladonna* L.

木曼陀罗属 ***Brugmansia***

木本曼陀罗 *Brugmansia arborea* (L.) Lagerh.

粉花木曼陀罗 *Brugmansia suaveolens* 'Frosty Pink'

鸳鸯茉莉属 ***Brunfelsia***

美洲鸳鸯茉莉 *Brunfelsia americana* L.

鸳鸯茉莉 *Brunfelsia brasiliensis* (Spreng.) L. B. Sm. & Downs

二色茉莉 *Brunfelsia latifolia* (Pohl) Benth.

少花鸳鸯茉莉 *Brunfelsia pauciflora* (Cham. & Schltdl.) Benth.

辣椒属 ***Capsicum***

辣椒 *Capsicum annuum* L.

朝天椒 *Capsicum annuum* var. *conoides* (Mill.) Irish

风铃辣椒 *Capsicum baccatum* L.

野生辣椒 *Capsicum chacoense* Hunz.

魔鬼辣椒 *Capsicum chinense* 'Bhut Jolokia'

黄灯笼辣椒 *Capsicum chinense* Jacq.

绒毛辣椒 *Capsicum pubescens* Ruiz & Pav.

夜香树属 ***Cestrum***

夜香树 *Cestrum nocturnum* L.

树番茄属 ***Cyphomandra***

树番茄 *Cyphomandra betacea* (Cav.) Sendtn.

曼陀罗属 ***Datura***

白花曼陀罗 *Datura* × *candida* Pers.

紫花重瓣曼陀罗 *Datura metel* 'Fastuosa'

洋金花 *Datura metel* L.

曼陀罗 *Datura stramonium* L.

天仙子属 ***Hyoscyamus***

天仙子 *Hyoscyamus niger* L.

棱瓶花属 ***Juanulloa***

棱瓶花 *Juanulloa aurantiaca* Otto & A. Dietr.

红丝线属　*Lycianthes*

红丝线　*Lycianthes biflora* (Loureiro) Bitter

大齿红丝线　*Lycianthes macrodon* (Wallich ex Nees) Bitter

滇红丝线　*Lycianthes yunnanensis* (Bitter) C. Y. Wu & S. C. Huang

枸杞属　*Lycium*

枸杞　*Lycium chinense* Miller

假酸浆属　*Nicandra*

假酸浆　*Nicandra physalodes* (L.) Gaertner

烟草属　*Nicotiana*

红花烟草　*Nicotiana* × *sanderi* Mast.

花烟草　*Nicotiana alata* Link & Otto

烟草　*Nicotiana tabacum* L.

赛亚麻属　*Nierembergia*

赛亚麻　*Nierembergia scoparia* Sendtn.

矮牵牛属　*Petunia*

矮牵牛　*Petunia* × *atkinsiana* (Sweet) D. Don ex W. H. Baxter

洋酸浆属　*Physalis*

苦蘵　*Physalis angulata* L.

小酸浆　*Physalis minima* L.

灯笼果　*Physalis peruviana* L.

美人襟属　*Salpiglossis*

美人襟　*Salpiglossis sinuata* Ruiz & Pav.

金盏藤属　*Solandra*

金杯藤　*Solandra maxima* (Sessé & Moc.) P. S. Green

茄属　*Solanum*

喀西茄　*Solanum aculeatissimum* Jacq.

红茄　*Solanum aethiopicum* L.

少花龙葵　*Solanum americanum* Miller

牛茄子　*Solanum capsicoides* Allioni

玛瑙珠　*Solanum diphyllum* L.

假烟叶树　*Solanum erianthum* D. Don

毛茄　*Solanum lasiocarpum* Dunal

番茄　*Solanum lycopersicum* L.

樱桃番茄　*Solanum lycopersicum* var. *cerasiforme* (Alef.) Fosberg

白英　*Solanum lyratum* Thunberg

山茄　*Solanum macaonense* Dunal

大果茄　*Solanum macrocarpon* L.

乳茄　*Solanum mammosum* L.

茄　*Solanum melongena* L.
香瓜茄　*Solanum muricatum* Aiton
疏刺茄　*Solanum nienkui* Merrill & Chun
龙葵　*Solanum nigrum* L.
海南茄　*Solanum procumbens* Loureiro
珊瑚樱　*Solanum pseudocapsicum* L.
刺茄　*Solanum quitoense* Lam.
水茄　*Solanum torvum* Swartz
马铃薯　*Solanum tuberosum* L.
野茄　*Solanum undatum* Lamarck
刺天茄　*Solanum violaceum* Ortega
黄果茄　*Solanum virginianum* L.
大花茄　*Solanum wrightii* Benth.

龙珠属　*Tubocapsicum*

龙珠　*Tubocapsicum anomalum*（Franchet & Savatier）Makino

192. 楔瓣花科　Sphenocleaceae

楔瓣花属　*Sphenoclea*

楔瓣花　*Sphenoclea zeylanica* Gaertn.

193. 田基麻科　Hydroleaceae

田基麻属　*Hydrolea*

田基麻　*Hydrolea zeylanica*（L.）Vahl

194. 香茜科　Carlemanniaceae

香茜属　*Carlemannia*

香茜　*Carlemannia tetragona* Hook. f.

195. 木樨科　Oleaceae

流苏树属　*Chionanthus*

白枝李榄　*Chionanthus brachythyrsus*（Merrill）P. S. Green

梣属　*Fraxinus*

光蜡树　*Fraxinus griffithii* C. B. Clarke
苦枥木　*Fraxinus insularis* Hemsl.

素馨属 *Jasminum*

樟叶素馨 *Jasminum cinnamomifolium* Kobuski

毛萼素馨 *Jasminum craibianum* Kerr

扭肚藤 *Jasminum elongatum* (Bergius) Willdenow

素馨花 *Jasminum grandiflorum* L.

清香藤 *Jasminum lanceolaria* Roxburgh

青藤仔 *Jasminum nervosum* Lour.

迎春花 *Jasminum nudiflorum* Lindl.

厚叶素馨 *Jasminum pentaneurum* Hand. -Mazz.

心叶素馨 *Jasminum pierreanum* Gagnepain

白皮素馨 *Jasminum rehderianum* Kobuski

茉莉花 *Jasminum sambac* (L.) Aiton

女贞属 *Ligustrum*

丽叶女贞 *Ligustrum henryi* Hemsl.

女贞 *Ligustrum lucidum* W. T. Aiton

卵叶女贞 *Ligustrum ovalifolium* Hassk.

斑叶女贞 *Ligustrum punctifolium* M. C. Chang

凹叶女贞 *Ligustrum retusum* Merrill

小蜡 *Ligustrum sinense* Lour.

胶核木属 *Myxopyrum*

海南胶核木 *Myxopyrum pierrei* Gagnepain

木樨榄属 *Olea*

滨木樨榄 *Olea brachiata* (Lour.) Merr.

异株木樨榄 *Olea dioica* Roxb.

木樨榄 *Olea europaea* L.

锈鳞木樨榄 *Olea europaea* subsp. *cuspidata* (Wall. ex G. Don) Cif.

狭叶木樨榄 *Olea neriifolia* H. L. Li

196. 苦苣苔科 Gesneriaceae

芒毛苣苔属 *Aeschynanthus*

芒毛苣苔 *Aeschynanthus acuminatus* Wall. ex A. DC.

毛萼芒毛苣苔 *Aeschynanthus lasiocalyx* W. T. Wang

红花芒毛苣苔 *Aeschynanthus moningeriae* (Merr.) Chun

口红花 *Aeschynanthus pulcher* (Blume) G. Don

华丽芒毛苣苔 *Aeschynanthus superbus* C. B. Clarke

大苞苣苔属 *Anna*

白花大苞苣苔 *Anna ophiorrhizoides* (Hemsl.) Burtt & Davidson

扁蒴苣苔属 *Cathayanthe*

扁蒴苣苔 *Cathayanthe biflora* Chun

金红岩桐属 *Chrysothemis*

金红花 *Chrysothemis pulchella* (Donn ex Sims) Decne.

鲸鱼花属 *Columnea*

鲸鱼花 *Columnea microcalyx* Hanst.

小叶鲸鱼花 *Columnea microphylla* Klotzsch & Hanst. ex Oerst.

双片苣苔属 *Didymostigma*

双片苣苔 *Didymostigma obtusum* (Clarke) W. T. Wang

旋蒴苣苔属 *Dorcoceras*

旋蒴苣苔 *Dorcoceras hygrometricum* Bunge

地胆旋蒴苣苔 *Dorcoceras philippense* (C. B. Clarke) Schltr.

喜荫花属 *Episcia*

喜荫花 *Episcia cupreata* (Hook.) Hanst.

光叶苣苔属 *Glabrella*

光叶苣苔 *Glabrella mihieri* (Franch.) Mich. Möller & W. H. Chen

小岩桐属 *Gloxinia*

小岩桐 *Gloxinia sylvatica* (Kunth) Wiehler

半蒴苣苔属 *Hemiboea*

纤细半蒴苣苔 *Hemiboea gracilis* Franch.

汉克苣苔属 *Henckelia*

圆叶汉克苣苔 *Henckelia dielsii* (Borza) D. J. Middleton & Mich. Möller

斑叶汉克苣苔 *Henckelia pumila* (D. Don) A. Dietr.

吊石苣苔属 *Lysionotus*

吊石苣苔 *Lysionotus pauciflorus* Maxim.

盾叶苣苔属 *Metapetrocosmea*

盾叶苣苔 *Metapetrocosmea peltata* (Merr. & Chun) W. T. Wang

袋鼠花属 *Nematanthus*

袋鼠花 *Nematanthus gregarius* D. L. Denham

马铃苣苔属 *Oreocharis*

马铃苣苔 *Oreocharis amabilis* Dunn

黄花马铃苣苔 *Oreocharis flavida* Merr.

川鄂佛肚苣苔 *Oreocharis rosthornii* (Diels) Mich. Möller & A. Weber

蛛毛苣苔属 *Paraboea*

昌江蛛毛苣苔 *Paraboea changjiangensis* F. W. Xing & Z. X. Li

海南蛛毛苣苔 *Paraboea hainanensis* (Chun) Burtt

蛛毛苣苔 *Paraboea sinensis* (Oliv.) Burtt

报春苣苔属　*Primulina*

中华报春苣苔　*Primulina dryas* (Dunn) Mich. Möller & A. Weber

烟叶报春苣苔　*Primulina heterotricha* (Merr.) Y. Dong & Yin Z. Wang

尖舌苣苔属　*Rhynchoglossum*

尖舌苣苔　*Rhynchoglossum obliquum* Bl.

线柱苣苔属　*Rhynchotechum*

椭圆线柱苣苔　*Rhynchotechum ellipticum* (Wall. ex D. Dietr.) A. DC.

毛线柱苣苔　*Rhynchotechum vestitum* Wall. ex C. B. Clarke

毛唇岩桐属　*Seemannia*

毛唇岩桐　*Seemannia sylvatica* (Kunth) Hanst.

大岩桐属　*Sinningia*

大岩桐　*Sinningia speciosa* Hiern

十字苣苔属　*Stauranthera*

大叶十字苣苔　*Stauranthera grandifolia* Benth.

海角苣苔属　*Streptocarpus*

堇兰　*Streptocarpus hybrids*

非洲堇　*Streptocarpus ionanthus* (H. Wendl.) Christenh.

197. 车前科　Plantaginaceae

毛麝香属　*Adenosma*

毛麝香　*Adenosma glutinosa* (L.) Druce

球花毛麝香　*Adenosma indianum* (Lour.) Merr.

卵萼毛麝香　*Adenosma javanicum* (Bl.) Merr.

香彩雀属　*Angelonia*

香彩雀　*Angelonia angustifolia* Benth.

金鱼草属　*Antirrhinum*

金鱼草　*Antirrhinum majus* L.

假马齿苋属　*Bacopa*

假马齿苋　*Bacopa monnieri* (L.) Wettst.

田玄参　*Bacopa repens* (Swartz) Wettstein

石龙尾属　*Limnophila*

紫苏草　*Limnophila aromatica* (Lam.) Merr.

中华石龙尾　*Limnophila chinensis* (Osb.) Merr.

直立石龙尾　*Limnophila erecta* Benth.

大叶石龙尾　*Limnophila rugosa* (Roth) Merr.

石龙尾　*Limnophila sessiliflora* (Vahl) Blume

柳穿鱼属 *Linaria*

摩洛哥柳穿鱼 *Linaria maroccana* Hook. f.

伏胁花属 *Mecardonia*

伏胁花 *Mecardonia procumbens* (Mill.) Small

车前属 *Plantago*

车前 *Plantago asiatica* L.

平车前 *Plantago depressa* Willd.

大车前 *Plantago major* L.

小车前 *Plantago minuta* Pall.

爆仗竹属 *Russelia*

爆仗竹 *Russelia equisetiformis* Schltdl. & Cham.

野甘草属 *Scoparia*

野甘草 *Scoparia dulcis* L.

离药草属 *Stemodia*

轮叶离药草 *Stemodia verticillata* (Mill.) Hassl.

茶菱属 *Trapella*

茶菱 *Trapella sinensis* Oliv.

婆婆纳属 *Veronica*

直立婆婆纳 *Veronica arvensis* L.

蚊母草 *Veronica peregrina* L.

婆婆纳 *Veronica polita* Fries

水苦荬 *Veronica undulata* Wall.

腹水草属 *Veronicastrum*

细穗腹水草 *Veronicastrum stenostachyum* (Hemsl.) T. Yamaz.

腹水草 *Veronicastrum stenostachyum* subsp. *plukenetii* (T. Yamazaki) D. Y. Hong

198. 玄参科 Scrophulariaceae

醉鱼草属 *Buddleja*

白背枫 *Buddleja asiatica* Lour.

醉鱼草 *Buddleja lindleyana* Fort.

玉芙蓉属 *Leucophyllum*

红花玉芙蓉 *Leucophyllum frutescens* (Berland.) I. M. Johnst.

龙面花属 *Nemesia*

龙面花 *Nemesia strumosa* Benth.

苦槛蓝属 *Pentacoelium*

苦槛蓝 *Pentacoelium bontioides* Siebold & Zuccarini

玄参属 *Scrophularia*

玄参 *Scrophularia ningpoensis* Hemsl.

毛蕊花属 *Verbascum*

毛蕊花 *Verbascum thapsus* L.

199. 母草科 Linderniaceae

陌上菜属 *Lindernia*

长蒴母草 *Lindernia anagallis*（Burm. f.）Pennell

泥花草 *Lindernia antipoda*（L.）Alston

刺齿泥花草 *Lindernia ciliata*（Colsm.）Pennell

母草 *Lindernia crustacea*（L.）F. Muell.

北美母草 *Lindernia dubia*（L.）Pennell

红骨母草 *Lindernia mollis*（Bentham）Wettstein

陌上菜 *Lindernia procumbens*（Krock.）Philcox

细茎母草 *Lindernia pusilla*（Willd.）Bold.

圆叶母草 *Lindernia rotundifolia*（L.）Alston

旱田草 *Lindernia ruellioides*（Colsm.）Pennell

苦玄参属 *Picria*

苦玄参 *Picria felterrae* Lour.

蝴蝶草属 *Torenia*

毛叶蝴蝶草 *Torenia benthamiana* Hance

二花蝴蝶草 *Torenia biniflora* T. L. Chin & D. Y. Hong

单色蝴蝶草 *Torenia concolor* Lindl.

蓝猪耳 *Torenia fournieri* Linden ex E. Fourn.

紫萼蝴蝶草 *Torenia violacea*（Azaola ex Blanco）Pennell

200. 角胡麻科 Martyniaceae

羊角麻属 *Ibicella*

羊角麻 *Ibicella lutea*（Lindl.）Van Eselt.

201. 芝麻科 Pedaliaceae

芝麻属 *Sesamum*

芝麻 *Sesamum indicum* L.

钩刺麻属 *Uncarina*

黄花胡麻 *Uncarina grandidieri*（Baill.）Ihlenf. & Straka

202. 爵床科 Acanthaceae

老鼠簕属 *Acanthus*

小花老鼠簕 *Acanthus ebracteatus* Vahl

老鼠簕 *Acanthus ilicifolius* L.

斑叶老鼠簕 *Acanthus montanus* T. Anderson

穿心莲属 *Andrographis*

疏花穿心莲 *Andrographis laxiflora* (Blume) Lindau

穿心莲 *Andrographis paniculata* (Burm. f.) Nees

十万错属 *Asystasia*

宽叶十万错 *Asystasia gangetica* (L.) T. Anders.

小花十万错 *Asystasia gangetica* subsp. *micrantha* (Nees) Ensermu

赤道樱草 *Asystasia intrusa* Nees

白接骨 *Asystasia neesiana* (Wall.) Nees

十万错 *Asystasia nemorum* Nees

海榄雌属 *Avicennia*

海榄雌 *Avicennia marina* (Forsk.) Vierh.

假杜鹃属 *Barleria*

假杜鹃 *Barleria cristata* L.

花叶假杜鹃 *Barleria lupulina* Lindl.

黄花假杜鹃 *Barleria prionitis* L.

红花假杜鹃 *Barleria repens* Nees

鳄嘴花属 *Clinacanthus*

鳄嘴花 *Clinacanthus nutans* (Burm. f.) Lindau

钟花草属 *Codonacanthus*

钟花草 *Codonacanthus pauciflorus* (Nees) Nees

秋英爵床属 *Cosmianthemum*

秋英爵床 *Cosmianthemum knoxiifolium* (C. B. Clarke) B. Hansen

海南秋英爵床 *Cosmianthemum viriduliflorum* (C. Y. Wu & H. S. Lo) H. S. Lo

十字爵床属 *Crossandra*

十字爵床 *Crossandra infundibuliformis* Nees

鳔冠花属 *Cystacanthus*

鳔冠花 *Cystacanthus paniculatus* T. Anders.

金塔鳔冠花 *Cystacanthus pyramidalis* Benoist

狗肝菜属 *Dicliptera*

狗肝菜 *Dicliptera chinensis* (L.) Juss.

喜花草属 *Eranthemum*

华南可爱花 *Eranthemum austrosinense* H. S. Lo

喜花草 *Eranthemum pulchellum* Andrews
云南可爱花 *Eranthemum tetragonum* Wall. ex Nees
瓦特喜花草 *Eranthemum wattii* Stapf
网纹草属 *Fittonia*
网纹草 *Fittonia albivenis* (Veitch) Brummitt
彩叶木属 *Graptophyllum*
锦彩叶木 *Graptophyllum pictum* (L.) Griff.
水蓑衣属 *Hygrophila*
小叶水蓑衣 *Hygrophila erecta* (Burm. f.) Hochr.
水蓑衣 *Hygrophila ringens* (L.) R. Brown ex Sprengel
三花水蓑衣 *Hygrophila triflora* (Roxb.) Fosberg & Sachet
枪刀药属 *Hypoestes*
枪刀药 *Hypoestes purpurea* (L.) R. Br.
嫣红蔓 *Hypoestes sanguinolenta* (Veitch ex Van Houtte) Hook.
爵床属 *Justicia*
鸭嘴花 *Justicia adhatoda* L.
大叶杜根藤 *Justicia alboviridis* Benoist
绿苞爵床 *Justicia betonica* L.
虾衣花 *Justicia brandegeeana* Wassh. & L. B. Sm.
红唇花 *Justicia brasiliana* Roth
心叶爵床 *Justicia cardiophylla* D. Fang & H. S. Lo
珊瑚花 *Justicia carnea* Lindl.
圆苞杜根藤 *Justicia championii* T. Anderson
白金羽花 *Justicia croceochlamys* Leonard
小叶散爵床 *Justicia diffusa* Willdenow
小驳骨 *Justicia gendarussa* N. L. Burman
石山爵床 *Justicia grabra* Urb. & Ekman
大爵床 *Justicia grossa* C. B. Clarke
爵床 *Justicia procumbens* L.
杜根藤 *Justicia quadrifaria* (Nees) T. Anderson
黑叶小驳骨 *Justicia ventricosa* Wall. ex Hook. f.
斑叶尖尾凤 *Justicia vulgaris* Bert ex Schult.
高山杜根藤 *Justicia wardii* W. W. Sm.
银脉爵床属 *Kudoacanthus*
银脉爵床 *Kudoacanthus albonervosa* Hosokawa
鳞花草属 *Lepidagathis*
海南鳞花草 *Lepidagathis hainanensis* H. S. Lo
鳞花草 *Lepidagathis incurva* Buch.-Ham. ex D. Don

纤穗爵床属 *Leptostachya*

纤穗爵床 *Leptostachya wallichii* Nees

赤苞花属 *Megaskepasma*

赤苞花 *Megaskepasma erythrochlamys* Lindau

鸡冠爵床属 *Odontonema*

美序红楼花 *Odontonema callistachyum* Kuntze

鸡冠爵床 *Odontonema strictum* (Nees) O. Kuntze

金苞花属 *Pachystachys*

绯红珊瑚花 *Pachystachys coccinea* (AuBlume) Nees

金苞花 *Pachystachys lutea* Nees

地皮消属 *Pararuellia*

海南地皮消 *Pararuellia hainanensis* C. Y. Wu & H. S. Lo

观音草属 *Peristrophe*

观音草 *Peristrophe bivalvis* (L.) Merrill

野山蓝 *Peristrophe fera* C. B. Clarke

海南山蓝 *Peristrophe floribunda* (Hemsl.) C. Y. Wu & H. S. Lo

金蔓草 *Peristrophe hyssopifolia* 'Aureo-variegata'

九头狮子草 *Peristrophe japonica* (Thunb.) Bremek.

岩观音草 *Peristrophe montana* Nees

糙叶山蓝 *Peristrophe strigosa* C. Y. Wu & H. S. Lo

肾苞草属 *Phaulopsis*

肾苞草 *Phaulopsis dorsiflora* (Retzius) Santapau

火焰花属 *Phlogacanthus*

火焰花 *Phlogacanthus curviflorus* (Wall.) Nees

山壳骨属 *Pseuderanthemum*

拟美花 *Pseuderanthemum carruthersii* (Seem.) Guillaumin

紫叶拟美花 *Pseuderanthemum carruthersii* var. *atropurpureum* (W. Bull.) Fosberg

狭叶钩粉草 *Pseuderanthemum coudercii* Benoist

云南山壳骨 *Pseuderanthemum crenulatum* (Wallich ex Lindley) Radlkofer

海康钩粉草 *Pseuderanthemum haikangense* C. Y. Wu & H. S. Lo

山壳骨 *Pseuderanthemum latifolium* (Vahl) B. Hansen

紫云杜鹃 *Pseuderanthemum laxiflorum* (Vahl) B. Hansen

多花山壳骨 *Pseuderanthemum polyanthum* (C. B. Clarke ex Oliv.) Merr.

金叶拟美花 *Pseuderanthemum reticulatum* var. *ovalifolium* Radlk.

灵枝草属 *Rhinacanthus*

灵枝草 *Rhinacanthus nasutus* (L.) Kurz

芦莉草属 *Ruellia*

火焰芦莉 *Ruellia chartacea* (T. Anderson) Wassh.

艳芦莉 *Ruellia elegans* Poir.
楠草 *Ruellia repens* L.
蓝花草 *Ruellia simplex* C. Wright
芦莉草 *Ruellia tuberosa* L.

孩儿草属 *Rungia*

孩儿草 *Rungia pectinata*（L.）Nees
云南孩儿草 *Rungia yunnanensis* H. S. Lo

黄脉爵床属 *Sanchezia*

黄脉爵床 *Sanchezia nobilis* Hook. f.

糯米香属 *Semnostachya*

长穗糯米香 *Semnostachya longispicata*（Hayata）C. F. Hsieh & T. C. Huang

叉柱花属 *Staurogyne*

叉柱花 *Staurogyne concinnula*（Hance）Kuntze
海南叉柱花 *Staurogyne hainanensis* C. Y. Wu & H. S. Lo
匀叶叉柱花 *Staurogyne spatulata*（Blume）Koord.
狭叶叉柱花 *Staurogyne stenophylla* Merr. & Chun

马蓝属 *Strobilanthes*

海南马蓝 *Strobilanthes anamitica* Kuntze
山一笼鸡 *Strobilanthes aprica*（Hance）T. Anderson
红背耳叶马蓝 *Strobilanthes auriculata* var. *dyeriana*（Mast.）J. R. I. Wood
黄球花 *Strobilanthes chinensis*（Nees）J. R. I. Wood & Y. F. Deng
黑面将军 *Strobilanthes crispa* T. Anderson
板蓝 *Strobilanthes cusia*（Nees）Kuntze
串花马蓝 *Strobilanthes cystolithigera* Lindau
曲枝假蓝 *Strobilanthes dalzielii*（W. W. Smith）Benoist
球花马蓝 *Strobilanthes dimorphotricha* Hance
腺毛马蓝 *Strobilanthes forrestii* Diels
叉花草 *Strobilanthes hamiltoniana*（Steud.）Bosser & Heine
日本马蓝 *Strobilanthes japonica*（Thunberg）Miquel
薄叶马蓝 *Strobilanthes labordei* H. Lév.
尾苞紫云菜 *Strobilanthes mucronatoproducta* Lindau
翅枝马蓝 *Strobilanthes pateriformis* Lindau
马来马蓝 *Strobilanthes schomburgkii*（Craib）J. R. I. Wood
西蒙马蓝 *Strobilanthes simonsii* T. Anderson
美丽金足草 *Strobilanthes speciosa* Blume
四子马蓝 *Strobilanthes tetrasperma*（Champ. ex Benth.）Druce
西藏马蓝 *Strobilanthes tibetica* J. R. I. Wood
糯米香 *Strobilanthes tonkinensis* Lindau

溪君木属 *Suessenguthia*

少君木 *Suessenguthia multisetosa* (Rusby) Wassh. & J. R. I. Wood

山牵牛属 *Thunbergia*

翼叶山牵牛 *Thunbergia alata* Bojer ex Sims

红花山牵牛 *Thunbergia coccinea* Wall.

直立山牵牛 *Thunbergia erecta* (Benth.) T. Anders

白花直立山牵牛 *Thunbergia erecta* 'Alba'

碗花草 *Thunbergia fragrans* Roxb.

海南山牵牛 *Thunbergia fragrans* subsp. *hainanensis* (C. Y. Wu & H. S. Lo) H. P. Tsui

山牵牛 *Thunbergia grandiflora* Roxb.

桂叶山牵牛 *Thunbergia laurifolia* Lindl.

假立鹤花 *Thunbergia natalensis* Hook.

203. 紫葳科 Bignoniaceae

凌霄属 *Campsis*

凌霄 *Campsis grandiflora* (Thunb.) Schum.

厚萼凌霄 *Campsis radicans* (L.) Seem.

葫芦树属 *Crescentia*

叉叶木 *Crescentia alata* Kunth

葫芦树 *Crescentia cujete* L.

银角树属 *Dolichandrone*

大叶猫尾木 *Dolichandrone spathacea* (L. f.) Seem.

风铃木属 *Handroanthus*

风铃木 *Handroanthus albus* (Cham.) Mattos

黄花风铃木 *Handroanthus chrysanthus* (Jacq.) S. O. Grose

紫花风铃木 *Handroanthus impetiginosus* (Mart. ex DC.) Mattos

蓝花楹属 *Jacaranda*

蓝花楹 *Jacaranda mimosifolia* D. Don

吊灯树属 *Kigelia*

吊瓜树 *Kigelia africana* (Lam.) Benth.

猫爪藤属 *Macfadyena*

猫爪藤 *Macfadyena unguis-cati* (L.) A. H. Gentry

蒜香藤属 *Mansoa*

蒜香藤 *Mansoa alliacea* (Lam.) A. H. Gentry

猫尾木属 *Markhamia*

猫尾木 *Markhamia stipulata* (Wall.) Seem. ex K. Schum.

毛叶猫尾木 *Markhamia stipulata* var. *kerrii* Sprague

火烧花属　*Mayodendron*

火烧花　*Mayodendron igneum*（Kurz）Kurz

木蝴蝶属　*Oroxylum*

木蝴蝶　*Oroxylum indicum*（L.）Kurz

粉花凌霄属　*Pandorea*

粉花凌霄　*Pandorea jasminoides*（Lindl.）K. Schum.

蜡烛树属　*Parmentiera*

食用蜡烛树　*Parmentiera aculeata*（Kunth）Seem.

蜡烛树　*Parmentiera cereifera* Seem.

非洲凌霄属　*Podranea*

非洲凌霄　*Podranea ricasoliana*（Tanfani）Sprague

炮仗藤属　*Pyrostegia*

炮仗藤　*Pyrostegia venusta*（Ker Gawl.）Miers

菜豆树属　*Radermachera*

美叶菜豆树　*Radermachera frondosa* Chun & F. C. How

海南菜豆树　*Radermachera hainanensis* Merr.

菜豆树　*Radermachera sinica*（Hance）Hemsl.

紫铃藤属　*Saritaea*

紫铃藤　*Saritaea magnifica*（W. Bull）Dugand

火焰树属　*Spathodea*

火焰树　*Spathodea campanulata* P. Beauv.

栎铃木属　*Tabebuia*

异叶栎铃木　*Tabebuia heterophylla* Britton

玫红栎铃木　*Tabebuia rosea*（Bertol.）DC.

黄钟花属　*Tecoma*

硬骨凌霄　*Tecoma capensis* Lindl.

黄钟花　*Tecoma stans*（L.）Juss. ex Kunth

204. 狸藻科　Lentibulariaceae

狸藻属　*Utricularia*

黄花狸藻　*Utricularia aurea* Lour.

挖耳草　*Utricularia bifida* L.

短梗挖耳草　*Utricularia caerulea* L.

斜果挖耳草　*Utricularia minutissima* Vahl

圆叶挖耳草　*Utricularia striatula* J. Smith

齿萼挖耳草　*Utricularia uliginosa* Vahl

205. 马鞭草科 Verbenaceae

假连翘属 *Duranta*

假连翘 *Duranta erecta* L.

花叶假连翘 *Duranta erecta* 'Variegata'

美女樱属 *Glandularia*

美女樱 *Glandularia* × *hybrida* (Groenland & Rümpler) G. L. Nesom & Pruski

马缨丹属 *Lantana*

马缨丹 *Lantana camara* L.

蔓马缨丹 *Lantana montevidensis* Briq.

蓝花藤属 *Petrea*

蓝花藤 *Petrea volubilis* L.

过江藤属 *Phyla*

过江藤 *Phyla nodiflora* (L.) Greene

假马鞭属 *Stachytarpheta*

假马鞭 *Stachytarpheta jamaicensis* (L.) Vahl

马鞭草属 *Verbena*

柳叶马鞭草 *Verbena bonariensis* L.

马鞭草 *Verbena officinalis* L.

206. 唇形科 Lamiaceae

鳞果草属 *Achyrospermum*

鳞果草 *Achyrospermum densiflorum* Bl.

西藏鳞果草 *Achyrospermum wallichianum* (Benth.) Benth. ex Hook. f.

筋骨草属 *Ajuga*

大籽筋骨草 *Ajuga macrosperma* Wall. ex Benth.

紫背金盘 *Ajuga nipponensis* Makino

广防风属 *Anisomeles*

广防风 *Anisomeles indica* (L.) Kuntze

小冠薰属 *Basilicum*

小冠薰 *Basilicum polystachyon* (L.) Moench

紫珠属 *Callicarpa*

尖叶紫珠 *Callicarpa acutifolia* H. T. Chang

紫珠 *Callicarpa bodinieri* H. Lév.

短柄紫珠 *Callicarpa brevipes* (Benth.) Hance

白毛紫珠 *Callicarpa candicans* (Burm. f.) Hochr.

尖尾枫 *Callicarpa dolichophylla* Merr.

红腺紫珠 *Callicarpa erythrosticta* Merr. & Chun
老鸦糊 *Callicarpa giraldii* Hesse ex Rehder
枇杷叶紫珠 *Callicarpa kochiana* Makino
广东紫珠 *Callicarpa kwangtungensis* Chun
长叶紫珠 *Callicarpa longifolia* Lam.
大叶紫珠 *Callicarpa macrophylla* Vahl
裸花紫珠 *Callicarpa nudiflora* Hook. & Arn.
杜虹花 *Callicarpa pedunculata* R. Br.

大青属 *Clerodendrum*

红萼龙吐珠 *Clerodendrum* × *speciosum* W. Bull
臭牡丹 *Clerodendrum bungei* Steud.
灰毛大青 *Clerodendrum canescens* Wall. ex Walp.
臭茉莉 *Clerodendrum chinense* var. *simplex* (Moldenke) S. L. Chen
大青 *Clerodendrum cyrtophyllum* Turcz.
白花灯笼 *Clerodendrum fortunatum* L.
海南赪桐 *Clerodendrum hainanense* Hand. -Mazz.
粘毛大青 *Clerodendrum infortunatum* Dennst.
赪桐 *Clerodendrum japonicum* (Thunb.) Sweet
烟火树 *Clerodendrum quadriloculare* (Blanco) Merr.
美丽赪桐 *Clerodendrum speciosissimum* Drapiez
龙吐珠 *Clerodendrum thomsoniae* Balf. f.
绢毛大青 *Clerodendrum villosum* Blume
垂茉莉 *Clerodendrum wallichii* Merr.

风轮菜属 *Clinopodium*

风轮菜 *Clinopodium chinense* (Benth.) Kuntze
麻叶风轮菜 *Clinopodium urticifolium* (Hance) C. Y. Wu & S. J. Hsuan ex H. W. Li

鞘蕊花属 *Coleus*

到手香 *Coleus amboinicus* Lour.
肉叶鞘蕊花 *Coleus carnosifolius* (Hemsl.) Dunn
哈迪碰碰香 *Coleus hadiensis* (Forssk.) A. J. Paton (Benth.) Codd
彩叶草 *Coleus hybridus* Hort. ex Cobeau
五彩苏 *Coleus scutellarioides* (L.) Benth.
排香草 *Coleus strobilifer* (Roxb.) A. J. Paton

绒苞藤属 *Congea*

绒苞藤 *Congea tomentosa* Roxb.

歧伞花属 *Cymaria*

长柄歧伞花 *Cymaria acuminata* Decne.
歧伞花 *Cymaria dichotoma* Benth.

刺蕊草属 *Pogostemon*

水珍珠菜 *Pogostemon auricularius* (L.) Hassk.

广藿香 *Pogostemon cablin* (Blanco) Benth.

膜叶刺蕊草 *Pogostemon esquirolii* (H. Lév.) C. Y. Wu & Y. C. Huang

刺蕊草 *Pogostemon glaber* Benth.

海南刺蕊草 *Pogostemon hainanensis* L. X. Yuan & Gang Yao

水虎尾 *Pogostemon stellatus* (Lour.) Kuntze.

香薷属 *Elsholtzia*

香薷 *Elsholtzia ciliata* (Thunb.) Hyl.

密花香薷 *Elsholtzia densa* Benth.

高原香薷 *Elsholtzia feddei* H. Lév.

鸡骨柴 *Elsholtzia fruticosa* (D. Don) Rehd.

鼬瓣花属 *Galeopsis*

鼬瓣花 *Galeopsis bifida* Boenn.

活血丹属 *Glechoma*

白透骨消 *Glechoma biondiana* (Diels) C. Y. Wu & C. Chen

狭萼白透骨消 *Glechoma biondiana* var. *angustituba* C. Y. Wu & C. Chen

活血丹 *Glechoma longituba* (Nakai) Kupr.

石梓属 *Gmelina*

云南石梓 *Gmelina arborea* Roxb.

石梓 *Gmelina chinensis* Benth.

苦梓 *Gmelina hainanensis* Oliv.

菲律宾石梓 *Gmelina philippensis* Cham.

锥花属 *Gomphostemma*

长毛锥花 *Gomphostemma crinitum* Wall. ex Benth.

海南锥花 *Gomphostemma hainanense* C. Y. Wu

光泽锥花 *Gomphostemma lucidum* Wall. ex Benth.

冬红属 *Holmskioldia*

冬红 *Holmskioldia sanguinea* Retz.

膜萼藤属 *Hymenopyramis*

膜萼藤 *Hymenopyramis cana* Craib

吊球草属 *Hyptis*

短柄吊球草 *Hyptis brevipes* Poit.

吊球草 *Hyptis rhomboidea* M. Martens & Galeotti

香茶菜属 *Isodon*

香茶菜 *Isodon amethystoides* (Bentham) H. Hara

细锥香茶菜 *Isodon coetsa* (Buch. -Ham. ex D. Don) Kudô

线纹香茶菜 *Isodon lophanthoides* (Buch. -Ham. ex D. Don) H. Hara

碎米桠 *Isodon rubescens* (Hemsley) H. Hara
溪黄草 *Isodon serra* (Maxim.) Kudô
长叶香茶菜 *Isodon walkeri* (Arn.) H. Hara
动蕊花属 *Kinostemon*
粉红动蕊花 *Kinostemon alborubrum* (Hemsl.) C. Y. Wu & S. Chow
野芝麻属 *Lamium*
野芝麻 *Lamium barbatum* Siebold & Zucc.
薰衣草属 *Lavandula*
薰衣草 *Lavandula angustifolia* Mill.
益母草属 *Leonurus*
白花益母草 *Leonurus artemisia* var. *albiflorus* (Migo) S. Y. Hu
益母草 *Leonurus japonicus* Houtt.
绣球防风属 *Leucas*
蜂巢草 *Leucas aspera* (Willd.) Link
滨海白绒草 *Leucas chinensis* (Retz.) R. Br.
线叶白绒草 *Leucas lavandulifolia* Sm.
疏毛白绒草 *Leucas mollissima* var. *chinensis* Benth.
白绒草 *Leucas mollissima* Wall.
绉面草 *Leucas zeylanica* (L.) R. Br.
小野芝麻属 *Matsumurella*
广东小野芝麻 *Matsumurella kwangtungensis* (C. Y. Wu) Bendiksby
龙头草属 *Meehania*
华西龙头草 *Meehania fargesii* (H. Lév.) C. Y. Wu
蜜蜂花属 *Melissa*
蜜蜂花 *Melissa axillaris* (Benth.) Bakh. f.
香蜂花 *Melissa officinalis* L.
薄荷属 *Mentha*
辣薄荷 *Mentha* × *piperita* L.
水薄荷 *Mentha aquatica* L.
薄荷 *Mentha canadensis* L.
柠檬留兰香 *Mentha citrata* Ehrh.
皱叶留兰香 *Mentha crispata* Schrader ex Willd.
欧薄荷 *Mentha longifolia* (L.) Hudson
唇萼薄荷 *Mentha pulegium* L.
科西嘉薄荷 *Mentha requienii* Benth.
留兰香 *Mentha spicata* L.
草莓薄荷 *Mentha spicata* 'Strawberry'
糖果薄荷 *Mentha* × *piperita* 'Candy Mint'

山香属　*Mesosphaerum*

山香　*Mesosphaerum suaveolens*（L.）Kuntze

姜味草属　*Micromeria*

罗马薄荷　*Micromeria thymifolia* Šilić

冠唇花属　*Microtoena*

冠唇花　*Microtoena insuavis*（Hance）Prain ex Briq.

敏椒茶属　*Minthostachys*

软毛敏椒茶　*Minthostachys mollis*（Benth.）Griseb.

石荠苎属　*Mosla*

小鱼仙草　*Mosla dianthera*（Buch.-Ham. ex Roxburgh）Maxim.

石荠苎　*Mosla scabra*（Thunb.）C. Y. Wu & H. W. Li

荆芥属　*Nepeta*

多花荆芥　*Nepeta stewartiana* Diels

罗勒属　*Ocimum*

罗勒　*Ocimum basilicum* L.

紫罗勒　*Ocimum basilicum* 'Purple Ruffles'

疏柔毛罗勒　*Ocimum basilicum* var. *pilosum*（Willd.）Benth.

丁香罗勒　*Ocimum gratissimum* L.

毛叶丁香罗勒　*Ocimum gratissimum* var. *suave*（Willd.）Hook. f.

圣罗勒　*Ocimum tenuiflorum* Burm. f.

牛至属　*Origanum*

甘牛至　*Origanum majorana* L.

牛至　*Origanum vulgare* L.

鸡脚参属　*Orthosiphon*

肾茶　*Orthosiphon aristatus*（Blume）Miq.

鸡脚参　*Orthosiphon wulfenioides*（Diels）Hand.-Mazz.

假糙苏属　*Paraphlomis*

奇异假糙苏　*Paraphlomis pagantha* Doan

紫苏属　*Perilla*

紫苏　*Perilla frutescens*（L.）Britt.

野生紫苏　*Perilla frutescens* var. *purpurascens*（Hayata）H. W. Li

糙苏属　*Phlomoides*

糙苏　*Phlomoides umbrosa*（Turcz.）Kamelin & Makhm.

逐风草属　*Platostoma*

龙船草　*Platostoma cochinchinense*（Lour.）A. J. Paton

凉粉草　*Platostoma palustre*（Blume）A. J. Paton

延命草属　*Plectranthus*

如意蔓　*Plectranthus verticillatus* Druce

豆腐柴属　*Premna*

海南臭黄荆　*Premna hainanensis* Chun & F. C. How

豆腐柴　*Premna microphylla* Turcz.

伞序臭黄荆　*Premna serratifolia* L.

夏枯草属　*Prunella*

夏枯草　*Prunella vulgaris* L.

锥花莸属　*Pseudocaryopteris*

香莸　*Pseudocaryopteris bicolor*（Roxb. ex Hardw.）P. D. Cantino

迷迭香属　*Rosmarinus*

迷迭香　*Rosmarinus officinalis* L.

三对节属　*Rotheca*

三对节　*Rotheca serrata*（L.）Steane & Mabb.

鼠尾草属　*Salvia*

朱唇　*Salvia coccinea* Buc'hoz ex Etl.

鼠尾草　*Salvia japonica* Thunb.

荔枝草　*Salvia plebeia* R. Br.

红根草　*Salvia prionitis* Hance

甘西鼠尾草　*Salvia przewalskii* Maxim.

黏毛鼠尾草　*Salvia roborowskii* Maxim.

一串红　*Salvia splendens* Ker Gawl.

佛光草　*Salvia substolonifera* E. Peter

四棱草属　*Schnabelia*

四棱草　*Schnabelia oligophylla* Hand. -Mazz.

三花莸　*Schnabelia terniflora*（Maxim.）P. D. Cantino

黄芩属　*Scutellaria*

黄芩　*Scutellaria baicalensis* Georgi

半枝莲　*Scutellaria barbata* D. Don

蓝花黄芩　*Scutellaria formosana* N. E. Brown

海南黄芩　*Scutellaria hainanensis* C. Y. Wu

韩信草　*Scutellaria indica* L.

爪哇黄芩　*Scutellaria javanica* Jungh.

吕宋黄芩　*Scutellaria luzonica* Rolfe

乐东黄芩　*Scutellaria luzonica* var. *lotungensis* C. Y. Wu & C. Chen

红茎黄芩　*Scutellaria yunnanensis* H. Lév.

楔翅藤属　*Sphenodesme*

楔翅藤　*Sphenodesme pentandra*（Roxb.）Jack

柚木属　*Tectona*

柚木　*Tectona grandis* L. f.

香科科属 *Teucrium*

血见愁 *Teucrium viscidum* Bl.

百里香属 *Thymus*

柠檬百里香 *Thymus × citriodorus* (Pers.) Schreb.

百里香 *Thymus mongolicus* (Ronniger) Ronniger

牡荆属 *Vitex*

假紫珠 *Vitex axillariflora* (Merr.) Bramley

黄荆 *Vitex negundo* L.

牡荆 *Vitex negundo* var. *cannabifolia* (Sieb. & Zucc.) Hand.-Mazz.

荆条 *Vitex negundo* var. *heterophylla* (Franch.) Rehder

莺哥木 *Vitex pierreana* P. Dop

山牡荆 *Vitex quinata* (Lour.) Will.

单叶蔓荆 *Vitex rotundifolia* L. f.

蔓荆 *Vitex trifolia* L.

越南牡荆 *Vitex tripinnata* (Lour.) Merr.

苦郎树属 *Volkameria*

苦郎树 *Volkameria inermis* L.

保亭花属 *Wenchengia*

保亭花 *Wenchengia alternifolia* C. Y. Wu & S. Chow

207. 通泉草科 Mazaceae

通泉草属 *Mazus*

琴叶通泉草 *Mazus celsioides* Hand.-Mazz.

通泉草 *Mazus pumilus* (N. L. Burman) Steenis

208. 透骨草科 Phrymaceae

沟酸浆属 *Erythranthe*

四川沟酸浆 *Erythranthe szechuanensis* (Y. Y. Pai) G. L. Nesom

虾子草属 *Mimulicalyx*

虾子草 *Mimulicalyx rosulatus* P. C. Tsoong

透骨草属 *Phryma*

北美透骨草 *Phryma leptostachya* L.

透骨草 *Phryma leptostachya* subsp. *asiatica* (Hara) Kitamura

209. 美丽桐科 Wightiaceae

美丽桐属 *Wightia*

美丽桐 *Wightia speciosissima* (D. Don) Merr.

210. 列当科 Orobanchaceae

野菰属 *Aeginetia*

野菰 *Aeginetia indica* L.

黑草属 *Buchnera*

佛罗里达黑草 *Buchnera floridana* Gand.

小米草属 *Euphrasia*

小米草 *Euphrasia pectinata* Ten.

钟萼草属 *Lindenbergia*

野地钟萼草 *Lindenbergia muraria* (Roxburgh ex D. Don) Bruhl

马先蒿属 *Pedicularis*

甘肃马先蒿 *Pedicularis kansuensis* Maxim.

大王马先蒿 *Pedicularis rex* C. B. Clarke ex Maxim.

独脚金属 *Striga*

独脚金 *Striga asiatica* (L.) O. Kuntze

211. 心翼果科 Cardiopteridaceae

心翼果属 *Cardiopteris*

心翼果 *Cardiopteris quinqueloba* (Hassk.) Hassk.

琼榄属 *Gonocaryum*

琼榄 *Gonocaryum lobbianum* (Miers) Kurz

212. 冬青科 Aquifoliaceae

冬青属 *Ilex*

冬青 *Ilex chinensis* Sims

枸骨 *Ilex cornuta* Lindl. & Paxt.

齿叶冬青 *Ilex crenata* Thunb.

扣树 *Ilex kaushue* S. Y. Hu

大叶冬青 *Ilex latifolia* Thunb.

小圆叶冬青 *Ilex nothofagifolia* Kingdon-Ward

铁冬青 *Ilex rotunda* Thunb.

213. 桔梗科 Campanulaceae

沙参属 *Adenophora*

秦岭沙参 *Adenophora petiolata* Pax & Hoffm.

杏叶沙参 *Adenophora petiolata* subsp. *hunanensis* (Nannfeldt) D. Y. Hong & S. Ge

石沙参 *Adenophora polyantha* Nakai

金钱豹属 *Campanumoea*

金钱豹 *Campanumoea javanica* Bl.

党参属 *Codonopsis*

藏南金钱豹 *Codonopsis inflata* Hook. f.

轮钟草属 *Cyclocodon*

小叶轮钟草 *Cyclocodon celebicus* (Blume) D. Y. Hong

轮钟草 *Cyclocodon lancifolius* (Roxburgh) Kurz

马醉草属 *Hippobroma*

马醉草 *Hippobroma longiflora* (L.) G. Don

半边莲属 *Lobelia*

短柄半边莲 *Lobelia alsinoides* Lam.

棱茎半边莲 *Lobelia angulata* Forst.

半边莲 *Lobelia chinensis* Lour.

六倍利 *Lobelia erinus* Thunb.

山紫锤草 *Lobelia montana* Reinwardt ex Blume

铜锤玉带草 *Lobelia nummularia* Lam.

卵叶半边莲 *Lobelia zeylanica* L.

桔梗属 *Platycodon*

桔梗 *Platycodon grandiflorus* (Jacq.) A. DC.

蓝花参属 *Wahlenbergia*

蓝花参 *Wahlenbergia marginata* (Thunb.) A. DC.

214. 五膜草科 Pentaphragmataceae

五膜草属 *Pentaphragma*

五膜草 *Pentaphragma sinense* Hemsl. & E. H. Wilson

215. 睡菜科 Menyanthaceae

荇菜属 *Nymphoides*

海丰荇菜 *Nymphoides coronata* (Dunn) Chun ex Y. D. Zhou & G. W. Hu

水皮莲 *Nymphoides cristata* (Roxburgh) Kuntze

金银莲花　*Nymphoides indica*（L.）Kuntze
荇菜　*Nymphoides peltata*（S. G. Gmelin）Kuntze

216. 草海桐科　Goodeniaceae

草海桐属　*Scaevola*
蓝扇花　*Scaevola aemula* R. Br.
小草海桐　*Scaevola hainanensis* Hance
草海桐　*Scaevola taccada*（Gaertner）Roxburgh

217. 菊科　Asteraceae

蓍属　*Achillea*
蓍　*Achillea millefolium* L.
金纽扣属　*Acmella*
美形金纽扣　*Acmella calva*（DC.）R. K. Jansen
桂圆菊　*Acmella oleracea*（L.）R. K. Jansen
金纽扣　*Acmella paniculata*（Wallich ex DC.）R. K. Jansen
下田菊属　*Adenostemma*
下田菊　*Adenostemma lavenia*（L.）Kuntze
藿香蓟属　*Ageratum*
藿香蓟　*Ageratum conyzoides* L.
兔儿风属　*Ainsliaea*
杏香兔儿风　*Ainsliaea fragrans* Champ.
香青属　*Anaphalis*
尼泊尔香青　*Anaphalis nepalensis*（Spreng.）Hand.-Mazz.
山黄菊属　*Anisopappus*
山黄菊　*Anisopappus chinensis*（L.）Hook. & Arn.
牛蒡属　*Arctium*
牛蒡　*Arctium lappa* L.
蒿属　*Artemisia*
中亚苦蒿　*Artemisia absinthium* L.
黄花蒿　*Artemisia annua* L.
艾　*Artemisia argyi* H. Lév. & Vaniot
茵陈蒿　*Artemisia capillaris* Thunb.
青蒿　*Artemisia caruifolia* Buch.-Ham. ex Roxb.
五月艾　*Artemisia indica* Willd.
白苞蒿　*Artemisia lactiflora* Wall. ex DC.

大花蒿 *Artemisia macrocephala* Jacquem. ex Besser
猪毛蒿 *Artemisia scoparia* Waldst. & Kit.
蒌蒿 *Artemisia selengensis* Turcz. ex Bess.
大籽蒿 *Artemisia sieversiana* Ehrhart ex Willd.

紫菀属 *Aster*

高山紫菀 *Aster alpinus* L.
华南狗娃花 *Aster asagrayi* Makino
马兰 *Aster indicus* L.
东风菜 *Aster scaber* Thunb.
紫菀 *Aster tataricus* L. f.

云木香属 *Aucklandia*

云木香 *Aucklandia costus* Falc.

雏菊属 *Bellis*

雏菊 *Bellis perennis* L.

鬼针草属 *Bidens*

金盏银盘 *Bidens biternata*（Lour.）Merr. & Sherff
大狼耙草 *Bidens frondosa* L.
鬼针草 *Bidens pilosa* L.
狼耙草 *Bidens tripartita* L.

艾纳香属 *Blumea*

馥芳艾纳香 *Blumea aromatica* DC.
柔毛艾纳香 *Blumea axillaris*（Lamarck）DC.
艾纳香 *Blumea balsamifera*（L.）DC.
千头艾纳香 *Blumea lanceolaria*（Roxb.）Druce
芜菁叶艾纳香 *Blumea napifolia* DC.
六耳铃 *Blumea sinuata*（Loureiro）Merrill

金盏花属 *Calendula*

金盏花 *Calendula officinalis* L.

翠菊属 *Callistephus*

翠菊 *Callistephus chinensis*（L.）Nees

小甘菊属 *Cancrinia*

小甘菊 *Cancrinia discoidea*（Ledeb.）Poljakov ex Tzvelev

天名精属 *Carpesium*

天名精 *Carpesium abrotanoides* L.
烟管头草 *Carpesium cernuum* L.
大花金挖耳 *Carpesium macrocephalum* Franch. & Sav.

矢车菊属 *Centaurea*

矢车菊 *Centaurea cyanus* L.

石胡荽属 *Centipeda*

石胡荽 *Centipeda minima*（L.）A. Braun & Asch.

飞机草属 *Chromolaena*

飞机草 *Chromolaena odorata*（L.）R. M. King & H. Robinson

菊属 *Chrysanthemum*

菊花 *Chrysanthemum* × *morifolium*（Ramat.）Hemsl.

野菊 *Chrysanthemum indicum* L.

菊苣属 *Cichorium*

菊苣 *Cichorium intybus* L.

蓟属 *Cirsium*

刺儿菜 *Cirsium arvense* var. *integrifolium* Wimm. & Grab.

披裂蓟 *Cirsium interpositum* Petrak

鞘冠菊属 *Coleostephus*

黄晶菊 *Coleostephus multicaulis*（Desf.）Durieu

金鸡菊属 *Coreopsis*

大花金鸡菊 *Coreopsis grandiflora* Hogg ex Sweet

秋英属 *Cosmos*

秋英 *Cosmos bipinnatus* Cav.

黄秋英 *Cosmos sulphureus* Cav.

山芫荽属 *Cotula*

芫荽菊 *Cotula anthemoides* L.

野茼蒿属 *Crassocephalum*

野茼蒿 *Crassocephalum crepidioides*（Benth.）S. Moore

垂头菊属 *Cremanthodium*

条叶垂头菊 *Cremanthodium lineare* Maxim.

假还阳参属 *Crepidiastrum*

尖裂假还阳参 *Crepidiastrum sonchifolium*（Bunge）Pak & Kawano

芙蓉菊属 *Crossostephium*

芙蓉菊 *Crossostephium chinense*（L.）Makino

夜香牛属 *Cyanthillium*

夜香牛 *Cyanthillium cinereum*（L.）H. Rob.

咸虾花 *Cyanthillium patulum*（Aiton）H. Rob.

大丽花属 *Dahlia*

大丽花 *Dahlia pinnata* Cav.

鱼眼草属 *Dichrocephala*

小鱼眼草 *Dichrocephala benthamii* C. B. Clarke

羊耳菊属 *Duhaldea*

羊耳菊 *Duhaldea cappa*（Buch.-Ham. ex DC.）Anderb.

松果菊属 *Echinacea*

松果菊 *Echinacea purpurea* (L.) Moench

鳢肠属 *Eclipta*

鳢肠 *Eclipta prostrata* (L.) L.

地胆草属 *Elephantopus*

地胆草 *Elephantopus scaber* L.

白花地胆草 *Elephantopus tomentosus* L.

一点红属 *Emilia*

一点红 *Emilia sonchifolia* (L.) DC.

球菊属 *Epaltes*

球菊 *Epaltes australis* Less.

菊芹属 *Erechtites*

败酱叶菊芹 *Erechtites valerianifolius* (Link ex Spreng.) DC.

飞蓬属 *Erigeron*

飞蓬 *Erigeron acris* L.

一年蓬 *Erigeron annuus* (L.) Pers.

香丝草 *Erigeron bonariensis* L.

小蓬草 *Erigeron canadensis* L.

春飞蓬 *Erigeron philadelphicus* L.

苏门白酒草 *Erigeron sumatrensis* Retz.

泽兰属 *Eupatorium*

假蒿 *Eupatorium capillifolium* Small

佩兰 *Eupatorium fortunei* Turcz.

大吴风草属 *Farfugium*

大吴风草 *Farfugium japonicum* (L. f.) Kitam.

天人菊属 *Gaillardia*

天人菊 *Gaillardia pulchella* Foug.

牛膝菊属 *Galinsoga*

牛膝菊 *Galinsoga parviflora* Cav.

非洲菊属 *Gerbera*

非洲菊 *Gerbera jamesonii* Bolus

茼蒿属 *Glebionis*

茼蒿 *Glebionis coronaria* (L.) Cassini ex Spach

鹿角草属 *Glossocardia*

鹿角草 *Glossocardia bidens* (Retzius) Veldkamp

田基黄属 *Grangea*

田基黄 *Grangea maderaspatana* (L.) Poir.

苦鸠菊属 *Gymnanthemum*

扁桃苦鸠菊 *Gymnanthemum amygdalinum* (Delile) Sch. Bip.

裸冠菊属 *Gymnocoronis*

裸冠菊 *Gymnocoronis spilanthoides* (D. Don ex Hook. & Arn.) DC.

菊三七属 *Gynura*

红凤菜 *Gynura bicolor* (Roxb. ex Willd.) DC.

白子菜 *Gynura divaricata* (L.) DC.

平卧菊三七 *Gynura procumbens* (Lour.) Merr.

狗头七 *Gynura pseudochina* (L.) DC.

向日葵属 *Helianthus*

向日葵 *Helianthus annuus* L.

泥胡菜属 *Hemisteptia*

泥胡菜 *Hemisteptia lyrata* (Bunge) Fisch. & C. A. Mey.

须弥菊属 *Himalaiella*

三角叶须弥菊 *Himalaiella deltoidea* (DC.) Raab-Straube

旋覆花属 *Inula*

旋覆花 *Inula japonica* Thunb.

苦荬菜属 *Ixeris*

中华苦荬菜 *Ixeris chinensis* (Thunb.) Nakai

剪刀股 *Ixeris japonica* (Burm. f.) Nakai

苦荬菜 *Ixeris polycephala* Cass. ex DC.

疆千里光属 *Jacobaea*

细裂银叶菊 *Jacobaea maritima* 'Silver Dust'

麻花头属 *Klasea*

多花麻花头 *Klasea centauroides* subsp. *polycephala* (Iljin) L. Martins

天龙菊属 *Kleinia*

泥鳅掌 *Kleinia pendula* DC.

突药瘦片菊属 *Koyamasia*

距隔菊 *Koyamasia curtisii* (Craib & Hutch.) Bunwong

莴苣属 *Lactuca*

台湾翅果菊 *Lactuca formosana* Maxim.

翅果菊 *Lactuca indica* L.

莴苣 *Lactuca sativa* L.

野莴苣 *Lactuca serriola* L.

山莴苣 *Lactuca sibirica* (L.) Benth. ex Maxim.

油麦菜 *Lactuca sativa* var. *asparagina* L. H. Bailey ex Holub

栓果菊属 *Launaea*

匐枝栓果菊 *Launaea sarmentosa* (Willd.) Merr. & Chun

大丁草属 *Leibnitzia*

大丁草 *Leibnitzia anandria*（L.）Turcz.

母菊属 *Matricaria*

母菊 *Matricaria chamomilla* L.

白晶菊属 *Mauranthemum*

白晶菊 *Mauranthemum paludosum*（Poir.）Vogt & Oberprieler

黑足菊属 *Melampodium*

黄帝菊 *Melampodium divaricatum*（Rich.）DC.

假泽兰属 *Mikania*

微甘菊 *Mikania micrantha* Kunth

黏冠草属 *Myriactis*

圆舌黏冠草 *Myriactis nepalensis* Less.

毛冠菊属 *Nannoglottis*

毛冠菊 *Nannoglottis carpesioides* Maxim.

假福王草属 *Paraprenanthes*

假福王草 *Paraprenanthes sororia*（Miq.）C. Shih

银胶菊属 *Parthenium*

银胶菊 *Parthenium hysterophorus* L.

瓜叶菊属 *Pericallis*

瓜叶菊 *Pericallis* × *hybrida*（Regel）B. Nord.

蜂斗菜属 *Petasites*

蜂斗菜 *Petasites japonicus*（Sieb. & Zucc.）Maxim.

毛连菜属 *Picris*

日本毛连菜 *Picris japonica* Thunb.

阔苞菊属 *Pluchea*

阔苞菊 *Pluchea indica*（L.）Less.

翼茎阔苞菊 *Pluchea sagittalis*（Lam.）Cabrera

香蝶菊属 *Porophyllum*

香蝶菊 *Porophyllum ruderale*（Jacq.）Cass.

漏芦属 *Rhaponticum*

漏芦 *Rhaponticum uniflorum*（L.）DC.

金光菊属 *Rudbeckia*

黑心菊 *Rudbeckia hirta* L.

金光菊 *Rudbeckia laciniata* L.

蛇目菊属 *Sanvitalia*

蛇目菊 *Sanvitalia procumbens* Lam.

风毛菊属 *Saussurea*

草地风毛菊 *Saussurea amara*（L.）DC.

长毛风毛菊　*Saussurea hieracioides* Hook. f.
川滇风毛菊　*Saussurea wardii* J. Anthony
千里光属　*Senecio*
弦月　*Senecio radicans* Sch.-Bip.
翡翠珠　*Senecio rowleyanus* H. Jacobsen
千里光　*Senecio scandens* Buch.-Ham. ex D. Don
豨莶属　*Sigesbeckia*
豨莶　*Sigesbeckia orientalis* L.
腺梗豨莶　*Sigesbeckia pubescens*（Makino）Makino
蒲儿根属　*Sinosenecio*
蒲儿根　*Sinosenecio oldhamianus*（Maxim.）B. Nord.
裸柱菊属　*Soliva*
裸柱菊　*Soliva anthemifolia*（Juss.）R. Br.
苦苣菜属　*Sonchus*
续断菊　*Sonchus asper*（L.）Hill
苦苣菜　*Sonchus oleraceus* L.
苣荬菜　*Sonchus wightianus* DC.
戴星草属　*Sphaeranthus*
戴星草　*Sphaeranthus africanus* L.
蟛蜞菊属　*Sphagneticola*
蟛蜞菊　*Sphagneticola calendulacea*（L.）Pruski
南美蟛蜞菊　*Sphagneticola trilobata*（L.）Pruski
甜叶菊属　*Stevia*
甜叶菊　*Stevia rebaudiana*（Bertoni）Bertoni
斑鸠菊属　*Strobocalyx*
斑鸠菊　*Strobocalyx esculenta*（Hemsl.）H. Rob.
茄叶斑鸠菊　*Strobocalyx solanifolia*（Benth.）Sch. Bip.
婴带菊属　*Struchium*
婴带菊　*Struchium sparganophorum*（L.）Kuntze
联毛紫菀属　*Symphyotrichum*
联毛紫菀　*Symphyotrichum novi-belgii*（L.）G. L. Nesom
钻叶紫菀　*Symphyotrichum subulatum*（Michx.）G. L. Nesom
金腰箭属　*Synedrella*
金腰箭　*Synedrella nodiflora*（L.）Gaertn.
万寿菊属　*Tagetes*
万寿菊　*Tagetes erecta* L.
芳香万寿菊　*Tagetes lemmonii* A. Gray

蒲公英属 *Taraxacum*

蒲公英 *Taraxacum mongolicum* Hand.-Mazz.

肿柄菊属 *Tithonia*

肿柄菊 *Tithonia diversifolia* (Hemsl.) A. Gray

羽芒菊属 *Tridax*

羽芒菊 *Tridax procumbens* L.

碱菀属 *Tripolium*

碱菀 *Tripolium pannonicum* (Jacquin) Dobroczajeva

铁鸠菊属 *Vernonia*

毒根斑鸠菊 *Vernonia cumingiana* Benth.

李花菊属 *Wollastonia*

李花菊 *Wollastonia biflora* (L.) DC.

苍耳属 *Xanthium*

北美苍耳 *Xanthium chinense* Mill.

苍耳 *Xanthium strumarium* L.

蜡菊属 *Xerochrysum*

麦秆菊 *Xerochrysum bracteatum* (Ventenat) Tzvelev

黄鹌菜属 *Youngia*

黄鹌菜 *Youngia japonica* (L.) DC.

百日菊属 *Zinnia*

百日菊 *Zinnia elegans* Jacq.

细叶百叶草 *Zinnia linearis* Benth.

218. 南鼠刺科 Escalloniaceae

多香木属 *Polyosma*

多香木 *Polyosma cambodiana* Gagnep.

219. 荚蒾科 Viburnaceae

接骨木属 *Sambucus*

血满草 *Sambucus adnata* Wall. ex DC.

接骨草 *Sambucus javanica* Reinw. ex Blume

接骨木 *Sambucus williamsii* Hance

荚蒾属 *Viburnum*

水红木 *Viburnum cylindricum* Buch.-Ham. ex D. Don

荚蒾 *Viburnum dilatatum* Thunb.

珍珠荚蒾 *Viburnum foetidum* var. *ceanothoides* (C. H. Wright) Hand.-Mazz.

南方荚蒾　*Viburnum fordiae* Hance
西域荚蒾　*Viburnum mullaha* Buch.-Ham. ex D. Don
少毛西域荚蒾　*Viburnum mullaha* var. *glabrescens* (C. B. Clarke) Kitamura
珊瑚树　*Viburnum odoratissimum* Ker Gawl.
常绿荚蒾　*Viburnum sempervirens* K. Koch

220. 忍冬科　Caprifoliaceae

川续断属　*Dipsacus*
川续断　*Dipsacus asper* Wallich ex DC.
大头续断　*Dipsacus chinensis* Batalin
鬼吹箫属　*Leycesteria*
鬼吹箫　*Leycesteria formosa* Wall.
忍冬属　*Lonicera*
华南忍冬　*Lonicera confusa* (Sweet) DC.
大果忍冬　*Lonicera hildebrandiana* Coll. & Hemsl.
忍冬　*Lonicera japonica* Thunb.
大花忍冬　*Lonicera macrantha* (D. Don) Spreng.
刺参属　*Morina*
圆萼刺参　*Morina chinensis* Y. Y. Pai
败酱属　*Patrinia*
异叶败酱　*Patrinia heterophylla* Bunge

221. 海桐科　Pittosporaceae

海桐属　*Pittosporum*
聚花海桐　*Pittosporum balansae* DC.
五蕊海桐　*Pittosporum pentandrum* Merr.
台琼海桐　*Pittosporum pentandrum* var. *formosanum* (Hayata) Zhi Y. Zhang & Turland
海桐　*Pittosporum tobira* (Thunb.) W. T. Aiton

222. 五加科　Araliaceae

楤木属　*Aralia*
野楤头　*Aralia armata* (Wall.) Seem.
黄毛楤木　*Aralia chinensis* L.
台湾毛楤木　*Aralia decaisneana* Hance
虎刺楤木　*Aralia finlaysoniana* (Wallich ex G. Don) Seemann

罗伞属 *Brassaiopsis*

罗伞 *Brassaiopsis glomerulata* (Bl.) Regel

树参属 *Dendropanax*

海南树参 *Dendropanax hainanensis* (Merr. & Chun) Chun

广西树参 *Dendropanax kwangsiensis* H. L. Li

保亭树参 *Dendropanax oligodontus* Merr. & Chun

五加属 *Eleutherococcus*

刺五加 *Eleutherococcus senticosus* (Ruprecht & Maximowicz) Maximowicz

白簕 *Eleutherococcus trifoliatus* (L.) S. Y. Hu

常春藤属 *Hedera*

银边常春藤 *Hedera helix* 'Glacier'

洋常春藤 *Hedera helix* L.

鹅掌柴属 *Heptapleurum*

鹅掌藤 *Heptapleurum arboricola* Hayata

花叶鹅掌藤 *Heptapleurum arboricola* 'Variegata'

鹅掌柴 *Heptapleurum heptaphyllum* (L.) Y. F. Deng

幌伞枫属 *Heteropanax*

幌伞枫 *Heteropanax fragrans* (Roxb.) Seem.

天胡荽属 *Hydrocotyle*

中华天胡荽 *Hydrocotyle hookeri* subsp. *chinensis* (Dunn ex R. H. Shan & S. L. Liou) M. F. Watson & M. L. Sheh

红马蹄草 *Hydrocotyle nepalensis* Hook.

怒江天胡荽 *Hydrocotyle salwinica* R. H. Shan & S. L. Liou

天胡荽 *Hydrocotyle sibthorpioides* Lam.

南美天胡荽 *Hydrocotyle verticillata* Thunb.

野天胡荽 *Hydrocotyle vulgaris* L.

肾叶天胡荽 *Hydrocotyle wilfordii* Maxim.

大参属 *Macropanax*

十蕊大参 *Macropanax decandrus* G. Hoo

南洋参属 *Polyscias*

圆叶南洋参 *Polyscias balfouriana* (André) L. H. Bailey

线叶南洋参 *Polyscias cumingiana* (C. Presl) Fern. -Vill.

南洋参 *Polyscias fruticosa* (L.) Harms

羽叶南洋参 *Polyscias fruticosa* var. *plamata* (W. Bull ex Hort.) L. H. Bailey

银边南洋参 *Polyscias guilfoylei* (Cogn. & Marchal) Bailey

圆锥南洋参 *Polyscias paniculata* (DC.) Baker

镶边南洋参 *Polyscias scutellaria* 'Marginata'

南鹅掌柴属 *Schefflera*

辐叶鹅掌柴 *Schefflera actinophylla* (Endl.) Harms

孔雀木 *Schefflera elegantissima* (Veitch ex Mast.) Lowry & Frodin

刺通草属 *Trevesia*

刺通草 *Trevesia palmata* (Roxb.) Vis.

223. 伞形科 Apiaceae

莳萝属 *Anethum*

莳萝 *Anethum graveolens* L.

芹属 *Apium*

旱芹 *Apium graveolens* L.

柴胡属 *Bupleurum*

北柴胡 *Bupleurum chinense* Franch.

葛缕子属 *Carum*

葛缕子 *Carum carvi* L.

积雪草属 *Centella*

积雪草 *Centella asiatica* (L.) Urban

蛇床属 *Cnidium*

蛇床 *Cnidium monnieri* (L.) Spreng.

芫荽属 *Coriandrum*

芫荽 *Coriandrum sativum* L.

鸭儿芹属 *Cryptotaenia*

鸭儿芹 *Cryptotaenia japonica* Hassk.

细叶旱芹属 *Cyclospermum*

细叶旱芹 *Cyclospermum leptophyllum* (Persoon) Sprague ex Britton & P. Wilson

胡萝卜属 *Daucus*

野胡萝卜 *Daucus carota* L.

胡萝卜 *Daucus carota* var. *sativa* Hoffm.

刺芹属 *Eryngium*

刺芹 *Eryngium foetidum* L.

茴香属 *Foeniculum*

茴香 *Foeniculum vulgare* Mill.

羌活属 *Hansenia*

羌活 *Hansenia weberbaueriana* (Fedde ex H. Wolff) Pimenov & Kljuykov

独活属 *Heracleum*

独活 *Heracleum hemsleyanum* Diels

藁本属 *Ligusticum*

川滇藁本 *Ligusticum sikiangense* M. Hiroe

水毯草属 *Lilaeopsis*

中国水毯草 *Lilaeopsis chinensis*（L.）Kuntze

水芹属 *Oenanthe*

短辐水芹 *Oenanthe benghalensis* Benth. & Hook. f.

水芹 *Oenanthe javanica*（Bl.）DC.

欧芹属 *Petroselinum*

欧芹 *Petroselinum crispum*（Mill.）Fuss

前胡属 *Peucedanum*

前胡 *Peucedanum praeruptorum* Dunn

变豆菜属 *Sanicula*

薄片变豆菜 *Sanicula lamelligera* Hance

窃衣属 *Torilis*

小窃衣 *Torilis japonica*（Houtt.）DC.

窃衣 *Torilis scabra*（Thunb.）DC.

附 录 I

科索引

附录 Ⅱ

属种索引

图书在版编目（CIP）数据

海南热带植物园植物名录 / 王清隆主编. -- 北京：中国农业出版社，2024. 11. -- ISBN 978-7-109-32729-0

Ⅰ. Q94-339

中国国家版本馆 CIP 数据核字第 2024YP8959 号

海南热带植物园植物名录

HAINAN REDAI ZHIWUYUAN ZHIWU MINGLU

中国农业出版社出版
地址：北京市朝阳区麦子店街 18 号楼
邮编：100125
责任编辑：陈沛宏　黄　宇
版式设计：王　晨　　责任校对：张雯婷
印刷：北京通州皇家印刷厂
版次：2024 年 11 月第 1 版
印次：2024 年 11 月北京第 1 次印刷
发行：新华书店北京发行所
开本：787mm×1092mm　1/16
印张：22.25
字数：555 千字
定价：150.00 元
